深度学习在建筑工程中的应用

齐宏拓　丁　尧　刘界鹏
周绪红　刘鹏坤　李明春　著

中国建筑工业出版社

图书在版编目（CIP）数据

深度学习在建筑工程中的应用 / 齐宏拓等著 . —北
京：中国建筑工业出版社，2023.6
ISBN 978-7-112-28423-8

Ⅰ.①深… Ⅱ.①齐… Ⅲ.①机器学习－应用－建筑
施工 Ⅳ.① TU7-39

中国国家版本馆 CIP 数据核字（2023）第 040523 号

本书以易于理解的语言和方式向读者讲述了深度学习中的常用概念和方法，结合建筑工程领域的专业背景和应用场景，通过分析具体的问题并给出详细代码示例，介绍深度学习在建筑工程中的应用方法。全书共 5 章，分别为深度学习开发环境搭建、深度学习基础、采用深层卷积网络实现裂缝分类、采用深度卷积生成对抗网络实现建筑立面生成和基于强化学习的钢筋排布避障设计。

本书可作为土木工程相关专业高等院校和职业院校的课程教材，亦可作为深度学习相关专业从业人员进入建筑工程行业的入门资料。

责任编辑：李天虹
责任校对：姜小莲

深度学习在建筑工程中的应用

齐宏拓 丁 尧 刘界鹏
周绪红 刘鹏坤 李明春 著

*

中国建筑工业出版社出版、发行（北京海淀三里河路9号）
各地新华书店、建筑书店经销
北京科地亚盟排版公司制版
临西县阅读时光印刷有限公司印刷

*

开本：787毫米×1092毫米 1/16 印张：16¾ 字数：325千字
2023年5月第一版 2023年5月第一次印刷
定价：**108.00**元
ISBN 978-7-112-28423-8
（40900）

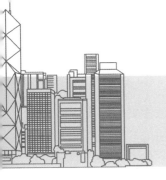

前 言

　　深度学习是人工智能领域的一个重要分支，它通过模仿人类大脑的神经网络，构造多层神经网络模型，在大量数据的基础上，学习复杂的特征表示并进行模型预测。目前，深度学习已经在计算机视觉、自然语言处理、生物信息学等领域取得了巨大的进展，在各行各业中得到了广泛应用，在建筑工程领域也崭露头角。

　　麦肯锡在 2020 年的行业报告《建筑业的下一个常态：颠覆如何塑造世界上最大的生态系统》中预测，人工智能可以为建筑工程项目全生命周期的各参与方提供辅助，人们将越来越关注建筑工程领域的人工智能解决方案。

　　在建筑设计方面，我们通过深度学习模型，可自动生成建筑物外观，满足不同的建筑风格需求，为建筑设计提供参考；可根据给定的房间尺寸，生成布局合理的室内场景；可对建筑物的内部空间进行设计和优化，满足不同的功能需求。在结构设计方面，我们可以利用深度学习模型，进行钢筋自动排布避障，减少现场返工；可进行结构智能设计，例如，对钢筋混凝土剪力墙及剪力墙结构梁进行智能布设，提高设计效率，降低设计成本。在建筑工程管理方面，深度学习可以帮助工程项目实现更快速、更准确的质量、成本、工期控制。例如，可以使用机器视觉高效检测及预测施工及使用过程中的质量缺陷与安全隐患。由此可见，理解深度学习方法并将其巧妙地应用到建筑工程中是非常必要及有效的。

　　作为非计算机专业的科研工作者，本书作者在学习深度学习的过程中遇到了诸多困难。例如，不熟悉专业的技术术语和概念、不熟练专业的数学表达和程序语法、不具有专业领域的学习资源和指导等。这些困难对于初学者来说，挑战性极高，往往会消磨学习热情与积极性，让我们失去领略深度学习魅力的机会。因此，本书将以初学者的视角，结合建筑工程领域的专业背景和应用场景，通过对具体问题进行分析并配合详细代码示例，引导读者快速入门，进入角色。读者不妨以本书为起点，建立信心。作者相信，一旦掌握了深度学习的基本知识与原理，你一定可以运用深度学习解决更多的实际问题。

　　本书第 1 章对深度学习所需的系列软件安装及开发环境搭建进行了详细介绍，并对常用工具及包进行了简单介绍，为后续的学习开山铺路；第 2 章结合通俗易懂的代码讲述了前馈神经网络、卷积神经网络、生成对抗网络、强化学习的核心理论，帮助读者在短时间内构建可运行的模型，增强读者探索深度学习的信心；第 3 章基于建筑工程领域的实际场景，采用深度卷积模型，通过模块化代码完成表面裂缝分类，实现建筑质量缺陷的快速检测；第 4 章采用深度卷积生成对抗网络，生成多种全新的建筑立面方案，可作为建筑师设计时的参考项，以达到激发设计灵感、辅助设计、提升工作效率的目的；第 5 章基于多智能体强化学习的计算方法，实现装配式钢筋混凝土节点自动无碰撞的钢筋设计，以提高设计效率、减少返工。

本书主要面向两类读者，一是从事建筑工程领域的学生、工程师，向他们提供深度学习的基础知识、分析框架和代码示例，帮助他们快速入门；二是从事深度学习相关专业的学生、程序员，向他们介绍建筑工程领域的行业背景知识、应用场景及工程问题示例，协助他们进入建筑工程行业，融入行业细分领域。本书可作为土木工程相关专业高等院校和职业院校的课程教材，亦可作为深度学习相关专业从业人员进入建筑工程行业的入门资料。

本书参考或引用了国内外深度学习领域大量的论文和著作，在此向这些作者表示诚挚的谢意。团队研究生廖耘竹、王煜、罗干、焦桐、欧行健、高盼、单文臣、尹航等承担了大量的资料查找和图形绘制工作，团队工程师兰昊、徐川、马玉锰、袁婕苓等对示例代码的正确性和规范性进行了认真校对和严格把控。中建科技集团副总经理樊则森为本书提供了大量素材和建议。同时，本书的研究工作还得到了国家重点研发计划（2022YFC3801703）、国家自然科学基金项目（52130801、U20A20312）以及重庆市重点研发项目（CSTB2022TIAD-KPX0140）的资助。在此，作者谨向对本书研究工作提供无私帮助的各位专家、研究生、国家自然科学基金委员会表示诚挚的感谢！

囿于作者的知识范围，书中难免有不足之处，敬请读者批评指正。您可以通过邮件形式向我们提供反馈，邮箱地址是 bigpangl@163.com，非常感谢您的支持和帮助。

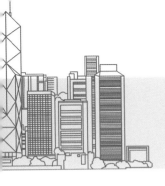

目 录

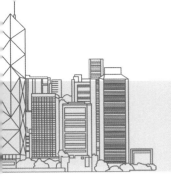

## 第 1 章

深度学习开发环境搭建

深度学习是机器学习中一种基于对数据进行表征学习的算法。深度学习神经网络（或人工神经网络）是仿造人脑工作机制，由在计算机内部协同工作的多层人工神经元组成的模型，它可以学习图片、文本、声音以及其他数据中的复杂模式，提取特征或属性，并进行预测或分类，被广泛用于与人们生活和工作息息相关的各种领域。

然而，初学者常常受困于深度学习开发环境的搭建而止步不前。因此，在正式开始学习前，我们将对深度学习所需的系列软件安装及开发环境搭建进行详细介绍，为后续的深入学习开山铺路。

1.1　深度学习与 PyTorch

深度学习框架是一种软件库，用于构建和训练深度学习模型。其提供大量预先设计的网络层、损失函数和优化器，以及其他常用的工具，能够节省大量开发时间。常见的深度学习框架包括：TensorFlow、PyTorch、Keras、Caffe、Theano 等，本章主要介绍对初学者比较友好、在科研和工程上都常用的 PyTorch 框架。在熟悉了 PyTorch后，其他框架的使用方法也大同小异，读者在了解其语法规则后即可构建自己的模型。

1.1.1　机器学习

机器学习（Machine Learning, ML）是在不提供直接指令的情况下，从数据或以往的经验中学习，以此来优化算法及程序的性能，被视为人工智能（Artificial Intelligence, AI）的子集。机器学习使用算法来识别数据中的模式，然后使用这些模式创建一个可以进行预测的数据模型。随着数据和经验的增加，机器学习的结果会更加准确，这与人类通过不断练习来提高能力水平的过程非常相似。

机器学习的基本任务一般分为四类，即监督学习、无监督学习、半监督学习和强化学习：

（1）监督学习：作为最常见的一种机器学习类型，监督学习任务的特点为给定学习目标（又称标签、标注或实际值等），整个学习过程围绕如何使预测与目标更接近而展开，如分类、回归、目标检测、识别等；

（2）无监督学习：从没有标签或标签代价很高的数据中，通过推断输入数据中的结构来建模，从而学习到一个规则或规律的过程称为无监督学习，如聚类、降维等；

（3）半监督学习：半监督学习是监督学习与无监督学习相结合的一种学习方式，同时使用大量未标记数据和部分标记数据进行模式识别，如自编码器、对抗生成式网络等；

（4）强化学习：强化学习把学习视为一个试探评价的过程，智能体（Agent）选择一个动作用于环境，环境接收该动作后状态发生改变，同时产生一个强化信号（奖或惩）反馈给 Agent，Agent 根据强化信号和环境当前状态再选择下一个动作，选择的原则是使受到正强化（奖）的概率增大，其目标是获得最多的累计奖励。

1.1.2　深度学习

深度学习（Deep Learning, DL）作为机器学习的子集，其原型是一个可以模拟人脑进行分析学习的神经网络。深度学习模仿人脑的机制来解释数据（如图像、声音和文本），通过组合低层特征，形成更加抽象的高层特征或属性类别，以发现数据的分布式特征。

本书后续章节所介绍的卷积神经网络（CNN）、生成对抗网络（GAN）均属于深度学习范畴。同时，卷积神经网络也是一种监督学习，而生成对抗网络则属于半监督学习。

值得一提的是，深度学习和强化学习都是自主学习的系统，两者的区别在于：深度学习是从一个训练集学习，然后将该学习应用到一个新的数据集；强化学习则是通过在连续反馈的基础上调整动作来动态学习，以最大化回报。但深度学习和强化学习并不是互相排斥的，深度强化学习就是一种将深度学习的感知能力和强化学习的决策能力相结合，并更加接近人类思维方式的机器学习方法。

1.1.3　深度学习框架 PyTorch

深度学习框架能够让使用者更快速地构建深度学习模型，目前有众多深度学习框架用于学习研究。PyTorch 是 Facebook 团队于 2017 年初发布的一套深度学习开源框架，虽然晚于 TensorFlow 等框架，但自发布之日起，其关注度就在不断上升，是当今深度学习领域中最热门的框架之一，其简洁且高效快速的框架设计、符合人类思维习惯的设计方式等特点使其非常适合研究学习及实验。

相比于其他框架，PyTorch 有如下特点：

1. 灵活强大的接口

包括 eager execution 和 graph execution 模式之间无缝转换的混合前端、改进的分布式训练、用于高性能研究的纯 C++ 前端，以及与云平台的深度集成。

2. 丰富的课程资源

Udacity 和 Facebook 已经上线了一门新课程（Introduce to Deep Learning with PyTorch）并推出了 PyTorch 挑战赛（PyTorch Challenge Program），PyTorch 的相关完整课程可在 Udacity 网站上免费获取。除在线教育课程之外，fast.AI 等组织还提供软件库，支持开发者使用 PyTorch 构建神经网络。

3. 更多的项目扩展

基于 PyTorch 开发的典型拓展有：

（1）Horovod：分布式训练框架，使开发人员能够轻松地使用单个 GPU 程序，并快速在多个 GPU 上训练。

（2）PyTorch Geometry：PyTorch 的几何计算机视觉库，提供一组路径和可区分的模块。

（3）TensorBoardX：一个将 PyTorch 模型记录到 TensorBoard 的模块，允许开发者使用可视化工具训练模型。

此外，Facebook 内部团队还构建并开源了多个 PyTorch 项目，如 Translate（用于训练基于 Facebook 机器翻译系统的序列到序列模型的库）。

4. 支持更多的云平台

为了使 PyTorch 更加易于获取且对用户友好，PyTorch 团队继续深化与云平台和云服务的合作，如 AWS、谷歌云平台、微软 Azure，开发者可以在此类云平台上训练、管理和部署 PyTorch 模型。

PyTorch 可用于构建深度神经网络和执行张量计算，其主要的功能有：拥有 GPU 张量，该张量可以通过 GPU 加速，达到在短时间内处理大数据的要求；支持动态神经网络，可逐层对神经网络进行修改，并且神经网络具备自动求导的功能。本书后续内容均是基于 PyTorch 框架实现。

1.2 环境搭建

1.2.1 安装环境管理工具（Conda）

PyTorch 采用 Python 语言接口来实现编程，故需先安装 Python 运行环境及常用工具包，然后再安装 PyTorch。然而，由于安装 Python 及常用工具包的过程较为繁琐且容易出错（主要指包依赖及版本冲突等问题），于是开源社区组织将 Conda 环境管理工具、Python 运行环境及常用工具包打包集成到一个安装软件包中（MiniConda/AnaConda），安装该集成软件包即可完成 Python 运行环境及常用工具包的安装，实现包的便捷获取与环境的统一管理。

Conda 是一个为 Python 而设的开源包管理和环境管理工具，用于安装 Python 及相应的包（库）[4]，即 Python 环境安装、运行、管理平台。MiniConda 是一款小巧的 Python 环境管理工具，是 AnaConda 的一个小型版本[5]，只包含 Conda、Python 及其所依赖的包，以及少量其他有用的包，包括 pip、zlib 等。安装 MiniConda 后，即可使用 conda 命令安装任何其他软件工具包并创建环境等。

首先，在 Conda 官网下载与电脑操作系统相匹配的 MiniConda 安装文件，建议读者下载一个相对稳定的版本（本书采用的是 Python3.8），防止最新版本在使用中出现其他问题。下载成功后根据指示完成安装（若是 Windows 系统，请将其安装到除 C 盘外的其他磁盘，以防止使用中 C 盘空间不足，此处安装于 D 盘），如图 1-1 所示。

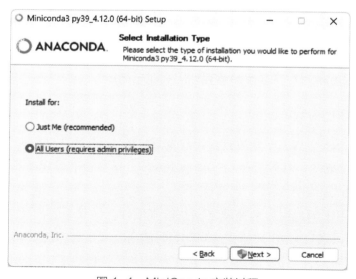

图 1-1 MiniConda 安装过程

1.2.2　安装 GPU 加速包

由于只使用 CPU 运行深度学习框架所花费的时间往往较长，如卷积神经网络的图像处理和循环神经网络的序列处理，即便在多核多线程高主频 CPU 上的运行速度也较慢。而利用当前主流 NVIDIA GPU 进行深度学习实验时，通常速度可以提高 5 倍甚至更高[6]，因此推荐读者利用 GPU 进行深度学习实验。在安装 GPU 加速包之前，须先检查计算机上是否有支持 CUDA 的 GPU，读者可根据电脑的显卡型号在 Nvidia 官方网站的查询网址[7]查看显卡是否支持 CUDA。进而查询当前驱动程序最高可支持的 CUDA 版本（Windows 系统查看方法：桌面上点击鼠标右键，在弹出菜单中依次选择 NVIDIA 控制面板→帮助→系统信息→组件），如图 1-2 所示（图中表示显卡驱动最高支持 CUDA11.7）。

图 1-2　查看显卡驱动支持的 CUDA 版本

确认显卡驱动支持的最高 CUDA 版本后，即可在 Nvidia 官方网站的 CUDA 下载网址[8]根据操作系统版本选择相应的 CUDA 版本，此处下载的是 CUDA11.6.2 版本，下载完成后根据程序提示进行安装。

安装完成后，Windows 系统须在 cmd 窗口中输入命令"nvcc-V"检查 CUDA 是否安装成功。如显示的信息中含有"…release xx.x…"等字样说明 CUDA 已成功安装，如图 1-3 所示。否则，说明安装失败，则需要检查 CUDA 的安装路径是否已成功添加至系统环境变量中，如未添加则需按下述方法手动添加，完成后重启电脑并重复上述步骤。

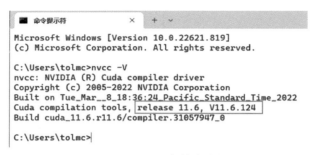

图 1-3　CUDA 安装成功提示

添加 CUDA 安装路径至系统环境变量：右键点击我的电脑，在弹出的菜单中依次选择"属性→系统→高级系统设置→高级→环境变量"，检查系统变量是否有如图 1-4 中红框所示的内容，若没有则需在系统环境变量 Path 中添加以下路径。方法是：依次点击系统变量中的"Path →编辑→新建"，将以下变量全部添加进去后点击确定（需要注意的是，如下路径中的 V11.6 应改成相应电脑显卡驱动所对应的版本号）。

C:\Program Files\NVIDIA GPU Computing Toolkit\CUDA\v11.6\lib\x64

C:\Program Files\NVIDIA GPU Computing Toolkit\CUDA\v11.6\include

C:\Program Files\NVIDIA GPU Computing Toolkit\CUDA\v11.6\extras\CUPTI\lib64

C:\Program Files\NVIDIA GPU Computing Toolkit\CUDA\v11.6\bin

图 1-4　添加 CUDA 安装路径至系统环境变量

安装完成后，打开 MiniConda，在命令行中输入"python"并回车，查看安装的版本，如图 1-5 红框中所示的内容即是当前安装的 Python 版本号。查看完成后，输入"quit()"或按 Ctrl+z 并回车退出 Python 交互式环境。若未显示图 1-5 所示的界面，请转前述安装步骤重新安装环境。

```
(base) C:\Users\tolmc>python
Python 3.8.1  (main, Apr  4 2022, 05:22:27) [MSC
Type "help", "copyright", "credits" or "license"
>>> |
```

图 1-5　查看 Python 版本

1.2.3　配置虚拟环境

使用 PyTorch 时需指定其版本，而不同版本的 PyTorch 需安装特定的 Python 版本及其他软件[7]。虚拟环境即是用于管理这种需安装多个指定版本软件才能满足运行要求的情况，即创建一个虚拟环境，在该虚拟环境下安装满足运行要求所需的各种指定版本软件，在使用时切换到该虚拟环境下即可。使用 Conda 虚拟环境管理工具时，在未创建其他虚拟环境或退出指定虚拟环境时，Conda 即处于默认的全局虚拟环境 base 下。

现举例说明：假设当前需要安装 PyTorch1.12 版本，该版本需与 Python3.8 相配合，则可创建一个名为 PyTorch1.12-VS-python3.8（虚拟环境名称无特殊要求，方便自己使用理解即可）的虚拟环境，在该环境下把上述两种软件及其他软件安装完毕。当其他情况需要安装 PyTorch1.10 版本及其所需的 Python3.7 时，则可再创建一个名为 PyTorch1.10-VS-python3.7 的新虚拟环境，在该环境下安装前述两个版本的软件及其他软件。当我们需要使用 PyTorch1.12 版本时，就激活进入 PyTorch1.12-VS-python3.8 虚拟环境；当需要使用 PyTorch1.10 版本时，就激活进入 PyTorch1.10-VS-python3.7 虚拟环境。各虚拟环境下配置或安装的软件只影响当前所在的虚拟环境，而不影响其他虚拟环境。通过此种方式可以在不同的虚拟环境下实现不同软件版本的自由切换。

创建虚拟环境：打开 MiniConda，在出现的命令行窗口中输入以下命令并回车：conda create -n pt112vspy38 python=3.8，在出现的提示信息中输入"y"并回车，即开始创建名为 pt112vspy38 的虚拟环境，如图 1-6 所示。

当相应的包下载完成，并出现如图 1-7 所示的 3 行以 done 结尾的英文提示后，即表示虚拟环境创建成功。虚拟环境创建成功后，需激活该虚拟环境。虚拟环境一旦被激活，则表示当前已经进入该虚拟环境中。其中激活与退出虚拟环境的命令如图 1-7 所示。

```
选择 管理员: Anaconda Powershell Prompt (MiniConda3)
    -------------------------------------------------------------
                                          Total:        14.8 MB

The following NEW packages will be INSTALLED:

  bzip2              anaconda/cloud/conda-forge/win-64::bzip2-1.0.8-h8ffe710_4
  ca-certificates    anaconda/cloud/conda-forge/win-64::ca-certificates-2022.9.24-h5b45459_0
  libffi             anaconda/cloud/conda-forge/win-64::libffi-3.4.2-h8ffe710_5
  libsqlite          anaconda/cloud/conda-forge/win-64::libsqlite-3.40.0-hcfcfb64_0
  libzlib            anaconda/cloud/conda-forge/win-64::libzlib-1.2.13-hcfcfb64_4
  openssl            anaconda/cloud/conda-forge/win-64::openssl-3.0.7-hcfcfb64_0
  pip                anaconda/cloud/conda-forge/noarch::pip-22.3.1-pyhd8ed1ab_0
  python             anaconda/cloud/conda-forge/win-64::python-3.8.15-h4de0772_0_cpython
  setuptools         anaconda/cloud/conda-forge/noarch::setuptools-65.5.1-pyhd8ed1ab_0
  tk                 anaconda/cloud/conda-forge/win-64::tk-8.6.12-h8ffe710_0
  ucrt               anaconda/cloud/conda-forge/win-64::ucrt-10.0.22621.0-h57928b3_0
  vc                 anaconda/cloud/conda-forge/win-64::vc-14.3-h3d8a991_9
  vs2015_runtime     anaconda/cloud/conda-forge/win-64::vs2015_runtime-14.32.31332-h1d6e394_9
  wheel              anaconda/cloud/conda-forge/noarch::wheel-0.38.4-pyhd8ed1ab_0
  xz                 anaconda/cloud/conda-forge/win-64::xz-5.2.6-h8d14728_0

Proceed ([y]/n)?
```

图 1-6 创建虚拟环境

```
Preparing transaction: done
Verifying transaction: done
Executing transaction: done
#
# To activate this environment, use
#
#     $ conda activate pt112vspy38       激活命令
#
# To deactivate an active environment, use
#
#     $ conda deactivate                 退出命令
```

图 1-7 虚拟环境创建成功提示及激活与退出命令

1.3 深度学习框架安装配置（PyTorch）

首先从 PyTorch 官网的下载网址[10]下载合适的 PyTorch 版本到 D 盘（Linux 则对应到其他相应位置），本书下载的是 cu116/torch-1.12.0%2Bcu116-cp38-cp38-win_amd64.whl（即 CUDA 版本为 11.6，PyTorch 版本为 1.12，Python 版本为 3.8）。

打开 MiniConda，进入命令行模式，通过路径切换命令，将当前路径切换到 PyTorch 安装文件所在位置（此处假设安装文件下载到 D:\ToLMC\ 文件夹），然后输入如图 1-8 所示的安装命令以安装 PyTorch 包。

待安装结束后，若出现“successfully installed...”等提示信息，说明安装成功；否则说明安装失败，需重新安装。

安装成功后，可通过 torch.__version__ 命令验证是否安装成功，若打印出相应版本号则表示安装成功，如图 1-9 所示；若提示"ModuleNotFoundError…"则表示安装失败，如图 1-10 所示。

图 1-8　虚拟环境中切换到软件所在盘并安装

图 1-9　安装成功后提示

图 1-10　安装失败后提示

1.4　常用工具及包介绍（Python）

在虚拟开发环境 MiniConda 中将 PyTorch 及 Python 运行环境安装配置完毕后，为了让编写代码更方便，可安装源代码集成开发环境 PyCharm 或 Visual Studio Code，用于在本地电脑编写调测程序。除此之外，也可使用交互式运行环境 Jupyter，在网页中以交互式运行方式调试运行程序；或使用 Web 浏览器，如 Google Colaboratory，在云端运行环境运行调试程序。

1.4.1　源码集成开发环境（Visual Studio Code/PyCharm）

在编写代码时，可以通过文本编辑器（如记事本或 VI）编写，但此类文本编辑器的功能太少，使编写代码的效率过低。而源代码集成开发环境（简称 IDE）则是具备代码智能提示、语法高亮、项目管理、代码跳转、代码补全甚至版本管理等功能的源代码编写工具，可极大提升编写程序的效率，Visual Studio Code 与 PyCharm 是用于编写 Python 程序时常用的集成开发环境。

（1）Visual Studio Code

Visual Studio Code（以下简称 VSCode）是一款免费的 IDE，可支持包括 Python 在内的多种编程语言，可在 Visual Studio Code 官网下载。下载并安装完成后，需在 VSCode 中进行配置使其支持 Python 语言开发，方法如下：

运行 VSCode，按快捷键 Ctrl+Shift+X 打开扩展面板，于搜索框中输入"python"，在如图 1-11 所示的结果中选择发布者是"Microsoft"的 Python 扩展并点击"安装"按钮。

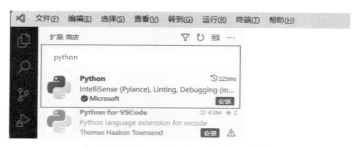

图 1-11　搜索并安装 Python 扩展

安装完成后，可在电脑 D 盘或其他磁盘新建一个文件夹用于存放后续编写的 Python 程序，本书新建的文件夹为"F:\source\python"。点击"打开文件夹"按钮，选择新建的文件夹并点击"添加"，从而把用于存放 Python 程序的文件夹添加到 VSCode 中，使后续所有新建的 Python 源代码文件均保存在此文件夹下。添加完成后，在左侧的文件夹工作区中，单击鼠标右键并在弹出的菜单中选择"新建文件"，输入新程序名称后即可开始编写代码，如图 1-12 所示。

接下来，对 VSCode 中 Python 程序的运行环境进行设置：在 VSCode 中依次点击"文件→首选项→设置"，在弹出的界面中依次选择"扩展→Python"，依次设置"Conda Path"和"Default Interpreter Path"为当前虚拟开发环境 MiniConda 的路径、当前虚拟环境中 Python 解析程序的路径，如图 1-13 所示。

（2）PyCharm

PyCharm 分为商业收费版与免费社区版，本书使用的是免费社区版，可在 PyCharm 官网下载。下载并安装完成后，需在 PyCharm 中配置虚拟开发环境 MiniConda 及当前虚拟环境中 Python 解析程序的路径。其配置方法如图 1-14 所示。

图 1-12 工作区中新建源码文件

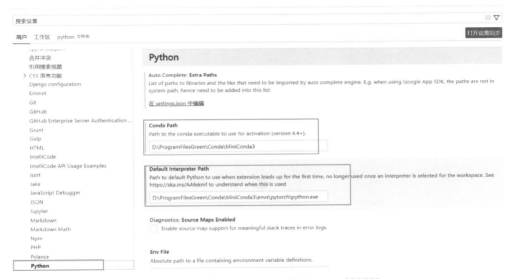

图 1-13 配置 MiniConda 及 Python 解析器

在 Windows 命令行窗口中运行 MiniConda，然后激活上述步骤创建的虚拟环境
（conda activate pt112vspy38）。点击如图 1-15 所示的绿色右箭头"Run main"按钮或按
"Shift+ F10"快捷键即可运行当前程序，若配置正确，则在下方"Terminal"窗口中即
可看到当前程序的输出。

1.4.2 网页交互式运行环境（Jupyter）

在使用上节所述的 IDE 编写程序时，调试过程中的一些中间结果、分析数据以及
文档说明通常需要用另外的文档进行记录，当源码更改时这些文档也需要同步进行修
改，这无疑增加了工作量。

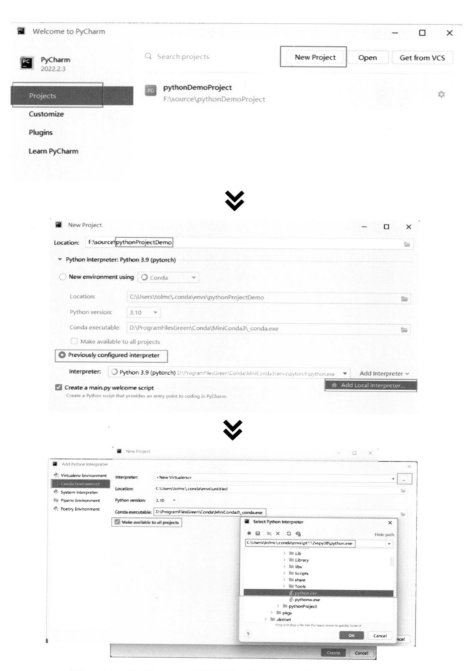

图 1-14　PyCharm 中配置 MiniConda 中的 Python 解析器

　　网页交互式运行环境 Jupyter 则可将源代码、中途运行的数据分析结果、文档或其他可视化内容以类似于笔记的方式组合到一个文档中[8]。通过这种方式可同步修改源代码及其中的所有其他内容，方便快捷。同时，该文档还可共享给其他人查看、运行，非常适合研究、学习过程中的记录、分享与交流。

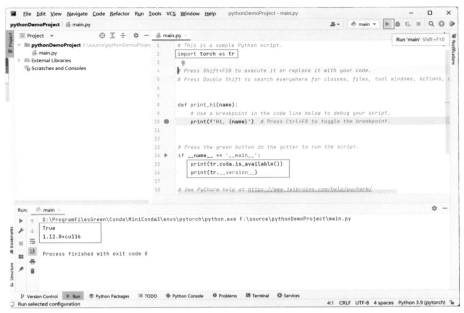

图 1-15　PyCharm 中运行调试程序

　　Jupyter 的操作也十分简单。首先，运行 MiniConda 并激活当前创建的虚拟环境后，直接在命令行中输入 "jupyter notebook" 即可在默认浏览器中打开如图 1-16 所示的 Jupyter 主界面，再点击右上角的 "New → Python 3(ipykernel)" 即可打开如图 1-17 所示的交互式编程页面。在此页面中可以逐行输入各种源码，点击 "运行" 按钮即可显示运行结果。与 IDE 下运行程序时集中显示所有输出不同，在 Jupyter 下运行程序，当某行代码有输出时，其结果将直观地显示在该行代码的下方，方便实时修改查阅。

图 1-16　Jupyter 主界面

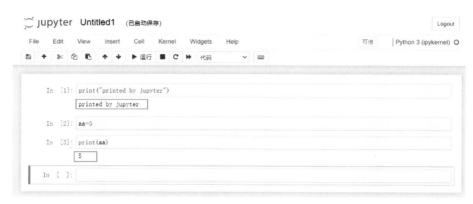

图 1-17　Jupyter 页面运行结果显示

1.4.3　云端运行环境（Google Colaboratory）

在进行深度学习研究时，若计算机中没有支持 CUDA 的 GPU，其训练过程将会消耗大量时间。如想使用 GPU 加速以减少训练时间，可利用 Google Colaboratory（以下简称 Colab）提供的云端机器学习工具，该工具提供了免费的 GPU、TPU、云盘等资源，并基于 Jupyter 环境提供了训练常见 TensorFlow[9]、PyTorch 等框架的环境，同时用户可通过 Google 云盘存储项目、分享自己的项目或学习笔记，详细配置使用说明请查阅官方教程。

1.4.4　部分常用 Python 包

Python 之所以应用如此广泛，除了其简单易学易用外，更重要的是，其提供了大量功能全面且易用的包，本书所用到的包主要有 NumPy、Pandas、Matplotlib 等，可在 Python 中使用"pip install ×××"命令（××× 替换为具体的包名称）安装所需的包。

1. NumPy

目前的通用计算机底层通常只能处理类似于 0、1 的二进制数据，而计算机在处理图形、声音等数据时，一般是将其采样后通过类似于矩阵的方式进行存储或处理。而NumPy 则是专门用于存储和快速处理大型矩阵的数值计算扩展包，与 Python 自带的列表或其他结构相比，NumPy 在提供了大量数学函数库的同时，其计算速度更快，广泛用于数值处理、图像处理、深度学习等方面。

2. Pandas

结构化数据分析在深度学习及图像处理研究方面使用非常广泛，而 Pandas 即是基于 NumPy 提供的一个用于数据分析的扩展包，它可以对多种数据进行高效运算及加工处理，特别适用于需高效操作大型数据集的场合，同时还提供了大量库和数据模型等工具，可以高效快速地进行大型数据分析与处理。

3. Matplotlib

在进行数值计算分析过程中，通常需要将其结果以图表或图形方式直观显示出来，Matplotlib 即是 Python 中用于 2D/3D 绘图的扩展包，通常与 NumPy、Pandas 配合使用，以可视化方式显示各种分析数据，并且能够非常方便地与 Python 下的 GUI 工具进行集成，在 GUI 上进行数据可视化展示。

1.5　基础知识（Python/NumPy/Matplotlib/PyTorch）

Python 作为深度学习中常用的开发语言之一，对后续深度学习研究起着至关重要的作用。本节将对 Python 编程、Numpy 数组及运算、Matplotlib 图形绘制及 PyTorch 框架等基础知识进行详细介绍，读者可根据自身情况选择性学习以下内容。

1.5.1　Python 编程基础

Python 是一门简单、易懂的编程语言，其语法与英语语法较为类似，能用类似于英语的语句方式进行程序编写，对非计算机专业或首次接触编程的人来讲，是一种较合适的入门编程语言。同时，Python 是目前全世界范围内研究机构及学校应用得最多的编程语言之一，也是机器学习领域中最流行的语言，如各种深度学习框架、库均提供了 Python 编程接口[10]。因此，无论是为了进行深度学习研究，还是数据科学等其他方面的研究工作，Python 都是当下最合适的编程语言。Python 是一门解释执行语言，即通过解释器，以翻译一行执行一行的方式运行程序，可以理解为逐行解释并执行代码，遇到有错误的行或执行完毕后程序停止。

截至本书编写，Python 主要有 2.× 和 3.× 两大版本，其中 3.× 是当前主流版本，本章中的开发环境主要基于 3.8 版本，若未特别说明则也适用于 3.8 及新的版本。以下内容将以 VSCode 集成开发环境（即 IDE）为例，介绍该 IDE 的使用方法及 Python 编程基础。

1. IDE 基础

本节以 VSCode 为例，使读者提前熟悉 IDE 的使用方法，其主界面如图 1-18 所示，其中红字标识的①区显示工作区中的所有源码文件，②区是当前源码文件名，③区是源代码输入编辑区，④区是运行程序按钮，⑤区是程序输出显示区。

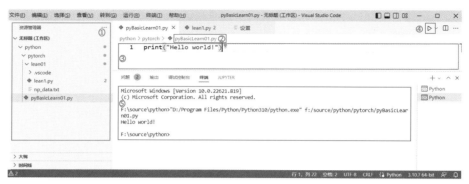

图 1-18　VSCode 主界面

在进行下述编程练习时，首先在编程主界面中的①区点击鼠标右键→新建文件 → learn.py（文件扩展名是 .py，名称为英文字母即可），在③区输入源代码并点击④区按钮后，即能在⑤区查看是否按预期输出。

在学习任何编程语言时，第一个程序往往是学习如何显示出 "Hello world!"，使用 Python 完成该程序的写法如下所示。

```
print("Hello world!")            # 打印字符串
# 输出：Hello world!
```

该行代码中 "print" 是一个函数（后续代码中将大量用到此函数，用于显示数据或其他内容）；括号中的 "Hello world!" 是向该函数输入的参数；符号 "#" 后的文字为注释，用于描述该行代码的功能或作其他说明。整行代码的意思是：调用 print 函数，其输入参数是 "Hello world!"，点击运行按钮即可在输出区显示结果。

2. 数据类型

Python 中主要有整数（integer，简称 int）、浮点数（float）、字符串（string，简称 str）等数据类型，类（class）表示某数据的类别，使用 type() 函数可查看变量的数据类型。应特别注意，字符串必须用英文半角单引号 ' ' 或双引号 " "，不能使用中文全角单引号 ' ' 或双引号 " "。

```
print(type(10))
print(type("string"))
# 输出：<class 'int'>
        <class 'str'>
```

3. 算术运算

使用 Python 语言所执行的加减乘除等运算与数学中的算术表示类似，+ 表示加法，− 表示减法，* 表示乘法，/ 表示除法（注：除数不能是 0）。

```
print(1*2)
print(5/3)
# 输出: 2
        1.6666666666666667
```

4. 常量与变量

如上示例使用的某个具体数字或某个字符串，称为常量，如：1、2.3、"string" 等。与常量对应的是变量，变量带有名称，可存放其他值，如下所示。

```
varName1 = 222
varValue2 = "come"
print(varName1)
print(varValue2)
# 输出: 222
        come
```

运行以上代码可发现，变量就像一个抽屉，用于存放各种数据或值，在程序运行中可以向变量赋不同的值，也可以存放变量运算后的结果。

```
varName1 = 222
varValue2 = 333
varValue3 = varName1 + varValue2
print(varValue3)
varValue3 = "come on!"
varValue4 = "NoNoNo."
varValue5 = varValue3 + varValue4
print(varValue5)
# 输出: 555
        come on!NoNoNo.
```

5. bool 型

bool 型作为表示是 / 否的类型，其取值只能是 True 或 False 中的任意一个，主要用于 bool 运算（and、or、not）中判断某个条件的状态。

```
isNum = True                    # 是否数字？是
isString = False                # 是否字符串？否
print(isNum and isString)       # and 运算全为 True 时结果才是 True；or 运算任意
                                  一个及以上为 True 时结果就是 True；not 运算为取
                                  反，如 True 取反为 False

# 输出: False
```

6. 列表

列表可以用来表示一串数据，若要访问列表中的某个数据，可以通过带下标的索引访问，其中列表中第一个元素的下标是 0；也可以访问列表中的连续几个数据（称为切片）。

```
arr1=[1,2,3,4,5]                # [...] 表示这是一个列表
print(arr1)
print(arr1[0])                  # 取列表中第 1 个元素
print(arr1[1:4])                # 切片获取 [2,5) 的元素
print(arr1[:-3])                # 切片获取 [1,3) 的元素，-3 代表倒序第 3 的元素
# 输出: [1,2,3,4,5]
        1
        [2,3,4]
        [1,2]
```

7. 字典

字典是以键名：键值成对的方式存储数据，如："age":23, "name":"Leeming", "wechat":"mahuaten" 等。

```
dict1 = {"age":23, "name":"Leeming", "wechat":"mahuaten"}    # 生成字典
print(dict1["age"])             # 访问字典中键名为 age 的对应的键值
dict1["age"] = 25               # 修改字典中内容
dict1["desc"] = "studentInfo"   # 以前没有的键名会自动增加相应的元素
# 输出: 23
```

8. if 条件判断语句

if 条件判断语句是指当 if 条件成立时才执行代码，if … else … 语句是指根据不同的条件执行不同的代码。

```
isNum = True
if isNum:                       # if 判断
  print("It's a number!")       # if 判断为 True 时执行此代码，注意前面有 2 空格
```

```
isBigger = 3 > 2
if isBigger:                          # if 判断
  print("Bigger!")                    # if 判断为 True 时执行此代码，注意前面有 2 空格
else:
  print("Smaller!")                   # if 判断为 False 时执行此代码，注意前面有 2 空格
```

9. for 循环语句

在循环执行某些代码时可使用 for 循环语句，如循环访问列表、数组等。

```
for i in [1,2,3,4,5]:                 # 其中每次循环取得的元素值将存到变量 i 中，[...]
                                        表示一个列表

  print(i)
```

10. 函数

在 Python 中，可以将一段有规律的、可重复使用的代码命名、定义为函数，便于调用执行，达到一次编写、多次调用的目的。同时，函数还可以定义参数，调用时将参数传递给函数中的代码，函数执行完成后可以返回值，以供调用方处理。

```
def showText():                       # 函数定义格式
  print("***************")            # 函数中代码，注意前面有 2 空格
  print("This is first text line")    # 函数中代码，注意前面有 2 空格
  print("***************")            # 此行为函数最后一行
showText()                            # 调用函数

def add(a, b):                        # 函数定义（带输入参数）
  sum = a+b                           # 函数中代码，注意前面有 2 空格
  print(a,"+",b,"=",sum)              # 函数中代码，注意前面有 2 空格
  return sum                          # 函数返回值
rtnValue = add(3,5)                   # 调用函数，传入 2 个参数，取返回值
print("add(3,5) return:", rtnValue)   # 显示函数的执行结果
# 输出: ***************
        This is first text line
        ***************

        3 + 5 = 8
        add(3,5) return: 8
```

11. 面向对象编程

面向对象编程是一种将对象作为程序基本单位的编程思想，一个对象主要由数据

（又称为属性）及函数（有些称为方法）组成，其中对象在定义时叫类，在使用时需要创建该类的一个实例化对象，以"猫"举例如下。

```python
class Cat(object):                                      # 定义类 Cat
  def __init__(self, age1, color1, nickName1):  # 构造函数，创建实例化对象时自动
                                                          调用

    self.age = age1                              # 定义类属性 age，将 age1 赋给属性
    self.color = color1                          # 定义类属性 color，将 color1 赋
                                                   给属性

    self.nickName = nickName1                    # 与上行代码作用类似

  def showCatInfo(self):                         # 类的函数，可操作访问类属性
    print("This cat is ", self.nickName)        # 类函数中可访问属性

  def sound(self):                               # 类的函数
    print("Meow…", "--by cat:", self.nickName)
cat1 = Cat(3, "White", "DuduMiao")               # 从 Cat 类实例化对象，表示具体的猫
```

上述代码定义了一个 **Cat** 类，用于抽象表示猫这类动物，当要表示具体某只猫时，则需用类 Cat 实例化一个对象出来，设置对象的属性后，该对象即表示某只具体的猫，以上即是类和对象的区别。

1.5.2 NumPy 数组及运算

1. NumPy 导入

在 Python 中使用第三方包时，均需在代码起始行导入包，如下所示。

```python
import numpy as np        # as np 表示导入后名称为 np，后续可使用 np 代替全称 numpy
```

其中 NumPy 中生成随机数的 Random 模块常用函数如表 1-1 所示[11]。

Random 模块常用函数   表 1-1

函数	描述
np.random.random	生成 0 到 1 之间的随机数
np.random.uniform	生成均匀分布的随机数
np.random.randn	生成标准正态的随机数
np.random.randint	生成随机的整数
np.random.normal	生成正态分布

续表

函数	描述
np.random.shuffle	随机打乱顺序
np.random.seed	设置随机数种子
random_sample	生成随机的浮点数

2. 数　组

调用 NumPy 中的 array 函数可生成 NumPy 数组。如传递一个 Python 列表作为参数，则返回的 NumPy 数组就包括 Python 列表中的所有元素，其中访问 NumPy 中的元素与访问 Python 列表中的元素一致，使用 lst[n] 方式访问（lst 是数组名，n 是从 0 开始的数组索引）。

其中 NumPy 中数组创建相关常用函数如表 1-2 所示。

数组创建常用函数 表 1-2

函数	描述
np.zeros((3,4))	创建 3×4 的元素全为 0 的数组
np.ones((3,4))	创建 3×4 的元素全为 1 的数组
np.empty((2,3))	创建 2×3 的空数组，空数据中的值并不为 0，而是未初始化的垃圾值
np.zeros_like(ndarr)	以 ndarr 相同维度创建元素全为 0 数组
np.ones_like(ndarr)	以 ndarr 相同维度创建元素全为 1 数组
np.empty_like(ndarr)	以 ndarr 相同维度创建空数组
np.eye(5)	该函数用于创建一个 5×5 的矩阵，对角线为 1，其余为 0
np.full((3,5), 666)	创建 3×5 的元素全为 666 的数组，666 为指定值

```
lst1 = [1, 2, 3, 5]           # 创建一个 Python 列表
arr1 = np.array(lst1)         # 调用 NumPy 函数 array，传入列表，生成一个 NumPy 数组
print(lst1)                   # 查看 Python 列表内容
print(arr1)                   # 查看 NumPy 数组内容，和上面代码显示的数据内容一样
print(type(lst1))             # 查看其类型
print(type(arr1))             # 与上行代码比，两者数据相同，但类型不同、存储方式不同
# 输出: [1, 2, 3, 5]
    [1 2 3 5]
    <class 'list'>
    <class 'numpy.ndarray'>
```

通过不同函数，可以创建不同种类的数组，如随机数数组：

```
arr3 = np.random.random(size=3)    # 生成 3 个随机数组成的数组
np.random.seed(166)                # 指定相同的随机数种子，会生成相同的一批随机数
arr4 = np.random.random(size=3)
print(arr4)
np.random.shuffle(arr4)            # 随机打乱数组中各元素的顺序
print(arr4)
# 输出：[0.29773903 0.82727708 0.76538624]
#      [0.82727708 0.76538624 0.29773903]
```

特定值数组（如全 0、全 1 的数组）：

```
arr5 = np.zeros([3,])              # 生成的数据全是 0
print(arr5)
arr6 = np.ones([3,])              # 生成的数据全是 1
print(arr6)
arr7 = np.full([3,], 666)          # 生成的数据全是指定值 666
print(arr7)
# 输出：[0. 0. 0.]
#      [1. 1. 1.]
#      [666 666 666]
```

按指定规则递增 / 递减的数组：

```
print(np.arange(10))               # 生成 [0,10) 的数组，默认步长为 1
print(np.arange(0,10))             # 生成 [0,10) 的数组，默认步长为 1
print(np.arange(1,5,0.5))          # 生成 [1,5) 的数组，步长为 0.5
print(np.arange(9,-1,-1))          # 倒序生成 (-1,9] 的数组，步长为 1
# 输出：[0 1 2 3 4 5 6 7 8 9]
#      [0 1 2 3 4 5 6 7 8 9]
#      [1. 1.5 2. 2.5 3. 3.5 4. 4.5]
#      [9 8 7 6 5 4 3 2 1 0]
```

在指定取值范围内，按指定数量等分的数组：

```
print(np.linspace(1,10,10))        # 生成 [1,10] 范围内 10 个线性等分向量（数字）
# 输出：[1. 2. 3. 4. 5. 6. 7. 8. 9. 10.]
```

同时，还可以将数组的数据保存到文件中，后续可从文件中恢复数组数据。

```
arr21 = np.random.random([10,])
```

```
print(arr21)
fileName = '/.testData.txt'
np.savetxt(X=arr21, fname=fileName)        # 将数组中的数据保存到文件中
arr22 = np.loadtxt(fileName)               # 从文件中恢复数组，arr22 与 arr21
                                             的数据应相同
print(arr22)
# 输出：[0.24175633 0.90959386 0.43980117 0.76418946 0.32679251 0.40891362
        0.38175381 0.91604818 0.8212697  0.16786087]
       [0.24175633 0.90959386 0.43980117 0.76418946 0.32679251 0.40891362
        0.38175381 0.91604818 0.8212697  0.16786087]
```

3. NumPy 的算术运算

维度和元素个数相同的 NumPy 数组所进行的加减乘除算术运算是指：将每个数组中每个位置的元素进行相应运算后，再放回新数组相应位置的过程，如下所示。

```
arr1 = np.array([1,2,3])
arr2 = np.array([5,6,7])
print(arr1 + arr2)                 # 逐元素相加
print(arr1 - arr2)                 # 逐元素相减
print(arr1 * arr2)                 # 逐元素相乘
print(arr1 / arr2)                 # 逐元素相除
# 输出：[6 8 10]
       [-4 -4 -4]
       [5 12 21]
       [0.2 0.33333333 0.42857143]
```

4. 数组变形

上节生成的是一维数组（即只有一行数据），在深度学习中用得较多的则是多维数组（排成多行多列的成批数据），为方便读者理解，本书将有些多维数组的叫法与数学上的叫法相统一，即一维数组称为向量、二维数组称为矩阵、三维及三维以上数组称为张量，在 NumPy 中生成多维数组如下所示。

```
arr3 = np.array([[1,2,3],[6,7,8]])     # 生成 2 行 3 列数组（又称矩阵）
print("arr3 的形状：", arr3.shape)       # 查看形状
print(arr3)                            # 显示其数据
# 输出：arr3 的形状：(2, 3)
       [[1 2 3]
        [6 7 8]]
```

　　多维数组之间也可以进行算术运算，其要求是参与运算的多维数组形状相同，以矩阵为例，要求矩阵的行数和列数均相同。

```
arr3 = np.array( [[1,2,3],[6,7,8]])       # 生成 2 行 3 列数组（又称矩阵）
arr4 = np.array( [[3,2,1],[8,7,6]])       # 生成 2 行 3 列数组（又称矩阵）
print("arr3 + arr4=:", arr3 + arr4)       # 查看 + 运算结果，可发现是逐个元素
                                          #   相加

print("arr3 * arr4=:", arr3 * arr4)       # 查看 * 运算结果，可发现是逐个元素
                                          #   相乘

print("arr3 * 10=:", arr3 * 10)           # 查看 * 向量后运算结果，可发现是逐
                                          #   个元素相乘

# 输出: arr3 + arr4=: [[ 4  4  4]
        [14 14 14]]
        arr3 * arr4=: [[ 3  4  3]
        [48 49 48]]
        arr3 * 10=: [[10 20 30]
        [60 70 80]]
```

　　在生成数组时可将数组中的元素按指定值填充：

```
arr21 = np.zeros([3,3])              # 生成 3x3 矩阵，其数据值全为 0
print(arr21)
arr22 = np.zeros_like(arr21)         # 与 arr21 形状一样的矩阵，其数据值全为 0
print(arr22)
arr23 = np.eye(3)                    # 对角线上元素为 1，其他元素全为 0 的 3 阶单位矩阵
print(arr23)
arr25 = np.diag([1,2,3])             # 对角线上元素为 1、2、3，其他全为 0 的 3 阶对角矩阵
print(arr25)
# 输出: [[0. 0. 0.]
        [0. 0. 0.]
        [0. 0. 0.]]

        [[0. 0. 0.]
        [0. 0. 0.]
        [0. 0. 0.]]

        [[1. 0. 0.]
        [0. 1. 0.]
        [0. 0. 1.]]
```

```
[[1 0 0]
 [0 2 0]
 [0 0 3]]
```

多维数组中元素的获取举例如下：

```
arr26 = np.linspace(1,25,25).reshape([5,5])
# 将一维数组转换成 5 行 5 列矩阵
print(arr26)
print(arr26[0:3,0:3])                    # 在原矩阵中，取 [1,4) 行与 [1,4) 列
print(arr26[1:4,:])                      # 在原矩阵中，取 [2,5) 行与所有列
arr27 = np.arange(1,25, dtype=float)     # 生成 [1,25) 范围内 24 个浮点数组成的数组
print(arr27)
cse1 = np.random.choice(arr27, size=(4,3))
# 从数组中随机抽取数，并返回 4 行 3 列的矩阵
print(cse1)
cse2 = np.random.choice(arr27, size=(4,3), p=arr27/np.sum(arr27))
# 同上，但指定概率抽数
print(cse2)
# 输出: [[ 1.  2.  3.  4.  5.]
        [ 6.  7.  8.  9. 10.]
        [11. 12. 13. 14. 15.]
        [16. 17. 18. 19. 20.]
        [21. 22. 23. 24. 25.]]

        [[ 1.  2.  3.]
         [ 6.  7.  8.]
         [11. 12. 13.]]

        [[ 6.  7.  8.  9. 10.]
         [11. 12. 13. 14. 15.]
         [16. 17. 18. 19. 20.]]

        [ 1.  2.  3.  4.  5.  6.  7.  8.  9. 10. 11. 12. 13. 14. 15. 16. 17. 18.
         19. 20. 21. 22. 23. 24.]

        [[24. 24.  1.]
         [18. 10. 10.]
         [19. 13.  6.]
```

```
[12.  2.  1.]]

[[21. 16. 12.]
[17.  8. 14.]
[18. 15. 18.]
[ 9. 12. 17.]]
```

5. NumPy 的点积运算

点积运算在 NumPy 中用 NumPy.dot(A,B) 表示，又称内积，要求 A 的第 2 个维度与 B 的第 1 个维度相同才能进行点积运算。以矩阵为例，即 A 的第 2 个维度（列）必须与 B 的第 1 个维度（行）相同时才能进行点积运算，其使用方法如下。

```
arr28 = np.array([[1,2],[3,4]])
arr29 = np.array([[5,6,7],[8,9,10]])
arr30 = np.dot(arr28, arr29)          # 点积运算，其运算过程如图 1-19 所示
print(arr30)
# 输出：[[21 24 27]
         [47 54 61]]
```

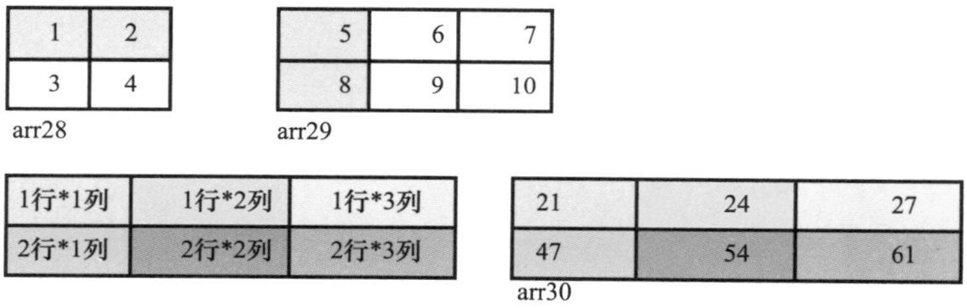

图 1-19　点积运算示意图

6. NumPy 的广播功能

如前所述的数组算术运算中，要求参与运算的数组须具备相同的形状。实际在 NumPy 中，形状不同的数组之间也可以进行运算，其中形状较小的数组会被扩展成与形状较大数组相同的形状（如行数较少，则将原行的数值复制到新增行；如列数较少，则将原列的数值复制到新增列）后，再进行算术运算，这就是 NumPy 的广播功能，其扩展示意如图 1-20 所示，使用方法如下。

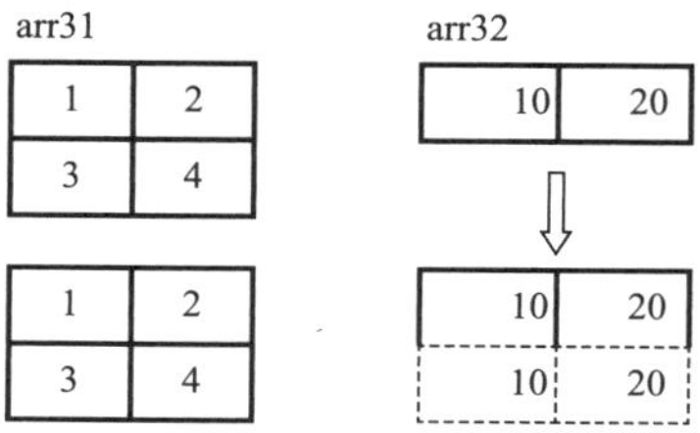

图 1-20　数组扩展示意图

```
arr31 = np.array([[1,2],[3,4]])  # 2 行 2 列矩阵
```

```
arr32 = np.array([10,20])          # 1 行 2 列矩阵
print(arr31)
print(arr31 * arr32)               # arr32 会扩展成 2 行 2 列，再与 arr31 相乘
# 输出：[[1 2]
        [3 4]]
        [[10 40]
        [30 80]]
```

1.5.3　图形绘制基础（Matplotlib）

在使用 Python 进行数据处理、深度学习的研究实验中，将数据或图表通过绘制并显示出来，对查看数据及提升理解的深度具有显著作用。Matplotlib（以下简称绘图包）即是用于轻松绘制图形和实现数据可视化的便利工具[12]，其基础用法如下。

1. 绘制简单图形

通过绘图包中的模块绘制简单的曲线，其结果如图 1-21 所示，代码如下。

```
import numpy as np
import matplotlib.pyplot as plt       # 导入绘图包
arrx = np.arange(0,9,1)               # 在 [0,9) 范围内以步长为 1 生成一串
                                        数据

arry = np.arange(0,4.5,0.5)           # 在 [0,4.5) 范围内以步长为 0.5 生成
                                        一串数据

plt.xlabel('X 轴 ', fontproperties="SimSun")   # 设置 X 轴标签，中文需设置字体
plt.ylabel('Y 轴 ', fontproperties="SimSun")   # 设置 Y 轴标签，中文需设置字体
plt.plot(arrx, arry)                  # 传入需显示图形的 X/Y 轴数据
plt.show()                            # 显示出图形
```

绘图时，可以在同一界面上绘制多个图形，效果如图 1-22 所示，代码如下。

```
import numpy as np
import matplotlib.pyplot as plt

arrx = np.arange(0,9,1)               # 在 [0,9) 范围内以步长为 1
                                        生成一串数据

arrY1 = np.arange(0,4.5,0.5)          # 在 [0,4.5) 范围内以步长为
                                        0.5 生成一串数据

plt.xlabel('X 轴 ', fontproperties="SimSun")   # 设置 X 轴标签，中文需设置
                                        字体
```

```
plt.ylabel('Y轴', fontproperties="SimSun")        # 设置 Y 轴标签,中文需设置
                                                    字体

plt.plot(arrx, arrY1, label="line")                # 传入需显示图形的 X/Y 轴数
                                                    据,实线显示

arrx = np.arange(0,9,1)                             # 在 [0,9) 范围内以步长为 1
                                                    生成一串数据

arrY2 = np.sin(arrx)                               # 求以上数据的 sin 值,为绘
                                                    图时的 Y 值

plt.plot(arrx, arrY2, label="sin")                 # 传入需显示图形的 X/Y 轴数据
arrY3 = np.cos(arrx)                               # 求以上数据的 cos 值,为绘
                                                    图时的 Y 值

plt.title("sin/cos曲线", fontproperties="SimSun")  # 图标题
plt.plot(arrx, arrY3, linestyle="--", label="cos") # 虚线显示
plt.legend()                                       # 显示线段说明文本标签
plt.show()                                         # 显示出图形
```

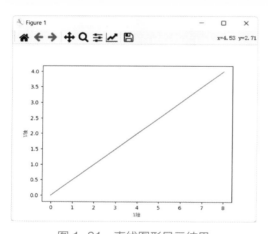

图 1-21 直线图形显示结果

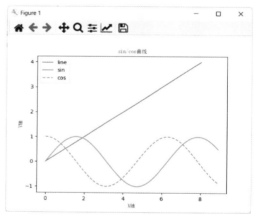

图 1-22 多个图形显示效果

2. 显示图片

通过绘图包读入图片并显示,其结果如图 1-23 所示。

```
import numpy as np
import matplotlib.pyplot as plt
import matplotlib.image as img

img1 = img.imread('d:\demo.jpg')                   # 读取图片文件
plt.imshow(img1)                                   # 传入需显示图像
plt.show()                                         # 显示出图形
```

3. 显示颜色图谱

通过绘图包读入颜色数据并显示，代码如下，其结果如图 1-24 所示。

```python
import numpy as np
import matplotlib.pyplot as plt
img = np.random.randint(0,400,100)          # 生成随机数
img = img.reshape(10,10)                     # 变成矩阵
fig, ax = plt.subplots()                     # 面向对象方式绘图，fig 代表画布，
                                             # ax 代表画布上可绘图区域
im = ax.imshow(img, cmap="seismic")          # 显示图像
fig.colorbar(im, orientation="horizontal")   # 显示颜色标识条
plt.show()                                   # 显示图像
```

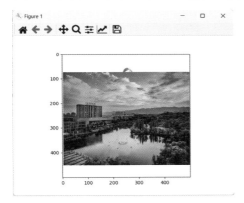

图 1-23　图片显示效果

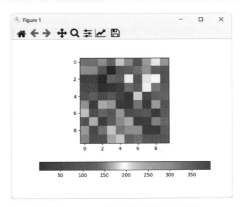

图 1-24　颜色图谱显示效果

4. 显示等高线图

通过绘图包读入颜色数据并按热像图与等高线图等方式显示出来，代码如下，其结果如图 1-25 所示。

```python
import numpy as np
import matplotlib.pyplot as plt
data1 =3 * np.random.random((10,10))         # 生成由随机数组成的矩阵
data2 =5 * np.random.random((10,10))         # 生成由随机数组成的矩阵
fig2, ax2 = plt.subplots(1, 3, figsize=(12,4)) # 传入显示数据
ax2[0].pcolor(data2)                         # 颜色图谱
ax2[1].contour(data1)                        # 等高线
ax2[2].contourf(data1)                       # 热像图
fig2.tight_layout()                          # 将图形按照 1×3 排布
plt.show()
```

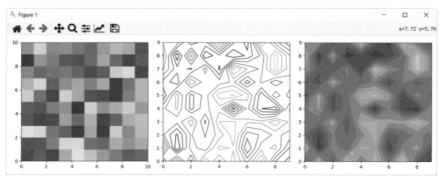

图 1-25 多种方式显示颜色数据

1.5.4 框架基础（PyTorch）

PyTorch 是一个建立在 Torch 库之上的 Python 包，旨在加速深度学习应用。PyTorch 提供了一种类似于 NumPy 的抽象方法来表征张量（或多维数组），利用 GPU 来加速训练；同时，PyTorch 采用动态计算图结构，可低延迟甚至是零延迟地改变网络行为。

PyTorch 主要由 4 个包组成：

torch：与 NumPy 类似的通用包，可将张量类型转换为可在 GPU 上进行计算的类型。

torch.autograd：能构建计算图形并自动获取梯度的包。

torch.nn：具有共享层和损失函数等功能的神经网络操作包。

torch.optim：具有通用优化算法的包。

1. 导入 torch 包

PyTorch 深度学习框架在导入时其包的名称为 torch，如下示例可查看当前框架的版本号。

```
import torch              # 导入 PyTorch 包，以下代码均含此行，本书为节省
                            篇幅省略此行

print(torch.__version__)  # 查看其版本号，不同电脑版本不同其结果可能不同
# 输出：1.12.0+cu116
```

2. 创建张量（Tensor）

几何代数中定义的张量（Tensor）是基于向量和矩阵的推广，可以将标量视为零阶张量，向量视为一阶张量，矩阵视为二阶张量。标量是一个单独的数；向量是一列数，且这些数是有序排列的；矩阵是二维数组，其中每一个元素被两个索引所确定。

张量是一个可用来表示在一些矢量、标量和其他张量之间的线性关系的多线性函

数，可理解为一个 n 维数值阵列。通俗来讲，可以将任意一张彩色图片表示为一个三阶张量，其三个维度分别是图片的高度、宽度和色彩数据；同时，也可以用四阶张量表示一个包含多张图片的数据集，其四个维度分别是图片在数据集中的编号与图片的高度、宽度和色彩数据。

　　PyTorch 的 Tensor 可以是零维（又称为标量或一个数）、一维（行或列）、二维（又称矩阵）及多维的数组。与 NumPy 中的 ndarray 相似，其最大区别是 NumPy 会把 ndarray 放在 CPU 中进行运算，而 PyTorch 的 Tensor 会放在 GPU 中进行加速运算。其中常见创建 Tensor 的方法如表 1-3 所示（*size 表示可以接收多个参数）。

创建 Tensor 的常见方法　　　　　　　　　　　　　　　　　　表 1-3

函数	功能
tensor(*size)	直接从参数构造一个张量，支持 List、Numpy 数组
eye(row, column)	创建指定行数、列数的二维 Tensor
linspace(start,end,steps)	将区间［start,end）均分成 steps 份
logspace(start,end,steps)	将区间［10^start,10^end）均分成 steps 份
rand/randn(*size)	生成［0,1）均匀分布 / 标准正态分布数据
ones(*size)	返回指定 shape 的张量，元素初始为 1
zeros(*size)	返回指定 shape 的张量，元素初始为 0
ones_like(t)	返回与 t 的 shape 相同的张量，且元素初始为 1
zeros_like(t)	返回与 t 的 shape 相同的张量，且元素初始为 0
arrange(start,end,step)	在区间［start,end）上以间隔 step 生成一个序列张量
from_Numpy(ndarray)	从 ndarray 创建一个 Tensor

　　以下示例将演示如何用 torch 创建张量：

```
tsr1 = torch.Tensor(np.arange(1,10,1))    # 创建一维 Tensor
print(tsr1)
tsr2 = torch.Tensor(2,3)                  # 创建指定形状的 Tensor
print("tsr2 size:", tsr2.size())
xx = torch.zeros(5,6)                     # 创建元素全为 0 的 5×6 二维 Tensor
print("xx size", xx.size())
yy = torch.empty(5,6)                     # 创建空（杂乱数据值）的 5×6 二维 Tensor
print("yy size", yy.size())
zz = torch.rand(5,6)                      # 创建随机数组成的 5×6 二维 Tensor，可
                                          # 指定生成方式和值范围

print("zz size", zz.size())
```

```
# 输出: tensor([1., 2., 3., 4., 5., 6., 7., 8., 9.])
        tsr2 size: torch.Size([2, 3])
        xx size: torch.Size([5, 6])
        yy size: torch.Size([5, 6])
        zz size: torch.Size([5, 6])
```

3. Tensor 基本计算

Tensor 可以进行加减乘除等基本运算，其运算及相应的显示结果如下所示。

```
xx = torch.zeros(5,6)              # 创建元素全为 0 的 5×6 二维 Tensor
yy = torch.ones(5,6)              # 创建元素全为 1 的 5×6 二维 Tensor
print("xx+yy=", xx+yy)           # 2 个 Tensor 相加
print("xx-yy=", xx-yy)           # 2 个 Tensor 相减
print("xx*yy=", xx*yy)           # 2 个 Tensor 相乘
print("xx/yy=", xx/yy)           # 2 个 Tensor 相除
# 输出: xx+yy= tensor([[1., 1., 1., 1., 1., 1.],
        [1., 1., 1., 1., 1., 1.],
        [1., 1., 1., 1., 1., 1.],
        [1., 1., 1., 1., 1., 1.],
        [1., 1., 1., 1., 1., 1.]])
        xx-yy= tensor([[-1., -1., -1., -1., -1., -1.],
        [-1., -1., -1., -1., -1., -1.],
        [-1., -1., -1., -1., -1., -1.],
        [-1., -1., -1., -1., -1., -1.],
        [-1., -1., -1., -1., -1., -1.]])
        xx*yy= tensor([[0., 0., 0., 0., 0., 0.],
        [0., 0., 0., 0., 0., 0.],
        [0., 0., 0., 0., 0., 0.],
        [0., 0., 0., 0., 0., 0.],
        [0., 0., 0., 0., 0., 0.]])
        xx/yy= tensor([[0., 0., 0., 0., 0., 0.],
        [0., 0., 0., 0., 0., 0.],
        [0., 0., 0., 0., 0., 0.],
        [0., 0., 0., 0., 0., 0.],
        [0., 0., 0., 0., 0., 0.]])
```

4. Tensor 形状改变

张量的形状可以通过 reshape 操作改变，代码示例如下。

```
xx = torch.zeros(5,6)              # 创建元素全为 0 的 5×6 二维 Tensor
print("xx size:", xx.size())
yy = xx.reshape(30)                # 转为一维 Tensor（即向量）
print("yy size:", yy.size())
zz = xx.reshape(5,3,2)             # 转为三维 Tensor
print("zz size:", zz.size())
# 输出：xx size: torch.Size([5, 6])
#       yy size: torch.Size([30])
#       zz size: torch.Size([5, 3, 2])
```

修改形状的常用函数如表 1-4 所示。

Tensor 修改形状常用函数　　　　　　　　　　　　表 1-4

函数	说明
size()	返回张量的 shape 属性值，与函数 shape（0.4 版新增）等价
numel(input)	计算 Tensor 的元素个数
view(*shape)	修改 Tensor 的 shape，与 reshape（0.4 版新增）类似，但 view 返回的对象与源 Tensor 共享内存，修改一个，另一个同时修改。reshape 将生成新的 Tensor，而且不要求源 Tensor 是连续的。view(-1) 展平数组
resize	类似于 view，但在 size 超出时会重新分配内存空间
item	若 Tensor 为单元素，则返回 Python 的标量
unsqueeze	在指定维度增加一个 "1"
squeeze	在指定维度压缩一个 "1"

5. 与 NumPy 之间的转换

PyTorch 中的张量可以和 NumPy 之间的表示进行转换，其示例代码如下。

```
xx = torch.zeros(5,6)              # 创建元素全为 0 的 5×6 二维 Tensor
yy = xx.numpy()                    # 转为 NumPy 表示
print("yy type=",type(yy))
zz = torch.from_numpy(yy)          # 从 NumPy 转为 Torch 表示
print("zz type=",type(zz))
# 输出：yy type= <class 'numpy.ndarray'>
# 输出：zz type= <class 'torch.Tensor'>
```

6. 张量中元素访问

和 Python 数组一样，张量也可以通过索引和切片访问元素，其中常见的元素访问函数如表 1-5 所示。

常用的元素访问函数　　　　　　　　　　表 1-5

函数	说明
index_select(input,dim,index)	在指定维度上选择一些行或列
nonzero(input)	获取非 0 元素的下标
masked_select(input,mask)	使用二元值进行选择
gather(input,dim,index)	在指定维度上选择数据，输出的形状与 index（index 的类型必须是 LongTensor 类型的）一致
scatter_(input,dim,index,src)	为 gather 的反操作，根据指定索引补充数据

Tensor 元素访问示意如下：

```
xx = torch.from_numpy(np.arange(0,30,1)).reshape(5,6)
                                # 生成 5×6 二维 Tensor
print(xx[0:2,:])                # 获取第 [1,3) 行中所有列
print(xx[:,1:3])                # 获取第 [2,4) 列中所有行
print(xx[0:2,1:3])              # 获取第 [1,3) 行与 [2,4) 列
# 输出：tensor([[ 0,  1,  2,  3,  4,  5],
        [ 6,  7,  8,  9, 10, 11]], dtype=torch.int32)
        tensor([[ 1,  2],
        [ 7,  8],
        [13, 14],
        [19, 20],
        [25, 26]], dtype=torch.int32)
        tensor([[1, 2],
        [7, 8]], dtype=torch.int32)
```

7. 广播机制

PyTorch 的广播机制与 NumPy 类似，使用示例如下所示。

```
arrA = np.arange(0,50,10).reshape(5,1)
arrB = np.arange(0,3,1)
tsrA1=torch.from_numpy(arrA)       # NumPy 转成 Tensor(5, 1)
print("tsrA1 size:", tsrA1.size())
tsrB1=torch.from_numpy(arrB)       # NumPy 转成 Tensor(1, 3)
print("tsrB1 size:", tsrB1.size())
tsrC1=tsrA1+tsrB1                  # Tensor(tsrA1、tsrB1) 自动实现广播
print("tsrC1 size:", tsrC1.size())
# 广播的实现过程
tsrB2=tsrB1.unsqueeze(0)           # tsrB2 的形状和 B1 相同 (1, 3)
```

```
tsrA2=tsrA1.expand(5,3)              # expand 函数将 (5, 1) 重复复制第 1 列变成 (5, 3)
tsrB3=tsrB2.expand(5,3)              # expand 函数将 (1, 3) 重复复制第 1 行变成 (5, 3)
tsrC2=tsrA2+tsrB3
print("tsrC2 size:", tsrC2.size(), " equal:", tsrC2 == tsrC1)
# 输出: tsrA1 size: torch.Size([5, 1])
       tsrB1 size: torch.Size([3,])
       tsrC1 size: torch.Size([5, 3])
       tsrC2 size: torch.Size([5, 3])  equal: tensor([[True, True, True],
       [True, True, True],
       [True, True, True],
       [True, True, True],
       [True, True, True]])
```

8. 逐元素运算

PyTorch 的逐元素运算操作与 NumPy 类似，其常见的函数如表 1-6 所示。

常见逐元素运算函数　　　　　　　　　　表 1-6

函数	说明
abs/add	绝对值 / 加法
addcdiv(t, v, t1, t2)	$t1$ 与 $t2$ 按元素除后，乘 v 加 t
addcmul(t, v, t1, t2)	$t1$ 与 $t2$ 按元素乘后，乘 v 加 t
ceil/floor	向上取整 / 向下取整
clamp(t, min, max)	将张量元素限制在指定区间 [min,max]
exp/log/pow	指数 / 对数 / 幂
mul(或 *)/neg	逐元素乘法 / 取反
sigmoid/tanh/softmax	激活函数
sign/sqrt	取符号 / 开根号

逐元素运算函数使用示例如下所示：

```
tsrA1 = torch.from_numpy(np.arange(1,5,1))            # 形状 (1, 4)
tsrA2 = torch.from_numpy(np.arange(1,5,1).reshape(4,1))  # 形状 (4, 1)
tsrA3 = torch.from_numpy(np.arange(3,7,1))            # 形状 (1, 4)
print(torch.add(tsrA1, tsrA3))                        # 逐元素相加
print(torch.addcmul(tsrA1, tsrA2, tsrA3, value=10.0)) # tsrA1+tsrA2*
                                                      # (tsrA3*10.0)

print(torch.clamp(tsrA1, 0, 3))                       # 限定元素值在 [0,3]
                                                      # 之间
```

```
# 输出: tensor([ 4,  6,  8, 10], dtype=torch.int32)
        tensor([[ 31,  42,  53,  64],
        [ 61,  82, 103, 124],
        [ 91, 122, 153, 184],
        [121, 162, 203, 244]], dtype=torch.int32)
        tensor([1, 2, 3], dtype=torch.int32)
```

9. 数据预处理

深度学习需要处理大量数据，而在此过程中一般需进行数据预处理，代码示例如下，原始数据及处理后的数据结果如图 1-26 所示。

```
     Year PCCount        GDP
0    2000      500     298900
1    2006      NAN     498900
2    2008     1500     586900
3    2016      NAN   12356789
4    2020    19500    2335600
5    2022      NAN    5668500
     Year PCCount
0    2000      500
1    2006      NAN
2    2008     1500
3    2016      NAN
4    2020    19500
5    2022      NAN
0         298900
1         498900
2         586900
3       12356789
4        2335600
5        5668500
```

图 1-26　原始数据及处理后的数据结果

```
import os                                         # 创建，打开文件所需包
import pandas as pd                               # 解析读取数据集所需包
def createDataFile():                             # 定义创建文件函数
  os.makedirs(os.path.join('..','data'), exist_ok=True)   # 创建文件夹
  dataFile = os.path.join('..','data', 'demo_data.csv')   # 指定文件名
  with open(dataFile, 'w') as f:                  # 以创建方式打开文件
                                                  #   待写

    f.write('Year,PCCount,GDP\n')                 # 写入列名
    f.write('2000,500,298900\n')                  # 写入列值
    f.write('2006,NAN,498900\n')                  # NAN 表示非数字的占
                                                  #   位项
```

```
    f.write('2008,1500,586900\n')                    # 写入列值
    f.write('2016,NAN,12356789\n')                   # 写入列值
    f.write('2020,19500,2335600\n')                  # 写入列值
    f.write('2022,NAN,5668500\n')                    # 写入列值
    return dataFile

def readDataFile(dataFile):                          # 定义读数据集的函数
  data = pd.read_csv(dataFile)                       # 打开数据集
  print(data)                                        # 显示原始数据集文件
                                                     # 内容

  inputs, outputs = data.iloc[:, 0:2], data.iloc[:, 2]
  # 第 [1,3) 列与第 3 列内容分别存到两变量
  inputs = inputs.fillna(inputs.mean)               # 非数字数据用点位项
                                                     # NAN 表示

  print(inputs)
  print(outputs)

dataFile = createDataFile()                          # 创建数据文件
readDataFile(dataFile)                               # 调用读数据集函数
```

10. Autograd 自动求导

现今大部分深度学习框架（PyTorch、TensorFlow 等）都具备自动求导功能，在 PyTorch 中是靠 torch.autograd 包实现自动求导。该包为张量操作提供了自动求导功能，其包括 torch.Function 和 autograd 两个主要类。

在自动求导的整个过程中，PyTorch 采用计算图的形式进行组织，该计算图为动态图，且在每次前向传播时将重新构建，其中自动求导包括的主要步骤如下：

（1）创建叶子节点的 Tensor，使用 requires_grad 参数指定是否记录对其进行的操作，以便之后利用 backward() 方法进行梯度求解。requires_grad 参数默认值为 False，如果要对其求导需设置为 True，然后与之有依赖关系的节点会自动变为 True。

（2）可利用 requires_grad () 方法修改 Tensor 的 requires_grad 属性，同时调用 .detach() 或 with torch.no_grad()。此时将不再计算张量的梯度，也不跟踪张量的历史记录。

（3）通过运算创建的非叶子节点 Tensor，会自动被赋予 grad_fn 属性，该属性表示梯度函数，而叶子节点的 grad_fn 值为 None。

（4）对得到的 Tensor 执行 backward() 函数，此时自动计算各变量的梯度，并将累加结果保存到 grad 属性中，一旦计算完成后，非叶子节点的梯度自动释放。

（5）其中 backward() 函数接收的参数应和调用本函数的 Tensor 的维度相同（或是

可广播为相同的维度）。如果求导的 Tensor 为标量，则 backward() 中的参数可省略。

（6）反向传播的中间缓存会被清空，如果需要进行多次反向传播，需要指定 backward 中的参数 retain_graph 值为 True，多次反向传播时，梯度会累加。

（7）非叶子节点的梯度，在 backward() 函数调用后即被清空。

（8）可用 torch.no_grad() 包裹代码块的方式，以阻止 autograd 去跟踪 requires_grad 值为 True 的张量的历史记录。

11. Backward 反向传播

在 PyTorch 中的 backward() 函数，通过反向传播过程可自动计算各叶子节点的梯度，同时其叶子节点的梯度值将累加到 grad 属性中，非叶子节点的计算操作将记录在 grad_fn 属性中。此处以 $z=wx+b$（中间变量 $y=wx$）为例介绍其实现的主要步骤。

```python
# 定义叶子节点及算子节点：
x=torch.Tensor([2])                         # 输入张量
w=torch.randn(1,requires_grad=True)         # 初始化权重参数 w, requires_grad 为
                                            #   True( 自动求导 )

b=torch.randn(1,requires_grad=True)         # 初始化偏移量 b, requires_grad 为
                                            #   True( 自动求导 )

y=torch.mul(w,x)                            # 计算 w×x（前向传播）
z=torch.add(y,b)                           # 计算 y+b（前向传播）
print("x,w,b 的 requires_grad 值为:
{},{},{}".format(x.requires_grad,w.requires_grad,b.requires_grad))
# x，w，b 叶子节点的值

# 查看叶子节点、非叶子节点的其他属性：
print("y, z 的 requires_grad 值分别为: {},{}".format(y.requires_grad,z.requires_grad))
# 非叶子节点的 requires_grad 值
# 说明：因与 w, b 有依赖关系，故 y, z 的 requires_grad 属性也是: True,True
print("x,w,b,y,z 的叶子节点属性:
{},{},{},{},{}".format(x.is_leaf,w.is_leaf,b.is_leaf,y.is_leaf,z.is_leaf))
# 查看各节点是否叶子节点
print("x,w,b 的 grad_fn 属性: {},{},{}".format(x.grad_fn,w.grad_fn,b.grad_fn))
# 叶子节点的 grad_fn 属性
# 说明：因 x, w, b 为用户创建的，故 grad_fn 属性为 None
print("y,z 的叶子节点属性:{},{}".format(y.grad_fn==None,z.grad_fn==None))
# y，z 是否为叶子节点
# 自动求导，实现梯度的反向传播：
z.backward()
```

```
# 基于 z 张量进行梯度反向传播，如果需要多次使用 backward，需要修改参数 retain_graph
为 True，此时梯度是累加的
print(z)
print("w,b,x 的梯度分别为 :{},{},{}".format(w.grad,b.grad,x.grad))
# 说明：x 是叶子节点但它无须求导，故其梯度为 None
print(" 非叶子节点 y,z 的梯度分别为 :{},{}".format(y.retain_grad(),z.retain_grad()))
# 说明：当执行 backward 之后，非叶子节点的梯度会自动清空
# 输出：x,w,b 的 requires_grad 值为：False,True,True
       y，z 的 requires_grad 值分别为：True,True
       x,w,b,y,z 的叶子节点属性：True,True,True,False,False
       x,w,b 的 grad_fn 属性：None,None,None
       y,z 的叶子节点属性：False,False
       tensor([5.1638], grad_fn=<AddBackward0>)
       w,b,x 的梯度分别为 :tensor([2.]),tensor([1.]),None
       非叶子节点 y,z 的梯度分别为 :None,None
```

参考文献

［1］ 小川雄太郎. PyTorch 深度学习模型开发实战［M］. 陈欢，译. 北京：中国水利水电出版社，2022.

［2］ 吴茂贵，郁明敏，杨本法，李涛，张粤磊. Python 深度学习：基于 PyTorch［M］. 北京：机械工业出版社，2019.

［3］ 李金洪. PyTorch 深度学习和图神经网络（卷1）——基础知识［M］. 北京：人民邮电出版社，2021.

［4］ Conda Official Website. Miniconda-Conda Documentation[EB/OL]. (2022-12-23)[2023-01-30]. https://conda.io/en/main/miniconda.html.

［5］ Anaconda Nucleus. Installing-Anaconda Documentation[EB/OL]. (2022-05-01)[2023-01-30]. https://anaconda.cloud/support-center.

［6］ NVIDIA Documentation Center. CUDA Installation Guide[EB/OL]. (2022-12-08)[2023-01-30]. https://docs.nvidia.com/#nvidia-cuda-toolkit.

［7］ PyTorch Official Website. Start Locally-PyTorch[EB/OL]. (2022-12-16)[2023-01-30]. https://pytorch.org/get-started/locally/#windows-installation.

［8］ Jupyter Project Documentation. Documentation Guide[EB/OL]. (2023-01-29)[2023-01-30]. https://docs.jupyter.org/en/latest/.

［9］ TensorFlow Official Website. TensorFlow Core[EB/OL]. (2021-09-01)[2023-01-30]. https://tensorflow.google.cn/learn?hl=zh-cn.

［10］ Python Official Website. BeginnerGuide-Python Wiki[EB/OL]. (2022-11-04)[2023-01-30]. https://

wiki.python.org/moin/BeginnersGuideChinese.

［11］ NumPy documentation. Installing NumPy-User Guide[EB/OL]. (2023-01-20)[2023-01-30]. https://numpy.org/doc/stable/user/absolute_beginners.html.

［12］ Matplotlib Documentation. Quick start guide[EB/OL]. (2023-01-20)[2023-01-30]. https://matplotlib.org/stable/tutorials/introductory/quick_start.html.

［13］ NVIDIA Official Website. CUDA GPUs-Compute Capability[EB/OL]. (2023-01-15)[2023-01-30].https://developer.nvidia.com/cuda-gpus.

［14］ NVIDIA Official Website. CUDA Toolkit Archive[EB/OL]. (2023-01-10)[2023-01-30].https://developer.nvidia.com/cuda-toolkit-archive.

［15］ PyTorch Official Website. Torch Archive[EB/OL]. (2022-12-30)[2023-01-30]. https://download.pytorch.org/whl/torch_stable.html.

## 第2章

深度学习基础

近年来，机器学习、神经网络等人工智能相关技术发展迅速，在许多应用领域取得了令人瞩目的成就。成功的应用案例加上高素质、高活跃度的从业群体，使智能社会的愿景不再只是缥缈的设想，或在不久的将来成为现实。

对许多初学者来说，学习人工智能技术的关键有两点，即对理论基础、工作原理的理解及扎实的编程能力。本节通过通俗易懂的代码解释核心的理论，帮助读者在短时间内构建可运行的模型，增强读者探索深度学习的信心。同时，模块化的代码可复用性强，方便读者举一反三，能开发更复杂的架构，为后续学习打下坚实的基础。

2.1　神经网络

神经网络，也称为人工神经网络（Artificial Neural Network, ANN），是深度学习算法的核心。其名称和结构都受到生物大脑的启发，模仿了神经细胞传递信号的过程。理论上，只要有足够的训练数据和神经元数量，人工神经网络就可以学到很多复杂的函数，从而对数据之间的复杂关系进行建模求解。同时，随着设备性能的提升和大规模并行计算的普及，计算机的计算能力有了显著的提高，深度学习算法和神经网络目前已经广泛应用在多学科交叉领域。

2.1.1　神经网络的初步认识

1. 神经元模型

尽管传统的计算机拥有强大的计算能力和巨大的存储空间，但是像觅食、寻找同伴、躲避危险、寻求配偶等很多复杂任务对于计算机而言却并非易事。这使计算机科学家产生了强烈的好奇心，是什么使生物的大脑具有比计算机还强大的能力呢？虽然大脑的全部功能仍然未知，但让我们首先来探索生物大脑中的基本单元——神经元，看看它们是如何工作的（图 2-1）。

生物的大脑由上亿个神经元构成神经网络，生物神经网络中各个网络之间相互连接，通过神经递质相互传递信息。神经元将电信号沿着轴突，从树突传到树突，然后这些信号从一个神经元传递到另一神经元，这就是生物体感知外界信号的机制。实验表明，生物神经元不同于简单的线性函数，即神经元的输出不是简单的这种形式：输出 =（常数 × 输入）+（常数）。神经元会抑制输入，并不是有了输入以后立即反应，而是等到输入增强到一定程度才可以触发输出。直观上来分析，神经元并不希望传递微小的噪声信号，而只是传递具有意识的明显信号。如果某个神经元接收了足够多的神经递质（乙酰胆碱），超过了设定的某个阈值（Threshold），那么这个神经元会被激活，即达到兴奋状态，而后发送神经递质给其他的神经元。

1943 年，心理学家 McCulloch 和数学家 Pitts 根据生物神经元的结构，提出了一个简单的机器学习模型——MP 神经元模型。

如图 2-2 所示，MP 神经元模型接收来自 m 个其他神经元传递过来的输入信号（$x_1 \sim x_m$），这些输入信号通过带权重（w）的连接进行传递，然后神经元计算所有输入信号的加权总和得到信号组合值，再加上偏置（b），经过激活函数处理之后得到神经元的输出，传递给下一层神经元。其中，权重表示神经元之间的连接强度，权重的大小表示该连接在预测输出中的重要性；偏置实际上是对神经元激活状态的控制，即通过增加一个常数来相应地增加或降低激活函数的输入。

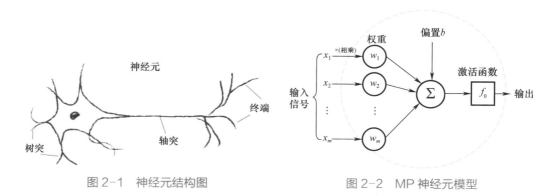

图 2-1　神经元结构图　　　　图 2-2　MP 神经元模型

2. 多层神经网络

单个神经元的功能比较简单，若想模拟生物大脑的能力，单一的神经元是远远不够的。因此，需要很多神经元一起协作来完成更复杂的任务。这样通过一定的连接方式或者信息传递方式进行协作的多个神经元可以看成一个网络，即神经网络。

神经网络是机器学习的一个子集，是深度学习算法的核心。给定一组神经元，可以将神经元作为节点创建一个神经网络。不同的神经网络有着不同方式的网络连接拓扑结构。目前，深度学习中常用的神经网络结构有前馈神经网络、记忆网络和图神经网络。

前馈神经网络（Feedforward Neural Network, FNN）中各个神经元按接收信息的先后分为不同的组，每一组可以看作一个神经层。前馈神经网络包含一个输入层、一个或多个隐藏层以及一个输出层。前馈神经网络的输入层接收数据，并将数据传递到网络的其他部分；隐藏层则负责将输入数据的特征抽象到另一个维度空间，以展现其更加抽象化的特征，从而更好地线性划分不同类型的数据；输出层则保存问题的结果或输出。在前馈神经网络中，每一层的神经元接收前一层神经元的信号，并且将信号传递给下一层的神经元。整个过程中，信号从输入层向输出层单方向传播，可以用一个有向无环图来表示。

记忆网络（Memory Neural Network, MemNN），也称为反馈网络，因为网络中的神经元不仅可以接收其他层的神经元的信号，还可以接收自己的历史信息。和前馈网络相比，记忆网络中的神经元具有记忆功能，信息不仅可以单向传播还可以双向传播，可以用一个有向循环图来表示。常见的反馈神经网络包括循环神经网络（Recurrent Neural Network, RNN）、长短期记忆网络（Long Short-Term Memory, LSTM）、Hopfield网络和玻尔兹曼机。

图神经网络（Graph Neural Network, GNN），是定义在图结构数据上的神经网络，图中的每个节点都由一个或一组神经元构成。不同节点之间的连接可以是有向的，也可以是无向的。图神经网络结构中的每个节点都可以接收其相邻节点或者自身的信号。在实际应用中，很多数据是图结构的，比如知识图谱、社交网络、分子网络等，而前馈网络和反馈网络很难处理图结构的数据，图神经网络则很好地关联多个节点。

图 2-3 分别给出了三种不同的网络结构的示例图，其中圆形节点表示一个神经元。

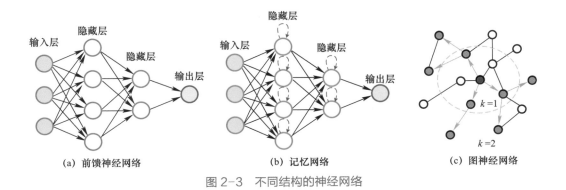

(a) 前馈神经网络　　　(b) 记忆网络　　　(c) 图神经网络

图 2-3　不同结构的神经网络

2.1.2 前馈神经网络的工作机制

前面我们已经认识了单个神经元模型和多层神经网络，接下来需要探索神经网络的工作机制。在入手最基础的前馈神经网络前，我们需要思考以下几个问题：如何将给定的数据转化成神经网络的输入，应该怎样设计神经网络的架构，信号在神经网络中是如何计算并传播的，神经网络是如何学习并不断优化的？读者可以带着这些问题进行这一节的学习。

1. 向量和矩阵

首先需要明确的是，在神经网络中，输入、输出数据以及网络的特征和权重都以矩阵的形式表示和存储，神经网络中的计算本质上都是对矩阵的运算。因此，了解矩阵的运算法则及意义，能够帮助我们理解深度学习中的一些基本概念和计算过程，例如前向传播和反向传播。在本节中，我们将会对向量和矩阵进行介绍，建立初步的概念，这也是后面神经网络学习的基础。

向量（**Vector**），通常用加粗的斜体小写字母或小写字母顶部加箭头来表示。只有一行元素构成的向量，称为行向量。只有一列元素构成的向量，则称为列向量。例如，一个 3 维列向量 $\boldsymbol{\alpha}$ 可表示为：

$$\boldsymbol{\alpha} = \begin{bmatrix} \alpha_1 \\ \alpha_2 \\ \alpha_3 \end{bmatrix}$$

矩阵（**Matrix**），由 $m \times n$ 个数排成的 m 行 n 列数表，通常用一个加粗的斜体大写字母来表示。一个 $m \times n$ 矩阵，可视为由 m 个行向量组成，每个行向量为 n 维；也可视为由个 n 列向量构成，每个列向量为 m 维。特别地，当 $m=n$ 时，该矩阵叫作 n 阶方阵。例如，一个 3×2 阶矩阵 $\boldsymbol{A}$ 可表示为：

$$\boldsymbol{A} = \begin{bmatrix} 2 & -4 \\ 3 & 1 \\ 0 & 6 \end{bmatrix}$$

接着，我们将介绍在深度学习中最常用的矩阵运算法则。

矩阵加减法：两个矩阵的加减法是将矩阵中对应的元素相加减，运算的前提是：两个矩阵需要具有相同的行和列数。下式分别举例了二阶方阵的加法和减法。

$$\begin{bmatrix} 1 & 2 \\ 3 & 4 \end{bmatrix} - \begin{bmatrix} 1 & 2 \\ 3 & 4 \end{bmatrix} = \begin{bmatrix} 1+1 & 2+2 \\ 3+3 & 4+4 \end{bmatrix} = \begin{bmatrix} 2 & 4 \\ 6 & 8 \end{bmatrix}$$

$$\begin{bmatrix} 1 & 2 \\ 3 & 4 \end{bmatrix} - \begin{bmatrix} 1 & 2 \\ 3 & 4 \end{bmatrix} = \begin{bmatrix} 1-1 & 2-2 \\ 3-3 & 4-4 \end{bmatrix} = \begin{bmatrix} 0 & 0 \\ 0 & 0 \end{bmatrix}$$

在 Python 中，可以使用 NumPy.array() 方法生成向量或者矩阵。上述运算可转化为代码：

```python
# 导入 NumPy
import numpy
# 定义两个矩阵
A = numpy.array([[1,2],[3,4]])
B = numpy.array([[1,2],[3,4]])
# 矩阵加减法
C = A + B
print(C)
# C: array([[2, 4],[6, 8]])
D = A - B
print(D)
# D: array([[0, 0],[0, 0]])
```

矩阵转置：将矩阵 A 的行换成同序数的列得到的新矩阵称为 A 的转置矩阵，记作 A^T。例如矩阵：

$$A = \begin{bmatrix} 1 & 2 & 0 \\ 3 & 4 & 2 \end{bmatrix}$$

其转置矩阵为：

$$A^T = \begin{bmatrix} 1 & 3 \\ 2 & 4 \\ 0 & 2 \end{bmatrix}$$

在 Python 中，上述运算可转化为代码：

```python
A = numpy.array([[1, 2, 0], [3, 4, 2]])
# T 表示转置操作 即矩阵 B 是矩阵 A 的转置矩阵
B = A.T
print(B)
# B: array([[1, 3], [2, 4], [0, 2]])
```

矩阵乘法：设 $A=(a_{ij})$ 是一个 $m \times s$ 矩阵，$B=(b_{ij})$ 是一个 $s \times n$ 矩阵，那么规定矩阵 A 与矩阵 B 的乘积是一个 $m \times n$ 矩阵 $C=(c_{ij})$，其中

$$c_{ij} = a_{i1}b_{1j} + a_{i2}b_{2j} + \cdots + a_{is}b_{sj} = \sum_{k=1}^{s} a_{ik}b_{kj} \qquad (2-1)$$

$$(i = 1, 2, \cdots, m; j = 1, 2, \cdots, n)$$

并把此乘积记作 $C=AB$。从式（2-1）可得矩阵 C 的第 i 行第 j 列的元素等于矩阵 A 的第 i 行的元素与矩阵 B 的第 j 列对应元素乘积之和。例如

$$C = AB = \begin{bmatrix} 1 & 2 & 3 \end{bmatrix} \cdot \begin{bmatrix} 4 \\ 5 \\ 6 \end{bmatrix} = [32]$$

我们称矩阵的乘法为点积（Dot Product）。在 Python 中，我们采用 numpy.dot() 函数完成上述运算，将运算过程转化为代码如下：

```
A = numpy.array([[1, 2, 3]])
B = numpy.array([[4], [5], [6]])
# dot() 表示矩阵乘法
C = numpy.dot(A,B)
print(C)
# c: array([[32]])
```

必须注意：矩阵乘法是不可交换的（即 $AB \neq BA$）。而且只有当第一个矩阵的列数和第二个矩阵的行数相同时，两个矩阵才能相乘。虽然矩阵乘法是人为的规则，但它大大简化了计算的表达，可以将巨大的计算量很简洁地表达出来，这一点对机器学习算法的开发和使用有重要的作用。与此同时，GPU 的设计就是源于矩阵计算处理的基本概念，GPU 会并行地操作整个矩阵里的元素，而不是一个一个地串行处理，提高了计算速度。

上面介绍的矩阵乘法又被称作矩阵的内积（Inner Product），还有另一种矩阵乘法运算——外积（Outer Product），用符号 $\otimes$ 表示。假设矩阵 $A=(a_{ij})$、$B=(b_{ij})$ 分别为两个 2×2 的矩阵，则 $A \otimes B$ 的计算可以表示为：

$$A \otimes B = \begin{bmatrix} a_{11}B & a_{12}B \\ a_{21}B & a_{22}B \end{bmatrix} = \left[\begin{array}{cc|cc} a_{11}b_{11} & a_{11}b_{12} & a_{12}b_{11} & a_{12}b_{12} \\ a_{11}b_{21} & a_{11}b_{22} & a_{12}b_{21} & a_{12}b_{22} \\ \hline a_{21}b_{11} & a_{21}b_{12} & a_{22}b_{11} & a_{22}b_{12} \\ a_{21}b_{21} & a_{21}b_{22} & a_{22}b_{21} & a_{22}b_{22} \end{array} \right] \qquad (2-2)$$

除此之外，Hadamard 积也是我们常用的一种矩阵乘法运算，用符号 $\odot$ 表示。Hadamard 积要求参与运算的两个矩阵形状相同，然后对两个矩阵对应位置上的元素相乘，并产生相同维度的第三个矩阵。

假设矩阵 $A=(a_{ij})$、$B=(b_{ij})$ 分别为两个 3×2 矩阵，则 A 与 B 的 Hadamard 积结果 C

也是一个 3×2 矩阵，可表示为：

$$A \odot B = \begin{bmatrix} a_{11} & a_{12} \\ a_{21} & a_{22} \\ a_{31} & a_{32} \end{bmatrix} \odot \begin{bmatrix} b_{11} & b_{12} \\ b_{21} & b_{22} \\ b_{31} & b_{32} \end{bmatrix} = \begin{bmatrix} a_{11}b_{11} & a_{12}b_{12} \\ a_{21}b_{21} & a_{22}b_{22} \\ a_{31}b_{31} & a_{32}b_{32} \end{bmatrix} = C \qquad （2-3）$$

矩阵在神经网络中的应用十分广泛。例如，神经网络中的神经元，需要接收来自其他神经元的信号。这些信号来源不同，对神经元的影响也不同。每个输入信号都将被分配一个权重，神经元对所有信号进行加权求和，作为自己的输入。整个过程如果用数学公式一一表示将会非常复杂，在后续的学习中，我们会更加深入地体会到矩阵在简化神经网络表达中的重要作用。

2. 激活函数

从上一小节中，我们知道了前馈神经网络中每个神经元对于输入数据 x 的运算可以由下式表示：

$$o = A(wx + b) \qquad （2-4）$$

式中，A 是神经元使用的激活函数，w 为神经元的权重（Weights），b 是偏置（Bias），它们是神经网络中可通过不断训练而学习到的参数。

很显然，如果不使用激活函数，那么每一个神经元中都只是对输入数据进行了简单的线性变换，每一层输出都是上一层输入的线性函数，这样，即使网络的深度再深，输出值都只是输入值的线性组合。而激活函数则为神经元引入了非线性因素，这样神经网络就具有了更强大的表达能力和拟合能力。

为了更好地理解什么是激活函数，我们用一个简单的阶跃函数来说明。

如图 2-4 所示，在输入值小于阈值时，函数的输出为 0。一旦输入达到设定的阈值，输出就一跃而起。具有这种行为的人工神经元就像一个真正的生物神经元，只有当输入信号达到了阈值，这个神经元才会激活，处于兴奋状态；否则这个神经元将被抑制。但是阶跃函数的缺点也是非常明显的。首先，它是不连续且不光滑的，这就导致在反向传播时这一层很难学习。其次，阶跃函数"非黑即白"的特性虽然可能最符合生物神经网络，但是实际中有时我们需要表达"20% 被激活"这种概念，即我们需要一个模拟的激活值而非简单的"0"或"1"。

因此，我们需要改善激活函数使其具备如下性质：

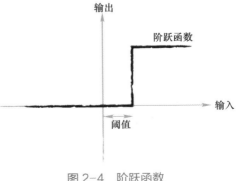

图 2-4　阶跃函数

✓ 激活函数应是连续并可导（允许少数点上不可导）的非线性函数。

✓ 激活函数及其导函数要尽可能简单，这有利于提高网络的计算效率。

✓ 激活函数的导函数的值域要在一个合适的区间内，不能太大也不能太小，否则会影响训练的效率和稳定性。

总而言之，激活函数对神经网络而言非常重要，它通过为神经元设定阈值，使得网络中各层次的输入数据始终存在于某一范围之内，很大程度上影响着模型的学习效果及效率。下面介绍几种神经网络中常用的激活函数：

（1）Sigmoid 函数

Sigmoid 函数也叫 Logistic 函数，在逻辑回归、人工神经网络中有着广泛的应用。Sigmoid 激活函数和导函数的表达式为：

$$\text{Sigmoid}(x) = \frac{1}{1 + \text{e}^{-x}} \tag{2-5}$$

$$\text{Sigmoid}'(x) = \frac{\text{e}^{-x}}{(1 + \text{e}^{-x})^2} \tag{2-6}$$

从图 2-5 可知，Sigmoid 函数和阶跃函数非常相似，但是解决了阶跃函数不光滑和不连续的问题，同时它还成功引入了非线性。Sigmoid 函数能够把输入的连续实值变换为 0 和 1 之间的输出，且在 0.5 处为中心对称，并且越靠近 $x=0$ 的取值斜率越大。由于 Sigmoid 函数值域处在（0,1），所以往往被用到二分类任务的输出层，可以将它的输出值看作数据归于某类的概率，从而达到预测类别的目的。

Sigmoid 的局限之处在于，其梯度范围在 0～0.25 之间，当输入值大于 4 或者小于 −4 时，它的梯度就非常接近 0 了。在深层网络中，这非常容易造成"梯度消失"，使网络难以训练。

（2）tanh 双曲正切函数

tanh 双曲正切函数是由双曲正弦和双曲余弦这两个基本双曲函数推导而来，其关于原点中心对称。tanh 函数和导函数的表达式为：

$$\tanh(x) = \frac{\text{e}^x - \text{e}^{-x}}{\text{e}^x + \text{e}^{-x}} \tag{2-7}$$

$$\tanh'(x) = 1 - (\tanh(x))^2 = \frac{4\text{e}^{-2x}}{(1 + \text{e}^{-2x})^2} \tag{2-8}$$

从图 2-5 可以看出，与 Sigmoid 函数相比，tanh 的梯度范围更广（0～1），能一定程度上缓解梯度消失的问题的发生。除此之外，tanh 的输出均值是 0，这对于神经网络的学习而言意义重大，在后面的反向传播部分我们将对此进行解释。但是 tanh 仍不能完全避免梯度消失的问题。

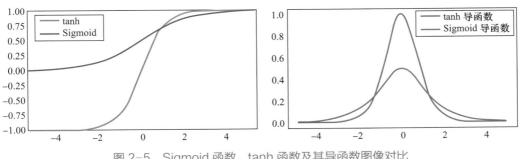

图 2-5　Sigmoid 函数、tanh 函数及其导函数图像对比

（3）ReLU 函数

ReLU（Rectified Linear Unit）函数是深度学习中较为流行的一种激活函数，尤其是在卷积神经网络和层次较深的神经网络中。ReLU 函数和导函数的表达式为：

$$\text{ReLU}(x)=\begin{cases}x,x\geqslant 0\\0,x<0\end{cases}\qquad（2-9）$$

$$\text{ReLU}'(x)=\begin{cases}1,x\geqslant 0\\0,x<0\end{cases}\qquad（2-10）$$

ReLU 函数和导函数的图像如图 2-6 所示。

相对于 Sigmoid 和 tanh 函数，对 ReLU 函数求梯度则非常简单，可以大程度地提升梯度下降的收敛速度。此外，不难发现，当输入为正时，ReLU 不会造成梯度消失的问题。但是，对于小于 0 的输入数据，ReLU 将它们"一刀切"地映射为 0。如果参数在一次不恰当的更新后，某个 ReLU 神经元在所有的训练数据上都不能被激活，那么这个神经元自身参数的梯

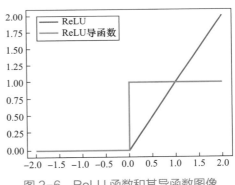

图 2-6　ReLU 函数和其导函数图像

度将一直保持为 0，ReLU 神经元在训练时便会"死亡"。但这一特征也使 ReLU 函数能够生成稀疏性更好的特征数据，即将数据转化为只有最大数值，其他都为 0 的特征。这种变换可以更好地突出输入特征，用大多数元素为 0 的稀疏矩阵来实现，这也是 ReLU 函数的主要优势。

（4）Leaky ReLU 函数

Leaky ReLU 函数是基于 ReLU 而提出的。它的函数和导函数的表达式为：

$$\text{Leaky ReLU}(x)=\begin{cases}x,x\geqslant 0\\\gamma x,x<0\end{cases}\qquad（2-11）$$

$$\text{Leaky ReLU}'(x) = \begin{cases} 1, x \geqslant 0 \\ \gamma, x < 0 \end{cases} \quad (2-12)$$

其中，γ 为 leak 系数，是一个很小的常数，比如 0.01。当 γ 为 0.1 时，Leaky ReLU 函数和导函数的图像如图 2-7 所示。

不同于 ReLU 函数在输入小于 0 时梯度为 0，Leaky ReLU 函数在输入小于 0 时会保持一个很小的梯度 γ，这样，当神经元在非激活状态时也能有一个非零的梯度用来更新参数。Leaky ReLU 函数解决了 ReLU 函数的神经元"死亡"问题，即使在负区域也具有小的正斜率，因此对于负输入值，它仍可以进行反向传播。

上面我们介绍的四种激活函数各有优劣，然而，目前并没有一个各种场景通用的最优激活函数，不同的激活函数可能在不同类型的数据上达到较好的效果，我们可以结合算法目标和输入数据的特点，根据各个函数的优缺点来配置神经网络。

3. 前向传播

在我们了解了向量和矩阵、激活函数的概念后，接下来请读者思考如下问题：给定一个神经网络，输入信号是如何经过一层层的网络层将信息向前传播的呢？

简单来说，这个过程就是将输入信号在各层神经元中进行计算，并将输出作为下一层神经元的输入，如此逐层进行计算一直到输出层。假设我们输入一张手写数字图像，希望通过神经网络输出其代表的数字，向前传播的整个过程可以用图 2-8 做一个清晰的说明。

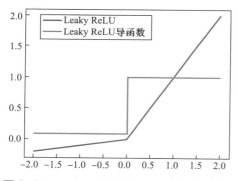

图 2-7 Leaky ReLU 函数和其导函数图像

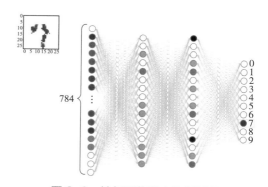

图 2-8 神经网络前向传播过程

首先，我们输入一张手写数字"7"图像，图像的大小为 28×28，可转化为 $28 \times 28 = 784$ 的列向量作为输入信号。在信号经过层层的网络层向前传播的过程中，神经网络会根据权重矩阵和上一层神经元的输出计算出当前神经元的信号组合值，然后由激活函数进行处理，如果达到了阈值，则该神经元被激活，如图中的绿色神经元所示，继而信号作为下一层的输入传递下去。如此一来，神经网络就可以通过逐层的信息传递，得到网络最后的输出，也就是我们图中最后标记出来的 "7"，代表着神经网络预测的结果。

为了更加详细地说明问题，我们以一个简单的神经网络为例，说明向前传播的整个计算过程。对于图 2-9 所示的神经网络，输入层有三个节点，隐藏层有四个节点，输出层有两个节点。其中，x_i 为输入层的第 i 个神经元的输入，设 w^l_{jk} 为 $l-1$ 层第 k 个神经元到第 l 层第 j 个神经元的权重，b^l_j 为第 l 层第 j 个神经元的偏置，a^l_j 为第 l 层第 j 个神经元的输出，$f()$ 为激活函数。

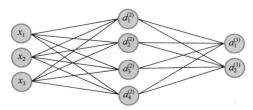

Input Layer $\in R^3$ Hidden Layer $\in R^4$ Output Layer $\in R^2$

图 2-9　一个简单的神经网络

对于隐藏层的输出 $a_1^{(2)}$，$a_2^{(2)}$，$a_3^{(2)}$，$a_4^{(2)}$ 有：

$$a_1^{(2)} = f(z_1^{(2)}) = f(w_{11}^{(2)}x_1 + w_{12}^{(2)}x_2 + w_{13}^{(2)}x_3 + b_1^{(2)})$$
$$a_2^{(2)} = f(z_2^{(2)}) = f(w_{21}^{(2)}x_1 + w_{22}^{(2)}x_2 + w_{23}^{(2)}x_3 + b_2^{(2)})$$
$$a_3^{(2)} = f(z_3^{(2)}) = f(w_{31}^{(2)}x_1 + w_{32}^{(2)}x_2 + w_{33}^{(2)}x_3 + b_3^{(2)})$$
$$a_4^{(2)} = f(z_4^{(2)}) = f(w_{41}^{(2)}x_1 + w_{42}^{(2)}x_2 + w_{43}^{(2)}x_3 + b_4^{(2)})$$

（2-13）

对于输出层的输出 $a_1^{(3)}$，$a_2^{(3)}$ 有：

$$a_1^{(3)} = f(z_1^{(3)}) = f(w_{11}^{(3)}a_1^{(2)} + w_{12}^{(3)}a_2^{(2)} + w_{13}^{(3)}a_3^{(2)} + w_{14}^{(3)}a_4^{(2)} + b_1^{(3)})$$
$$a_2^{(3)} = f(z_2^{(3)}) = f(w_{21}^{(3)}a_1^{(2)} + w_{22}^{(3)}a_2^{(2)} + w_{23}^{(3)}a_3^{(2)} + w_{24}^{(3)}a_4^{(2)} + b_2^{(3)})$$

（2-14）

从上面的公式可以看出，即使在神经元数量很少的情况下，不同层之间信息的传播使用单纯的代数法表示已经相当麻烦了。如果神经网络中有大量的神经元，我们需要对每一层的每一个神经元进行重复的计算，计算组合信号，其工作量巨大。

幸好我们之前已经学习过矩阵这个强大的数学工具。因此，我们可以将输入转化为矩阵传入到神经网络中，将不同层网络之间的连接组成一个权重矩阵，并将信号传播的过程用矩阵乘法的形式表达。

那么，神经网络将通过下面公式不断地迭代来完成信息的向前传播过程：

$$\boldsymbol{z}^{(l)} = \boldsymbol{W}^{(l)}\boldsymbol{a}^{(l-1)} + \boldsymbol{b}^{(l)}$$

（2-15）

$$\boldsymbol{a}^{(l)} = A_l(\boldsymbol{z}^{(l)})$$

（2-16）

式中，$\boldsymbol{z}^{(l)}$ 为第 l 层神经元的净输入，$\boldsymbol{W}^{(l)}$ 为第 $l-1$ 层到第 l 层的权重矩阵，$\boldsymbol{a}^{(l)}$ 为第 l 层神经元的输出，$\boldsymbol{b}^{(l)}$ 为第 $l-1$ 层到第 l 层的偏置，A_l 为第 l 层神经元的激活函数。

采用矩阵乘法后，上述通过神经网络进行手写数字分类的向前传播计算过程也可以用很简单的矩阵形式进行表达，如图 2-10 所示。

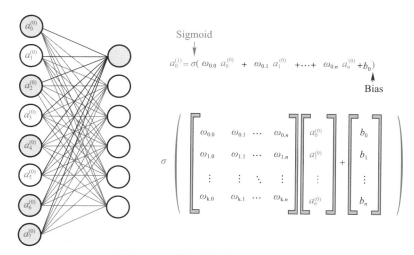

图 2-10　前向传播计算过程示意图

可见，使用矩阵乘法来代替大量的代数运算，既可以清晰表达信号的传播过程，又避免了使用大量的下标，简洁地帮助我们完成了前馈神经网络前向传播过程的表示。

4. 反向传播

在前向传播过程结束后，神经网络将输出最终的预测值。如何让神经网络从这个结果中进行学习，从而使预测值越来越接近期望的真实值、实现从输入到输出的映射？这便是反向传播将要解决的问题。神经网络的权重和偏差是神经网络中的未知参数。我们希望找到最优的权重和偏差值，完成在特定数据集上从输入到输出的正确映射，因此我们可以将神经网络的学习过程看作一个参数的最优化过程。

损失函数（Loss Function）是用来估量预测值 y 和真实输出值 $\hat{y}$ 之间的不一致程度的非负函数。我们希望神经网络输出的预测值尽可能地接近真实值，也就是说，我们希望损失函数的值尽可能小。进而，神经网络参数最优化的目标可以转换成损失函数值的最小化问题，我们希望能找到最优的 W 和 b，使得损失函数值最小：

$$\underset{W,b}{\arg\min}\, L(y, \hat{y})$$

此时，我们也许会想到，是不是可以通过对参数求偏导数，然后令其为 0，直接解出最优解呢？不幸的是，在实际情况中，出于以下两个原因，这是行不通的：

（1）偏导为 0 的点不一定是局部极值点。神经网络本质上是一个多元函数，偏导为 0 是该点为极值点的必要不充分条件，所以偏导为 0 的点不一定是极值。当损失函数为凸函数时，偏导等于 0 的位置即对应全局极值点，即最优解，但这种情况只占极少数。

（2）解析解计算过于复杂。对于多元函数，仅使用一阶导是无法判别极值点的。

此时，需要引入高阶导。多元函数的高阶偏导计算十分复杂，高维导数的计算相当耗时，且高阶偏导的组合数随着参数量和求导阶数的增长呈指数级增长。

虽然无法一次性求得最优的参数值，但我们可以通过一次次迭代来寻找最优参数值，逐步逼近最小损失值。其中，最广泛应用的方法是梯度下降（Gradient Descent）。

梯度下降的基本过程就和下山的场景很类似。如图 2-11 所示，假设我们身处山上的某一处位置，而梯度下降法，就是帮助我们快速到达山底的方法。我们可以通过查看最陡峭的下坡路寻找到最快到达山底的路，每走一段距离，我们将重新计算山坡的梯度。通过迭代的方式直到到达山底，显然这就是下山的最短路径。在机器学习中我们可以将初始位置当作是输入到预测函数的初始值，同时也对应损失函数上的某个起始点。山体最陡峭的方向则是梯度，对应于损失函数的偏导数。山底则对应损失函数的最小值。梯度下降法的目的是找到损失函数的最小值。

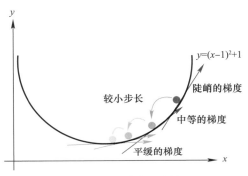

图 2-11 梯度下降法

给定损失函数 $L(\theta)$，梯度下降法的数学公式为：

$$\theta_{n+1} = \theta_n - \eta \nabla_\theta L(\theta) \tag{2-17}$$

其中，θ_{n+1} 为第 $n+1$ 次迭代时的参数值，$\nabla_\theta L(\theta)$ 为函数在 θ 位置的梯度，η 在梯度下降法中被称为学习率或者步长。

η 控制了每一步走的距离。学习率 η 不能设置太大，不然容易在最优解附近"震荡"，难以更接近最优解。同时，η 也不能设置太小，网络会训练得很慢，训练时间过长。网络迭代终止的条件是函数的梯度值为 0（实际实现时是接近于 0），此时认为已经达到极值点。

在了解了利用梯度下降法来更新参数、逐步逼近最小损失函数值的过程后，让我们学习一下神经网络反向传播的过程。

第一步，需要定义损失函数 $L(\mathbf{y}, f(\mathbf{x}))$，其中 $\mathbf{y}$ 为目标值，$f(\mathbf{x})$ 为输入数据经过神经元计算后输出的真实结果。我们需要计算第 l 层的权重 $\mathbf{W}^{(l)}$ 和偏置 $\mathbf{b}^{(l)}$ 梯度，即计算损失函数相对于权重的偏导数 $\dfrac{\partial L}{\partial \mathbf{W}^{(l)}}$ 以及相对于偏置的偏导数 $\dfrac{\partial L}{\partial \mathbf{b}^{(l)}}$，前者从计算 $\dfrac{\partial L}{\partial w_{ij}^{(l)}}$ 入手。接下来，根据求导的链式法则，可以展开上述两项得到：

$$\frac{\partial L(\mathbf{y}, f(\mathbf{x}))}{\partial w_{ij}^{(l)}} = \frac{\partial \mathbf{z}^{(l)}}{\partial w_{ij}^{(l)}} \frac{\partial L(\mathbf{y}, f(\mathbf{x}))}{\partial \mathbf{z}^{(l)}} \tag{2-18}$$

$$\frac{\partial L(\boldsymbol{y}, f(\boldsymbol{x}))}{\partial \boldsymbol{b}^{(l)}} = \frac{\partial \boldsymbol{z}^{(l)}}{\partial \boldsymbol{b}^{(l)}} \frac{\partial L(\boldsymbol{y}, f(\boldsymbol{x}))}{\partial \boldsymbol{z}^{(l)}} \qquad (2-19)$$

其中，$\boldsymbol{z}^{(l)} = \boldsymbol{W}^{(l)} \boldsymbol{a}^{(l-1)} + \boldsymbol{b}^{(l)}$，$\boldsymbol{a}^{(l-1)}$ 为经过上一层激活函数的输入，因此可得：

$$\frac{\partial \boldsymbol{z}^{(l)}}{\partial w_{ij}^{(l)}} = \left[\frac{\partial \boldsymbol{z}^{(l)}}{\partial w_{ij}^{(l)}}, \cdots, \frac{\partial \boldsymbol{z}^{(l)}}{\partial w_{ij}^{(l)}}, \cdots, \frac{\partial \boldsymbol{z}^{(l)}}{\partial w_{ij}^{(l)}} \right] = \left[0, \cdots, \frac{\partial (\boldsymbol{w}_i^{(l)} \boldsymbol{a}^{(l-1)} + b_i^{(l)})}{\partial w_{ij}^{(l)}}, \cdots, 0 \right] = [0, \cdots, a_j^{(l-1)}, \cdots, 0]$$

$$(2-20)$$

$$\frac{\partial \boldsymbol{z}^{(l)}}{\partial \boldsymbol{b}^{(l)}} = \boldsymbol{I}_M \qquad (2-21)$$

其中，M 为输入的维度，$\boldsymbol{I}_M$ 为 $M \times M$ 的单位矩阵。

由以上公式我们已经得到了 $\frac{\partial \boldsymbol{z}^{(l)}}{\partial w_{ij}^{(l)}}$ 以及 $\frac{\partial \boldsymbol{z}^{(l)}}{\partial \boldsymbol{b}^{(l)}}$，为了得到 $\frac{\partial L}{\partial w_{ij}^{(l)}}$ 以及 $\frac{\partial L}{\partial \boldsymbol{b}^{(l)}}$，还需要计算 $\frac{\partial L(\boldsymbol{y}, f(\boldsymbol{x}))}{\partial \boldsymbol{z}^{(l)}}$。

偏导数 $\frac{\partial L(\boldsymbol{y}, f(\boldsymbol{x}))}{\partial \boldsymbol{z}^{(l)}}$ 表示第 l 层神经元对最终损失的影响，也反映了最终损失对第 l 层神经元的敏感程度，因此一般称 $\frac{\partial L(\boldsymbol{y}, f(\boldsymbol{x}))}{\partial \boldsymbol{z}^{(l)}}$ 为第 l 层神经元的误差项，用 $\delta^{(l)}$ 来表示：

$$\delta^{(l)} = \frac{\partial L(\boldsymbol{y}, f(\boldsymbol{x}))}{\partial \boldsymbol{z}^{(l)}} \qquad (2-22)$$

根据 $\boldsymbol{z}^{(l+1)} = \boldsymbol{W}^{(l+1)} \boldsymbol{a}^{(l)} + \boldsymbol{b}^{(l+1)}$，有：

$$\frac{\partial \boldsymbol{z}^{(l+1)}}{\partial \boldsymbol{a}^{(l)}} = (\boldsymbol{W}^{(l+1)})^{\mathrm{T}} \qquad (2-23)$$

又因为 $\boldsymbol{a}^{(l)} = A_l(\boldsymbol{z}^{(l)})$，其中 A_l 为第 l 层使用的激活函数，可以得到：

$$\frac{\partial \boldsymbol{a}^{(l)}}{\partial \boldsymbol{z}^{(l)}} = \frac{\partial A_l(\boldsymbol{z}^{(l)})}{\partial \boldsymbol{z}^{(l)}} = A_l'(\boldsymbol{z}^{(l)}) \qquad (2-24)$$

其中，A' 为激活函数的一阶导数。

进一步，根据链式法则，将 $\delta^{(l)}$ 展开：

$$\delta^{(l)} = \frac{\partial L(\boldsymbol{y}, f(\boldsymbol{x}))}{\partial \boldsymbol{z}^{(l)}} = \frac{\partial \boldsymbol{a}^{(l)}}{\partial \boldsymbol{z}^{(l)}} \cdot \frac{\partial \boldsymbol{z}^{(l+1)}}{\partial \boldsymbol{a}^{(l)}} \cdot \frac{\partial L(\boldsymbol{y}, f(\boldsymbol{x}))}{\partial \boldsymbol{z}^{(l+1)}} = A_l'(\boldsymbol{z}^{(l)}) \cdot (\boldsymbol{W}^{(l+1)})^{\mathrm{T}} \cdot \delta^{(l+1)} \quad (2-25)$$

从上式中可以观察出，第 l 层的误差项 $\delta^{(l)}$ 可以通过第 $l+1$ 层的误差项 $\delta^{(l+1)}$ 计算得到，这就是误差的反向传播。

因此，反向传播算法的含义是：第 l 层的一个神经元的误差项是所有与该神经元相连的第 $l+1$ 层的神经元的误差项的权重和，再乘上该神经元激活函数的一阶导数。

在计算出上面的三个偏导数之后，有：

$$\frac{\partial L(\boldsymbol{y}, f(\boldsymbol{x}))}{\partial w_{ij}^{(l)}} = \delta_i^{(l)} a_j^{(l-1)} \tag{2-26}$$

其中，$\delta_i^{(l)} a_j^{(l-1)}$ 相当于向量 $\boldsymbol{\delta}^{(l)}$ 和向量 $\boldsymbol{a}^{(l-1)}$ 的外积的第 i，j 个元素。

上式可以进一步写成：

$$\left[\frac{\partial L(\boldsymbol{y}, f(\boldsymbol{x}))}{\partial \boldsymbol{W}^{(l)}} \right]_{ij} = \left[\boldsymbol{\delta}^{(l)} (\boldsymbol{a}^{(l-1)})^{\mathrm{T}} \right]_{ij} \tag{2-27}$$

因此，$L(\boldsymbol{y}, f(\boldsymbol{x}))$ 关于第 l 层权重 $\boldsymbol{W}^{(l)}$ 的梯度为：

$$\frac{\partial L(\boldsymbol{y}, f(\boldsymbol{x}))}{\partial \boldsymbol{W}^{(l)}} = \boldsymbol{\delta}^{(l)} (\boldsymbol{a}^{(l-1)})^{\mathrm{T}} \tag{2-28}$$

同理，$L(\boldsymbol{y}, f(\boldsymbol{x}))$ 关于第 l 层偏置 $b^{(l)}$ 的梯度为：

$$\frac{\partial L(\boldsymbol{y}, f(\boldsymbol{x}))}{\partial \boldsymbol{b}^{(l)}} = \boldsymbol{\delta}^{(l)} \tag{2-29}$$

到这里，我们可以更好地理解激活函数对于神经网络的重要性了。如果激活函数的导数值太小，误差项 $\delta^{(l)}$ 将同样会非常小，这个很小的误差项将会不断地反向传播，越靠近输入层，误差越小，这样计算出来的损失函数对相应层次的权重 $\boldsymbol{W}$ 和偏置 $\boldsymbol{b}$ 的梯度也会非常小，甚至趋于零，会使得权重和偏差参数无法被更新，神经网络无法被优化，训练难以收敛到较好的解决方案。相对地，如果导数值太大，误差项在层层传播中累积相乘，当网络层之间的梯度值大于 1.0 时，重复相乘会导致梯度呈指数级增长，梯度变得非常大，导致网络权重的大幅更新，使网络变得很不稳定。

这也是我们期望神经网络中经过激活函数后的数据其均值为 0 的原因。由于激活函数的导函数值都是非负的，因此权重梯度的正负取决于神经元由激活函数处理后的输入值 a。当 a 全为正或者全为负时，梯度也全为正或全为负，这意味着梯度只会沿着一个方向发生变化，可能会使得权重无法收敛。均值为 0 的时候，激活函数的输出值有正有负，使得梯度可以在相反的方向上进行尝试并更新，有利于快速达到收敛。

得到了梯度的表达式（2-25），我们将它代入梯度下降公式（2-28）和公式（2-29），更新网络的权重和偏置，一次反向传播的计算就此完成。我们在本小节中学习的通过前向传播和反向传播来计算每一层的误差项、对神经网络参数的过程又被称作反向传播算法（**Backpropagation, BP**），这是一种最常用的模型训练方法，后续学习的神经网络都将采用它来进行参数的更新。

5. 损失函数

训练神经网络实际就是优化损失函数的过程，因此损失函数在深度学习中非常重要。损失函数用来衡量模型的好坏，无论什么样的网络结构，如果使用的损失函数不正确，最终将难以训练出正确的模型。

任何能够衡量模型预测值与真实值之间的误差的函数都可以叫作损失函数。该误差在反向传播过程中，对每个参数的偏导数就是梯度下降中提到的梯度。损失函数越小说明模型和参数越符合训练样本。损失函数的计算方式有多种，在模型开发过程中，会根据不同的网络结构、不同的任务去构造不同的损失函数。下面介绍三种常见的损失函数。

（1）L1 损失函数

L1 损失函数，即平均绝对误差（Mean Absolute Error, MAE），它衡量的是预测值与真实值之间距离的平均误差幅度，范围为 0 到正无穷，其数学公式为：

$$\text{MAELoss} = \frac{1}{n} \sum_{i=1}^{n} |y_i - f_i(x)| \tag{2-30}$$

MAELoss 一个比较大的问题是，它的梯度在训练过程中不发生改变，求解效率较低；但对异常值更具有鲁棒性，一般用于回归问题。

MAELoss 在 PyTorch 中对应的计算函数为 L1Loss，函数以类的形式封装，需要对其先进行实例化再使用，具体代码如下：

```
# MAELoss 在 pytorch 中对应的计算函数为 L1Loss
criterion = torch.nn.L1Loss()
loss = criterion(output, target)
```

（2）L2 损失函数

L2 损失函数也称为均方差（Mean Square Error, MSE）损失函数，它是预测值与真实值之间距离的平方的平均值，范围同为 0 到正无穷，其数学公式为：

$$\text{MSELoss} = \frac{1}{n} \sum_{i=1}^{n} (y_i - f_i(x))^2 \tag{2-31}$$

MSELoss 收敛速度快，能够对梯度给予合适的惩罚权重，而不是"一视同仁"，使梯度更新的方向可以更加精确；但对异常值十分敏感，梯度更新的方向很容易受离群点所主导，鲁棒性较差，一般用于回归问题。

MSELoss 函数以类的形式封装，需要对其先进行实例化再使用，具体代码如下：

```
criterion = torch.nn.MSELoss()
loss = criterion(output, target)
```

（3）交叉熵损失函数

交叉熵损失（Cross Entropy Loss）又称对数似然损失（Log-likelihood Loss）、对

数损失；二分类时还可称之为逻辑回归损失（Logistic Loss）。

交叉熵反映两个概率分布的距离，而不是欧氏距离，一般用于分类问题。由于神经网络输出的是向量，而不是概率分布的形式。因此，在多分类任务中，经常采用 softmax 激活函数 + 交叉熵损失函数，将一个向量"归一化"成概率分布的形式，会使得向量中所有元素之和为 1，然后再采用交叉熵损失函数计算损失。下面为交叉熵损失函数的计算公式，y_i 表示目标数据，$p(y_i)$ 表示神经网络输出的数据的概率分布：

$$\text{CELoss} = -\frac{1}{n}\sum_{i}^{n}(y_i \cdot \log p(y_i) + (1 - y_i) \cdot \log(1 - p(y_i))) \tag{2-32}$$

CELoss 在 PyTorch 中对应的计算函数为 CrossEntropyLoss，函数以类的形式封装，需要对其先进行实例化再使用，具体代码如下：

```
criterion = torch.nn.CrossEntropyLoss()
loss = criterion(output, target)
```

PyTorch 中还封装了其他的损失函数。这些损失函数不如本书中介绍的几种常用，但作知识扩展，可作简单了解。

SmoothL1Loss：平滑版的 L1 损失函数。此损失函数对于异常点的敏感性不如 MSELoss。在某些情况下（如 Fast R-CNN 模型中），它可以防止梯度"爆炸"。

NLLLoss：负对数似然损失函数，在分类任务中经常使用。

KLDivLoss：计算 KL 散度损失函数。

BCELoss：计算真实标签与预测值之间的二进制交叉熵。

BCEWithLogitsLoss：带有 Sigmoid 激活函数层的 BCELoss。

HingeEmbeddingLoss：用来测量两个输入是否相似，使用 L1 距离。

MultiLabelMarginLoss：计算多标签分类的基于间隔的损失函数（Hinge Loss）。

SoftMarginLoss：用来优化二分类的逻辑损失。

MultiLabelSoftMarginLoss：用来优化多标签分类（One-versus-all）的损失。

CosineEmbeddingLoss：使用余弦距离测量两个输入是否相似，一般用于学习非线性 embedding 或者半监督学习。

MultiMarginLoss：用来计算多分类任务的 Hinge Loss。

值得注意的是，在神经网络计算时，预测值要与真实值控制在同样的数据分布内。假设将预测值输入 Sigmoid 激活函数后得到的取值范围在 0 到 1 之间，那么真实值也应归一化至 0 到 1 之间。这样在进行损失函数计算时才会有较好的效果。一般可以根据问题类型选择按照表 2-1 对损失函数进行初步筛选。

损失函数问题类型初筛   表 2-1

问题类型	最后一层激活函数	损失函数
二分类，单标签	添加 Sigmoid 层	nn.BCELoss
	不添加 Sigmoid 层	nn.BCEWithLogitsLoss
二分类，多标签	无	nn.SoftMarginLoss（target 为 1 或 −1）
多分类，单标签	不添加 Sigmoid 层	nn.CrossEntropyLoss（target 的类型为 torch.LongTensor 的 one-hot）
	添加 Sigmoid 层	nn.NLLLoss
多分类，多标签	无	nn.MultiLabelSoftMarginLoss（target 为 0 或 1）
回归	无	nn.MSELoss
识别	无	nn.TripleMarginLoss nn.CosineEmbeddingLoss（margin 在 [−1,1] 之间）

6. 优化器

值得一提的是，在编程实现神经网络的过程中，我们并不需要按照反向传播的步骤逐行地用代码复现这个过程，而是可以直接利用优化器（Optimizer）实现参数的优化。优化器封装了利用梯度下降更新参数的优化算法，很大程度上简化了我们的代码。下面介绍几种常用的优化器。

（1）BGD

我们在训练神经网络时，为了提升效率，通常以批量（Batch）为单位将数据输入神经网络进行训练，这样，我们对批量中的每个样本计算梯度、进行梯度下降更新参数的方法也被称为批量梯度下降（Batch Gradient Descent, BGD）。

通过分析，我们可以发现批量梯度下降的不足之处：

✘ 计算耗时较长：在数据量过大时，每次训练对批量中的每个样本数据进行梯度计算会耗费大量的时间。而且，当数据集中存在相似数据时，对他们的计算将会是重复冗余的，从而进一步消耗不必要的计算时间。

✘ 超参数敏感：对于批量梯度下降算法，如果学习率设置太小，会导致收敛速度过慢，如果过大，可能会导致算法发散，梯度值越来越大，如图 2-12 所示。

✘ 局部最小值和 Plateau 问题：图 2-13 描述了两个梯度下降的主要挑战——局部最小值和 Plateau 问题。如果随机初始化使得算法从左侧起步，则最终损失会下降到一个梯度值同样为 0 的局部最小值，而不是全局最小值；如果随机初始化使得算法从右侧起步，几次迭代后到达一个平坦区域（Plateau），梯度接近于 0，则算法会因此误判，认为已经到达了极值点。

（2）SGD

随机梯度下降（Stochastic Gradient Descent, SGD）是对先前所介绍的批量梯度下降的一种改进，只在批量中随机选取一个样本进行梯度下降，如下式所示：

$$\theta_{t-1} = \theta_t - \eta \nabla_\theta L(\theta; x^{(i)}; y^{(i)}) \tag{2-33}$$

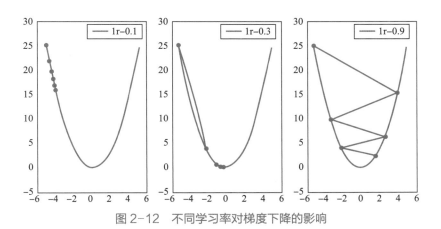

图 2-12　不同学习率对梯度下降的影响

虽然 SGD 通过减少每次计算梯度的样本数量来加快梯度更新的速度，但由于其随机性，每次迭代的变化方向可能会非常大，导致最后难以收敛于一个精确的极小值。那么有没有一种既能满足在多个方向上进行迭代，又能保证计算耗时不会太长的方法呢？有！那就是小批量梯度下降法（Mini-Batch Gradient Descent, MBGD），它是 BGD 和 SGD 的折中，每次随机

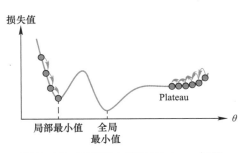

图 2-13　局部最小值和 Plateau 问题

选择若干样本进行梯度下降计算。读者可以自行查阅资料了解更详细的计算过程。

在 PyTorch 中，SGD 优化器以类的形式封装，需要对其先进行实例化再使用。通常，我们在训练用 PyTorch 框架搭建的神经网络时，会采用如下的代码声明优化器、利用优化器进行反向传播优化参数。其中，loss.backward() 将反向传播损失的梯度、计算出每个参数的梯度值，而在这之前我们需要执行 optimizer.zero_grad()。这么做的原因是 PyTorch 会将每次计算得到的张量的梯度进行累计，因此我们需要通过 zero_grad() 将模型参数的梯度归零，再进行梯度的反向传播。最后，我们执行 optimizer.step() 根据梯度更新参数。

```
# 通常设置 SGD 的学习率 lr 为 0.001 ~ 0.01
optimizer = torch.optim.SGD(model.parameters(), lr=0.01)
"""
training code - forward and calculate loss
```

```
"""
optimizer.zero_grad()
loss.backward()
optimizer.step()
```

（3）Momentum

动量（Momentum）优化算法模拟了物理里动量的概念，把惯性的思想运用到梯度下降的计算中。图 2-14 直观地描述了动量优化算法的思路。我们用 v_t 表示梯度下降向量，它同时描述了梯度下降的方向和长度。采用动量优化算法进行梯度下降点的计算时，如图 2-14 所示，当前时间步的梯度下降方向不仅与计算出的梯度有关，还受先前时间步梯度下降向量 v_{t-1} 的"惯性"的影响，我们用参数 γ 控制这个"惯性"的影响程度，称之为动量参数。将两者相加，即可得到第 t 时间步的梯度下降向量 v_t。

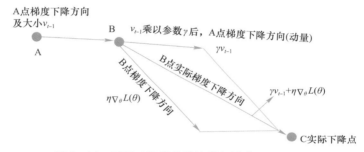

图 2-14　采用动量优化算法进行梯度下降点计算

动量优化的过程可以用数学公式描述如下：

$$v_t = \gamma v_{t-1} + \eta \nabla_\theta L(\theta) \tag{2-34}$$

$$\theta_t = \theta_{t-1} - v_t \tag{2-35}$$

在 PyTorch 中，动量可以作为一个参数在实例化时传给优化器类，例如下面的代码，我们可以为 SGD 设置 momentum 参数，即我们刚刚介绍的动量参数 γ。

```
# momentum 即为动量参数，通常设置为 0.9 或 0.8
optimizer = torch.optim.SGD(model.parameters(), lr=0.01, momentum=0.8)
```

（4）AdaGrad

传统梯度下降算法对学习率非常敏感，为了更好地驾驭这个这个超参数，多种自适应优化算法应运而生，AdaGrad 便是其中一种。AdaGrad 全称 Adaptive Gradient，即自适应梯度，它是一种具有自适应学习率的梯度下降优化方法。它能够独立地自动调整学习率，在不同参数上使用不同的学习率，对不频繁的参数执行较大的更新，对频繁的参数执行较小的更新。AdaGrad 优化器通过如下的公式对参数 θ_i 进行更新：

$$\theta_{t+1,i} = \theta_{t,i} - \frac{\eta}{\sqrt{G_{t,ii} + \varepsilon}} \cdot g_{t,i} \tag{2-36}$$

其中，$g_{t,i} = \nabla_{\theta_{t,i}} L(\theta_{t,i})$ 为损失函数在时间步 t 时关于 θ_i 的梯度，$G_t \in \mathbf{R}^{d \times d}$ 是一个对角矩阵，对角线上的元素 $G_{t,ii}$ 是 t 步之前累积的参数梯度的平方和，即：

$$G_{t,ii} = \sum_{k=0}^{t} g_{t,i}^2 \tag{2-37}$$

可以看出，如果参数 θ_i 频繁更新，那么它在大多数时间步中的梯度必定不为 0，平方和也必然大于 0，这样就会导致式（2-36）中的分母变大，从而调小了 θ_i 的学习率。反之，不频繁更新的参数的学习率则会稍大，实现了自适应的效果。AdaGrad 总体的参数更新公式可表示如下：

$$\theta_{t+1} = \theta_t - \frac{\eta}{\sqrt{G_t + \varepsilon}} \odot g_t \tag{2-38}$$

我们在 PyTorch 中通过下列代码实例化相应的类来获得 AdaGrad 优化器：

```
# 默认学习率 lr=0.01，可根据需要修改
optimizer = torch.optim.Adagrad(model.parameters())
```

（5）RMSProp

AdaGrad 成功地实现了学习率的自适应，但有一个很明显的缺点：随着步数增加，$G_{t,ii}$ 容易累计增大，导致学习率过早变小，参数的优化过程变得缓慢。为解决这个问题，研究者提出了 RMSProp。RMSProp 全称为 Root Mean Square Propagation（均方根传播），它通过指数加权平均代替梯度平方和，并引入一个新的超参数——衰减速率 α，可以表示对历史信息的记忆程度，用来控制移动平均长度范围。RMSProp 的参数更新公式如下：

$$\theta_{t+1} = \theta_t - \frac{\eta}{\sqrt{E[g^2]_t + \varepsilon}} \cdot g_t \tag{2-39}$$

其中，$E[g^2]_t$ 为时间步 t 的指数加权平均，可表示为：$E[g^2]_t = \alpha E[g^2]_{t-1} + (1 - \gamma)g_t^2$。

通常，在使用 RMSProp 时，衰减速率 α 被设为 0.99，学习率 η 被设为 0.01。RMSProp 旨在加速优化过程，减少达到最优值所需的迭代次数，提高优化算法的能力，获得更优越的最终结果。在实践中，RMSProp 被证明是一种有效的深度神经网络优化算法，得到了广泛的应用。

在 PyTorch 中，我们通过下列代码实例化相应的类来获得 RMSprop 优化器：

```
# 默认学习率 lr=0.01，衰减速率 alpha=0.99，可根据需要修改
optimizer = torch.optim.RMSprop(model.parameters())
```

（6）Adam

Adam（Adaptive Moment Estimation）本质上是带有动量项的 RMSProp，它同时存储了历史梯度的一阶指数加权平均和二阶指数加权平均，前者来源于动量梯度下降优化算法，后者来自 RMSProp 的思想，分别用 m_t 和 v_t 表示：

$$m_t = \beta_1 m_{t-1} + (1 - \beta_1)g_t \qquad (2-40)$$

$$v_t = \beta_2 v_{t-1} + (1 - \beta_2)g_t^2 \qquad (2-41)$$

m_t 和 v_t 也被称为梯度的一阶矩估计和二阶矩估计。由上式可知，如果 m_t 和 v_t 被初始化为 0 向量，那么两个公式中的第一项总是会偏向于 0，因此我们需要对它们进行偏差修正：

$$\hat{m}_t = \frac{m_t}{1 - \beta_1^t} \qquad (2-42)$$

$$\hat{v}_t = \frac{v_t}{1 - \beta_2^t} \qquad (2-43)$$

最后权重的更新公式如下：

$$\theta_{t+1} = \theta_t - \frac{\eta}{\sqrt{\hat{v}_{t-1}} + \varepsilon} \bullet \hat{m}_{t-1} \qquad (2-44)$$

在使用 Adam 时，我们一般设置 β_1=0.9，β_2=0.999。Adam 的优点主要在于，在经过偏差矫正后，每一次迭代学习率都有一个确定的范围，参数会比较平稳。我们可以通过下面的代码在程序中实例化一个 Adam 优化器。

```
# 默认学习率 lr=0.001, betas=(0.9, 0.999)，可根据需要修改
optimizer = torch.optim.Adam(model.parameters())
```

上面简单介绍了几种常见优化器的原理，以及在程序中使用它们的方法。优化器没有优劣之分，需要根据实际情况来确定优化器的选择，例如在模型设计实验过程中，要快速验证新模型的效果，可以先用 Adam 进行快速实验优化；但对于需要上线或者发布的模型，我们可以用精调的 SGD 作为优化器。还可以考虑不同优化算法的组合，例如先用 Adam 进行快速下降，而后再换到 SGD 进行充分的调优。此外，在实例化代码中只给出了部分重要参数，更多的参数和它们涉及的原理，等待读者的深度挖掘！

2.1.3　采用神经网络对手写数字进行分类

本小节将详细介绍如何设计一个神经网络来实现对手写数字数据集的分类与识别。虽然手写数字的识别对人类来说很简单，但是对计算机程序来说却是一个挑战。程序需要识别出给定图片中的数字，如图 2-15 所示的手写数字，我们希望计算机可以识别出该数字是"0"。接下来，让我们按照下面的步骤来尝试构建一个用于识别手写数字的简单神经网络，并根据其训练过程来更好地理解神经网络的计算流程。

图 2-15　手写数字

1. 获取数据集

首先，我们需要获取神经网络训练的对象。MNIST 手写数字数据集是机器学习领域中非常经典的一个数据集，由 60000 个训练样本和 10000 个测试样本组成，每个样本都是一张 28×28 像素的灰度手写数字图片，数字范围从 0 到 9。读者可以从网址[4]下载数据集。

但是直接下载下来的数据集无法直接解压打开，因为这些文件是以字节形式存储的，不易于使用。因此，有研究者创建了以 csv 文件格式存储的数据集，参见网址[5]。这些 csv 文件以纯文本格式存储表格数据，该文件中的每行是一个字符串序列，代表表格数据中的一行，每行中由逗号分隔的多个数据项代表表格中相应行的各列数据。读者可以从对应网站分别下载训练集[6]和测试集[7]两个 csv 文件来进行后续操作。

接下来请读者思考一个问题，是否只有在有大量数据的情况下，深度学习才有效呢？其实，如果神经网络的规模较小，参数较少，任务较简单，那么使用少量的数据进行训练，网络的参数依旧可以达到一个相对优秀的水平，神经网络的预测能力和拟合能力也较好。

> ✳ ***TIPS***：**数据集，训练集，测试集**
>
> 　　一组样本构成的集合称为数据集（Data Set）。在网络训练过程中，将数据集分为两部分：训练集和测试集。训练集（Training Set）中的样本用来训练模型，也叫训练样本（Training Sample）；测试集（Test Set）中的样本用来检验模型好坏、测试算法的性能和学习能力，也叫测试样本（Test Sample）。通常情况下，将数据集的 80% 作为训练集，20% 作为测试集。将训练集和测试集分开可以防止信息泄露（Information Leak），避免神经网络了解太多关于测试集中的样本特征，从而挑选有助于测试集数据的模型，这样的结果会过于乐观。

我们刚才下载的 MNIST 数据集包含上万张照片。对于初学者来说，可以先训练小批次的数据集来学习创建一个神经网络的全部流程。读者可以在网站[8]下载含有 100条记录的数据文件。

下载好数据以后，我们需要用 Python 代码来读取这些数据。先在电脑中适当位置创建一个目录，并把下载好的数据放在该目录下，新建一个 Python 文件，尝试如下代码：

```
# 读取数据
data_file = open("mnist_train_100.csv", 'r') # 使用 open() 函数打开一个 csv 文件
training_data_list = data_file.readlines() # 将文件中的所有行读入变量 data_list
print(len(training_data_list)) # 输出 data_list 的长度： 100
data_file.close() # 关闭文件
```

接着，我们试着打印显示 data_list[0]，可以观察到第一个数字是 "5"，这是图像的标签，也就是真实值，接下来的 784 个数字是构成图像像素的颜色值。如果你仔细观察，可以发现这些颜色值介于 0 和 255 之间：

```
5,0,0,0,0,0,0,0,0,0,0,0,0,0,0,0,0,0,0,0,0,0,0,0,0,0,0,0,0,0,0,0,0,0,0,0,0,0,0,0,
0,0,0,0,0,0,0,0,0,0,0,0,0,0,0,0,0,0,0,0,0,0,0,0,0,0,0,0,0,0,0,0,0,0,0,0,0,0,0,0,
0,0,0,0,0,0,0,0,0,0,0,0,0,0,0,0,0,0,0,0,0,0,0,0,0,0,0,0,0,0,0,0,0,0,0,0,0,0,0,0,
0,0,0,0,0,0,0,0,0,0,0,0,0,0,0,0,0,0,0,0,0,0,0,0,0,0,0,0,0,0,0,0,0,0,0,0,0,0,0,0,
0,3,18,18,18,126,136,175,26,166,255,247,127,0,0,0,0,0,0,0,0,0,0,0,30,36,94
,154,170,253,253,253,253,253,225,172,253,242,195,64,0,0,0,0,0,0,0,0,0,0,0,49
,238,253,253,253,253,253,253,253,253,251,93,82,82,56,39,0,0,0,0,0,0,0,0,0,0,
0,0,18,219,253,253,253,253,253,198,182,247,241,0,0,0,0,0,0,0,0,0,0,0,0,0,0,0
,0,0,0,80,156,107,253,253,205,11,0,43,154,0,0,0,0,0,0,0,0,0,0,0,0,0,0,0,0,0,
0,0,14,1,154,253,90,0,0,0,0,0,0,0,0,0,0,0,0,0,0,0,0,0,0,0,0,0,0,139,25
3,190,2,0,0,0,0,0,0,0,0,0,0,0,0,0,0,0,0,0,0,0,0,0,0,0,0,11,190,253,70,0,0,0,
0,0,0,0,0,0,0,0,0,0,0,0,0,0,0,0,0,0,0,0,0,35,241,225,160,108,1,0,0,0,0,0,0
,0,0,0,0,0,0,0,0,0,0,0,0,0,0,81,240,253,253,119,25,0,0,0,0,0,0,0,0,0,0,0,0
,0,0,0,0,0,0,0,0,0,0,0,45,186,253,253,150,27,0,0,0,0,0,0,0,0,0,0,0,0,0,0,0
,0,0,0,0,0,0,0,0,16,93,252,253,187,0,0,0,0,0,0,0,0,0,0,0,0,0,0,0,0,0,0,0,0
,0,0,0,0,0,249,253,249,64,0,0,0,0,0,0,0,0,0,0,0,0,0,0,0,0,0,0,0,0,46,130,1
83,253,253,207,2,0,0,0,0,0,0,0,0,0,0,0,0,0,0,0,0,0,0,0,39,148,229,253,253,25
3,250,182,0,0,0,0,0,0,0,0,0,0,0,0,0,0,0,0,0,0,24,114,221,253,253,253,253,201
,78,0,0,0,0,0,0,0,0,0,0,0,0,0,0,0,0,23,66,213,253,253,253,253,198,81,2,0,0
,0,0,0,0,0,0,0,0,0,0,0,0,18,171,219,253,253,253,253,195,80,9,0,0,0,0,0,0
,0,0,0,0,0,0,0,0,0,0,55,172,226,253,253,253,253,244,133,11,0,0,0,0,0,0,0,0,0
,0,0,0,0,0,0,0,0,0,0,136,253,253,253,212,135,132,16,0,0,0,0,0,0,0,0,0,0,0,0,
```

```
0,0,0,0,0,0,0,0,0,0,0,0,0,0,0,0,0,0,0,0,0,0,0,0,0,0,0,0,0,0,0,0,0,0,0,0,0,0,0,0,0,0,
0,0,0,0,0,0,0,0,0,0,0,0,0,0,0,0,0,0,0,0,0,0,0,0,0,0,0,0,0,0,0,0,0,0,0,0,0,0,0,0,0,0,
0,0,0,0,0,0,0,0,0,0
```

2. 数据预处理

接下来，我们需要将这些由逗号分隔的数字列表转化成合适的数组。此时需要导入 Python 扩展库 NumPy 和 Matplotlib，这有助于我们使用数组以及进行绘图。代码如下，让我们依次讨论这些代码分别完成了哪些任务。

```
import numpy as np
import matplotlib.pyplot as plt
# 将文本字符串转化成数字，并创建这些数字的数组
all_values = training_data_list[0].split(',') # 分割字符串
images_array = np.asfarray(all_values[1:]).reshape(28, 28) # 转化为矩阵
plt.imshow(images_array, cmap='Greys', interpolation='None') # 展示图像
plt.show()
```

第一行代码接收了刚才打印出的 training_data_list[0]，并根据逗号分隔符将这一长串字符串进行拆分。其中，split() 函数的作用就是按照指定的符号来拆分字符串。接下来的代码稍微有些复杂，我们分步来看。首先，all_values[1:] 表示除了列表中的第一个元素以外的所有值，也就是忽略第一个标签值，只要剩下的 784 个像素值。numpy. asfarray() 是一个 numpy 函数，这个函数将文本字符串转换成实数，并创建这些数字的数组。因此，第二行代码的含义是使用 reshape() 函数将文本字符串转化为 28×28 的方形矩阵，并将其命名为 image_array。第三行和第四行代码非常简单，就是使用 imshow() 函数绘出 image_array，同时选择灰度调色板，cmap = 'Greys'来更好地显示手写字符。图 2-16 显示了这段代码的结果。很显然，绘制的图像是 5，这也是我们所期望神经网络的预测结果。

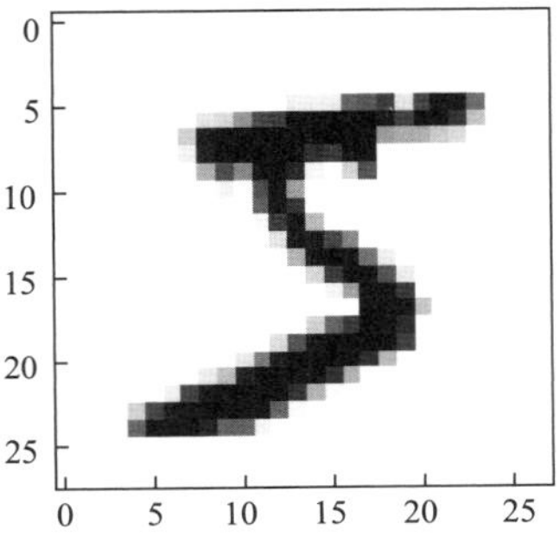

通过上面的操作，我们了解了如何获取和使用 MNIST 数据文件的数据，并可视化了 csv 文件中的数据。接下来我们将对 MNIST 数据集进行处理，使其作为神经网络的输入。为了使神经网络梯度变化明显，最好将输入模型的数据映射至一个较小的范围，同时，注意到输入的图像矩阵中有大量元素为 0，这很容易导致梯度消失的问题。因此，在使用 Sigmoid 作为激活函数时，需要将输入的像素值从 0 到 255 缩放至 0.01 到 1.0。我们首先将原

图 2-16 通过代码绘制的手写数字图

始输入值除以 255，得到 0 到 1 的输入值。然后，将所得到的值乘以 0.99 并加上 0.01，使输入值的范围变为 0.01 到 1.00。如下代码演示了这个过程。

```
# 数据预处理
scaled_input = (np.asfarray(all_values[1:]) / 255.0 * 0.99) + 0.01
print(scaled_input)
```

处理好数据以后，我们可输出部分值进行确认。

```
0.01       , 0.21964706, 0.89129412, 0.99223529, 0.98835294,
0.93788235, 0.91458824, 0.98835294, 0.23129412, 0.03329412,
0.01       , 0.01       , 0.01       , 0.01       , 0.01       ,
0.01       , 0.01       , 0.04882353, 0.24294118, 0.87964706,
0.98835294, 0.99223529, 0.98835294, 0.79423529, 0.33611765,
0.98835294, 0.99223529, 0.48364706, 0.01       , 0.01       ,
0.01       , 0.01       , 0.01       , 0.01       , 0.01       ,
0.01       , 0.01       , 0.01       , 0.01       , 0.01       ,
0.01       , 0.01       , 0.01       , 0.01       , 0.01       ,
0.64282353, 0.98835294, 0.98835294, 0.98835294, 0.99223529,
0.98835294, 0.98835294, 0.38270588, 0.74376471, 0.99223529,
0.65835294, 0.01       , 0.01       , 0.01       , 0.01       ,
0.01       , 0.01       , 0.01       , 0.01       , 0.01       ,
0.01       , 0.01       , 0.01       , 0.01       , 0.01       ,
0.01       , 0.01       , 0.208     , 0.934     , 0.99223529,
0.99223529, 0.74764706, 0.45258824, 0.99223529, 0.89517647,
```

观察可知，这些值当前的范围为 0.01 到 0.99，我们可以将其作为输入值，输入神经网络进行训练和查询。

3. 构建网络

设计神经网络的输入层和输出层通常来说比较简单。对于手写数字分类这一任务，输入图像的尺寸是 28×28，那么输入层则需要 28×28 个神经元，每个灰度在 0.01 到 1 取值。我们希望神经网络对手写数字图像进行分类，虽然一共有 10 个数字，但我们可以把这个问题看作一个二分类问题：一张手写数字图像要么对应数字 x，要么不对应 x。因此，我们的输出层需要 10 个神经元，分别代表 0~9 这 10 个数字，每个输出值代表输入图像对应每个数字的概率，最后取概率最大的那个神经元对应的数字作为分类结果。

相比于输入层和输出层，隐藏层节点的设置则复杂得多，我们无法将隐藏层的设计流程总结为简单的经验法则。在这里我们使用 100 个隐藏层节点，但这并不是通过使用科学的方法得到的结果。通常，选择使用比输入节点的数量小的值（784），来强制神经网络尝试对输入特征进行"总结"。但是，如果隐藏层节点的数量过少，网络的学习能力会下降，网络难以找到足够的特征，这将降低神经网络表达其对 MNIST 数据的理解能力。输出层有 10 个节点对应 0～9 共 10 个数字，因此，选择 100 这个中间值作为神经网络隐藏层的节点数量是可行且合理的。整个神经网络的架构如图 2-17 所示。

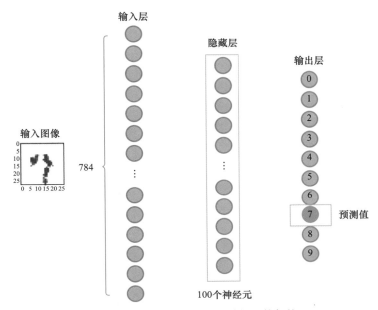

图 2-17　手写数字分类的神经网络架构

同时，我们需要创建输出节点的目标矩阵，其中除了对应于标签的节点，其余所有的节点的值都应该很小。例如，如果输出层第 1 个神经元被激活，即输出值约为 1（最大的激活值），表明神经网络认为该数字是"0"。使用下面的 Python 代码构造目标矩阵：

```python
# 构造目标矩阵
onodes = 10 # 将输出节点的数量设置为 10
targets = np.zeros(onodes) + 0.01 # 创建用零填充的数组 然后对每个元素加上 0.01
targets[int(all_values[0])] = 0.99 # 手写数字预期值对应的数组元素为 0.99
print(targets)
# 输出: array([0.99, 0.01, 0.01, 0.01, 0.01, 0.01, 0.01, 0.01, 0.01, 0.01])
```

接下来，应该创建神经网络的权重矩阵。在神经网络中，权重是最重要的部分，我们使用权重来计算前馈信号、反向传播误差，并且在试图改进网络时优化权重。在这里，需要定义两个权重矩阵：设输入层与隐藏层之间的权重矩阵为 W_{input_hidden}，矩阵大小为隐藏层（hidden_nodes）节点和输入层（input_nodes）节点的乘积；设隐藏层和输出层之间的权重矩阵 W_{hidden_output}，大小为输出层（output_nodes）和隐藏层（hidden_nodes）的乘积。

接着，我们采用正态概率分布采样对两个权重矩阵进行初始化，随机的初始权重能更好地满足随机梯度下降的期望。在 Numpy 程序库中，numpy.random.normal ((loc=0.0, scale=1.0, size=None) 以正态分布的方式返回一组符合高斯分布的概率密度随机数，其中函数的参数 loc 代表概率分布的均值，我们设置为 0；scale（标准方差）设置为 $1/\sqrt{传入节点数目}$；size 为期望的数组形状大小，设置为之前定义好的权重矩阵的大小。同时，我们也需要对学习率进行初始化。最后，选择常用的 Sigmoid 函数作为激活函数。在 Python SciPy 库中已经定义了激活函数，其中 Sigmoid 函数为 expit()，通过 import scipy.special 导入库。再使用匿名函数 lambda 来创建函数，该函数接收输入 x，返回激活后的值。

```python
import scipy.special
class NeuralNetwork:
    # 初始化神经网络，构造函数
    def __init__(self, inputnodes, hiddennodes, outputnodes, learning_rate):
        # 设置每个输入、隐藏、输出层中的节点数（三层的神经网络）
        self.inodes = inputnodes
        self.hnodes = hiddennodes
        self.onodes = outputnodes
        # 权重矩阵， wih 代表 W_input_hidden 矩阵，who 代表 W_hidden_output 矩阵
        self.wih = np.random.normal(0.0, pow(self.inodes, -0.5), (self.hnodes, self.inodes))
        self.who = np.random.normal(0.0, pow(self.hnodes, -0.5), (self.onodes, self.hnodes))
        self.lr = learning_rate # 学习率
        self.activation_function = lambda x: scipy.special.expit(x) # 激活函数
```

定义好网络的基本结构以后，让我们根据开始时设定的节点数目，采用如下代码进行神经网络的实例化。

```python
# 初始化参数
input_nodes = 784 # 输入节点 28*28
hidden_nodes = 100 # 隐藏层节点
output_nodes = 10 # 输出层节点
learning_rate = 0.3 # 学习率设置
# 实例化网络
n = NeuralNetwork(input_nodes, hidden_nodes, output_nodes, learning_rate)
```

4. 训练网络

完成了网络节点的构建和权重的设置后，需要在不同的网络层之间实现信号的传播，即网络的训练过程。这个过程分为两个部分：

第一部分，针对给定的训练样本，计算其输出，也即前向传播过程。

第二部分，对比网络计算得到的输出和目标输出，得到二者的误差值来更新网络的权重，也即反向传播过程。

将输入样本和样本对应的输出，通过 numpy.array() 转化为二维数组 inputs 和 targets。

将输入样本信号从输入层传递到隐藏层，经过激活函数的处理传入到输出层，输出层计算出信号值，再经过激活函数得到网络的输出 final_outputs。

用 y 表示预期的输出 targets，用 o_o 表示 final_outputs，将它们中的每个对应元素相减可以得到输出层的误差值 e_o，由下式表示：

$$e_o = y - o_o \qquad (2-45)$$

隐藏层节点的误差 e_h 可由权重矩阵计算而得：

$$e_h = W_{ho}^{T} \cdot e_o \qquad (2-46)$$

然后，我们回顾上一小节中的式（2-25），通过它来计算反向传播误差。由于本例中采用 Sigmoid 作为激活函数，而 Sigmoid 函数的导函数可以写作：

$$A_l'(x) = A_l(x)(1 - A_l(x)) \qquad (2-47)$$

其中，$A_l(x)$ 即为当前层经过激活函数的最终输出 $o^{(l)}$，然后我们再根据上一小节中的式（2-28），得到隐藏层和输出层之间权重的梯度为：

$$\nabla_{W_{ho}} = e_h \cdot o_h^{T} = o_o \odot (1 - o_o) \cdot W_{ho}^{T} \cdot e_o \cdot i_o^{T} \qquad (2-48)$$

其中，$\odot$ 为 Hadamard 积运算符，表示向量对应元素相乘，i_o 表示输出层的输入，也就是隐藏层经过激活的输出，我们用 o_h 替代它，并将最终结果乘以学习率，得到隐藏层和输出层之间的权重变化量：

$$\Delta W_{ho} = \alpha \cdot o_o \odot (1 - o_o) \cdot W_{ho}^{T} \cdot e_o \cdot o_h^{T} \qquad (2-49)$$

同理，可以得到输入层和隐藏层之间的权重变化量：

$$\Delta W_{ih} = \alpha \cdot o_h \odot (1 - o_h) \cdot W_{ih}^{T} \cdot e_h \cdot o_i^{T} \qquad (2-50)$$

以上便是一次训练中需要完成的所有步骤，我们将这些步骤转换成代码，如下所示。

```
# 训练神经网络
def train(self, inputs_list, targets_list):
```

```
# 将输入列表转换成二维数组
inputs = np.array(inputs_list, ndmin = 2).T
targets = np.array(targets_list, ndmin = 2).T
# 将输入信号传递到隐藏层
hidden_inputs = np.dot(self.wih, inputs)
# 应用激活函数得到隐藏层的输出信号
hidden_outputs = self.activation_function(hidden_inputs)
# 将传输的信号传递到输出层
final_inputs = np.dot(self.who, hidden_outputs)
# 应用激活函数得到输出层的输出信号
final_outputs = self.activation_function(final_inputs)
# 计算输出层的误差：预期目标输出值 - 网络得到的输出值
output_errors = targets - final_outputs
# 计算隐藏层的误差
hidden_errors = np.dot(self.who.T, output_errors)
# 反向传播，更新各层权重
# 更新隐藏层和输出层之间的权重
self.who += self.lr*np.dot((output_errors*final_outputs*(1.0 - final_output
s)), np.transpose(hidden_outputs))
# 更新输入层和隐藏层之间的权重
self.wih += self.lr * np.dot((hidden_errors * hidden_outputs * (1.0 -
hidden_outputs)), np.transpose(inputs))
```

至此，我们将之前学习的激活函数、矩阵运算、前向传播、通过梯度下降法最小化网络误差等内容，都转换成了相应的简洁代码。

接下来，让我们调用上面的 train() 函数，让神经网络根据训练数据集 training_data_list 中的每一条记录，进行训练。

```
# 对数据集的每条记录进行训练
for record in training_data_list:
    all_values = record.split(',')
    inputs = (np.asfarray(all_values[1:]) / 255.0*0.99) + 0.01
    targets = np.zeros(output_nodes) + 0.01
    targets[int(all_values[0])] = 0.99
    # 训练网络
    n.train(inputs, targets)
```

到此为止我们已经完成了使用 100 条手写数字集的记录来训练一个简单的神经网络。

5. 查询网络输出

最后，为了知道神经网络的表现，定义 query() 函数对神经网络的输出结果进行查询。这一过程和 train() 函数的前半部分几乎一样，只不过我们可以不用再根据输出结果更新权重。

```python
# 查询神经网络：接收神经网络的输入，返回神经网络的输出
def query(self, inputs_list):
    # 将输入列表转换成二维数组
    inputs = np.array(inputs_list, ndmin=2).T
    # 将输入信号计算到隐藏层
    hidden_inputs = np.dot(self.wih, inputs)
    # 将信号从隐藏层输出
    hidden_outputs = self.activation_function(hidden_inputs)
    # 将信号引入到输出层
    final_inputs = np.dot(self.who, hidden_outputs)
    # 将信号从输出层输出
    final_outputs = self.activation_function(final_inputs)
    # 返回输出层的输出值
    return final_outputs
```

用测试集来查询模型是否预测成功，如下代码描述了加载测试集数据并查询输出的过程。

```python
# 获取测试文件
test_data_file = open("mnist_test_10.csv", 'r')
test_data_list = test_data_file.readlines()
test_data_file.close()
# 获取数据集第一个数据
all_values = test_data_list[0].split(',')
# 转化数组
image_array = np.asfarray(all_values[1:]).reshape((28,28))
# 查看标签
plt.imshow(image_array, cmap='Greys', interpolation = 'None')
# 查询经网络的输出
n.query((np.asfarray(all_values[1:]) / 255.0 * 0.99) + 0.01)
```

从图 2-18 可以看到，输出数组中，最大元素的输出信号为 0.8602，对应的标签是 "7"，即推断出输入图像的手写数字是 "7"。我们成功训练了神经网络，使得其能够正确区分测试集中的手写字符。而且，我们只是使用完整的训练数据集的一个小子集就

Out[23]: array([[0.07834562],
　　　　　　　 [0.0203852],
　　　　　　　 [0.04556626],
　　　　　　　 [0.06027374],
　　　　　　　 [0.04985733],
　　　　　　　 [0.02854055],
　　　　　　　 [0.00651474],
　　　　　　　 [0.86021155],
　　　　　　　 [0.07852503],
　　　　　　　 [0.03958802]])

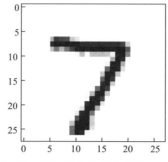

图 2-18　网络输出和输入图像

可以对神经网络进行训练。但是由于我们使用的数据集太小，所以答案对应的输出信号值并未特别大。

6. 统计神经网络的准确率

接着，我们可以通过一段简单的代码统计一下测试集中的其他数字的预测结果，用来判断神经网络的总体表现。

```python
# 统计正确率
scorecard = [] # 积分数组
# 遍历测试集中的所有数据
for record in test_data_list:
    all_values = record.split(',')
    correct_label = int(all_values[0]) # 正确标签
    inputs = (numpy.asfarray(all_values[1:]) / 255.0 * 0.99) + 0.01
    outputs = n.query(inputs) # 查询神经网络输出的标签
    label = numpy.argmax(outputs) # 找到最大的结果对应的结果
    # 判断标签和输出结果是否相同
    if (label == correct_label):
        scorecard.append(1)
    else:
        scorecard.append(0)
    print(scorecard)
# 输出: [1, 1, 1, 1, 1, 1, 1, 0, 0, 0]
```

scorecard 数组中"0"出现的次数就是神经网络预测错误的次数，也就是 10 个输入中，有 3 个预测错误。但考虑到使用的训练集很小，这个结果是可以接受的。在后续的学习中，读者可以尝试使用完整的 MNIST 数据集来进行学习，以提高正确率。

采用前馈神经网络对手写数字进行分类的完整代码可参考附录或扫描二维码下载。

代码下载

实验证明，当我们使用 60000 张训练样本训练神经网络后，再使用 10000 条记录进行测试，神经网络预测的准确率达到了 95.1%，这个结果让人很满意！

7. 神经网络的优化

我们已经掌握了如何构建、训练一个神经网络，但是还可以思考一下，我们可以采用什么方法对网络进行进一步优化？

第一个可以尝试的改进是：调整学习率，观察学习率对准确率的影响。试一下将学习率翻倍，设置为 0.6，观察网络的学习能力是否增强。如果此时运行代码，准确率为 90.47%，比之前下降了。这是因为学习率设置得太大会造成网络不能收敛，在最优值附近徘徊，也就是跳过最小值到了对称轴另一边，从而忽视了最优值的位置。然后，尝试使用 0.1 的学习率再试一次。这次，性能有所改善，准确率为 95.8%。图 2-19 给出了多次实验中不同学习率对应的准确率，可以看出，学习率在 0.1～0.3 之间时有较好的表现，但是随着学习率增大，网络的性能变差。因此，我们在设置学习率时，可以多次进行实验后选择合适的值。

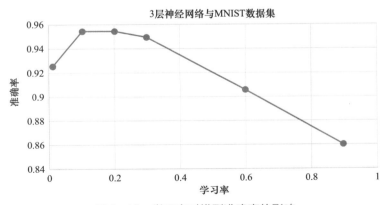

图 2-19　学习率对模型准确率的影响

接下来，可以改变训练的次数，也称为 epoch。如果 epoch 为 5，则意味着使用整个训练数据集运行程序 5 次。直觉告诉我们，训练次数越多，权重更新的次数更多，网络的性能会更好。我们设置不同的 epoch 来训练网络，并观察 epoch 对网络性能的影响。从图 2-20 中我们发现，epoch 设置得过大反而会过犹不及，这是因为网络过度拟合了训练数据，使网络在先前没有见到过的新数据上表现不佳。

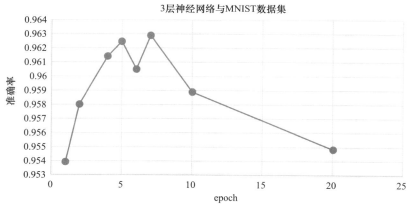

图 2-20　epoch 对模型准确率的影响

　　我们还可以尝试改变一下神经网络的结构，如改变中间隐藏层节点的数目。在之前的网络中我们设置隐藏层节点为 100。接下来，让我们来进行多次实验，观察一下不同数量的隐藏层节点对网络性能的影响。在图 2-21 中我们可以看到，当隐藏层节点数量很少时，网络性能不佳。随着隐藏层节点数量的增加，网络性能得到了明显的改善，但当隐藏层节点数量达到一定值时，改善效果不显著，且训练时间增加。因此，隐藏层的节点数量需要设置在一个合理的范围内，才能保证网络训练的时间不会过长，且网络的性能也相对优秀。

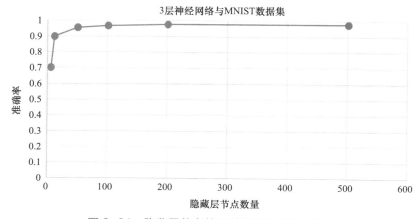

图 2-21　隐藏层节点数量对模型准确率的影响

　　深度学习编程就像一门艺术，我们需要学习不同的技巧和方法来提升神经网络的表现。

2.2 卷积神经网络（CNN）

近年来由于深度学习的兴起，计算机视觉发展十分迅猛。我们在生活中也能看见一些计算机视觉的例子，比如自动驾驶、人脸识别、医疗影像诊断等。

卷积神经网络（Convolutional Neural Network, CNN），简而言之，是一种深度学习模型或类似于人工神经网络的多层感知器，是一种前馈神经网络，常用来分析视觉图像。对于 CNN，最早可以追溯到 1986 年的 BP 算法，由于多层神经网络训练时计算量极大，受制于当时的算力水平，相关的研究一直处于低谷。直到 2006 年，Hinton 等在《科学》上发表文章，CNN 才重新回到人们的视野并且开启了 CNN 在图像领域的大发展。2012 年，ImageNet 大赛上 CNN 夺冠，2014 年，谷歌推出了 20 层的 VGG 模型。同年，DeepFace、DeepID 模型横空出世，直接将 LFW 数据库上的人脸识别正确率提高到 99.75%，已超越人类对于图像判断的平均水平。

2.2.1 CNN 的初步认识

当 Alpha Go 战胜了顶尖围棋高手李世石和柯杰后，人们都在谈论 CNN。但是，CNN 是什么及 CNN 是怎样做到的？我们将在如下内容中进行介绍。

让我们首先来思考一下人类是通过什么来认识这个世界的。

当你走过一幢建筑物时，你是通过哪些信息知道这是一幢建筑物的？是通过颜色、高度、材料，还是其他？

你可能并不能准确说出原因，但你看到图 2-22 时，一定会脱口而出，"哦，这是一座房子"。

为什么你能知道这是一座房子而不是其他物体呢？

没错，因为你准确提取了它的"轮廓"！而再让你看一些其他颜色不同、大小各异的图片时，你也基本能猜对。

图 2-22　建筑物特征轮廓

那么，总结这个过程就是：你看到了一张图片，提取了图片特征，进而对图片进行了分类（图 2-23）。

其实，CNN 的工作原理也是这样：（1）读取图片；（2）提取特征；（3）图片分类。下面，让我们逐步探索细节。

图 2-23　图像分类的流程

2.2.2　CNN 网络的架构

卷积神经网络与前一节介绍的传统神经网络非常相似，是一种为了处理二维输入数据而特殊设计的多层人工神经网络，可以看作是对传统神经网络的一个改进。

卷积神经网络由输入层、隐藏层和输出层组成。每层都由多个二维平面组成，而每个二维平面由多个独立的神经元组成，相邻两层的神经元之间互相连接，而处于同一层的神经元之间没有连接。在前馈神经网络中，其中间层都被称为隐藏层，因为它们的输入和输出都被激活函数和最终卷积所掩盖。卷积神经网络的隐藏层包括卷积层（Convolutional Layer）、池化层（Pooling Layer）及全连接层。图 2-24 展示了一个典型的卷积神经网络架构。

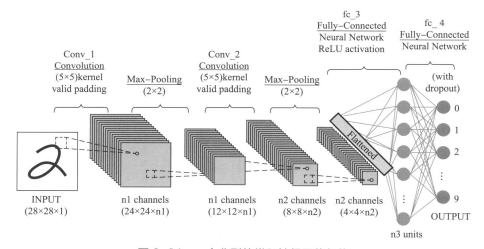

图 2-24　一个典型的卷积神经网络架构

接下来，让我们来具体看看卷积神经网络是如何运作的。

如果对图像进行进一步的思考，我们会发现，大多数有意义的特征（Feature）是局部化（Localized）的。我们先把卷积神经网络这个词拆开来看："卷积"和"神经网络"。卷积也就是说神经网络不再是对每个像素的输入信息进行处理，而是对图片上的每一小块像素区域进行处理。这种做法加强了图片信息的连续性，使得神经网络能看到图形，而非一个点，同时这种做法也加深了神经网络对图片的理解。

具体来说，卷积神经网络有一个批量过滤器（卷积核，Filter），持续不断地在图片上滑动以收集图片里各局部像素区域的信息。然后把收集来的信息进行整合，输出的值，我们可以理解成是一个深度更深、高和宽更小的"特征图"（Feature Map）。这时候整理出来的信息有了一些实际上的呈现，比如这时的神经网络能看到一些边缘的图片信息（低层次的特征）。然后再以同样的步骤，用类似的批量过滤器扫过产生的这些边缘信息，图片的高宽再压缩，深度再增加，这时神经网络可以从这些边缘信息里面提取出更高层的信息结构（中层次和高层次特征），比如说提取的边缘能够画出眼睛、鼻子等。最后，再把这些信息输入一层或几层普通的全连接神经层进行分类，这样就能得到输入图片的最终分类结果了。图 2-25 中，具有层次结构的卷积层可以发现低层次、中层次和高层次特征。其中，卷积核和特征图的内容只用于说明。

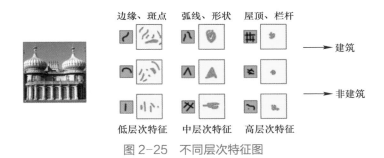

图 2-25　不同层次特征图

在还不知道如何进行卷积计算前，让我们以一个 6×6 像素的简单笑脸图像为例，查看卷积神经网络的卷积核实现特征提取的过程（图 2-26）。

假设我们的眼睛每次只能看到图像中一个 2×2 像素的区域。如果我们移动视线，那么我们只能看到一只眼睛或者看到嘴巴的一部分。视线的有限性就体现了我们所说的局部性（Locality）。现在我们移动视线，并计算在 2×2 像素的区域内有多少个深色像素，就可以创建一个新的、汇总局部信息的网格。图 2-27 直观地解释了这个过程。

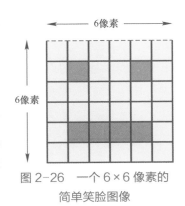

图 2-26　一个 6×6 像素的简单笑脸图像

图 2-27 中右边较小的网格大小是 3×3 像素，汇总了视线在图像上无重叠移动时每个区域的发现。我们可以看到，它在图像的左上方和右上方各发现了一只眼睛。同时，它也发现了底部的暗像素区域，底部中间格的像素最暗。此外，中间行没有暗像素。

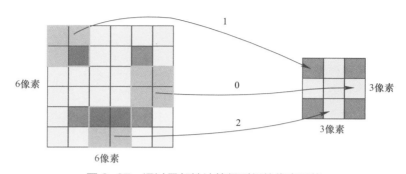

图 2-27　通过局部性计算得到新的像素网格

可以看出，这个汇总网格对于脸部图像的局部特征进行了一定程度的提取，可以看作是特征图，对图像分类有极大帮助。我们形象地将这种视线在图像上移动并汇总新的图像的过程称为卷积（Convolution）。我们的视线范围就是感受野（Receptive Field），也代表了卷积神经网络中卷积核的空间尺寸。有关卷积的具体计算方法，我们将在后文进行详细讲解。

我们已经看到，卷积核可以从一幅图像中识别出特征，这对图像分类很有帮助。因此，我们可以选择不同的卷积核，然后学习每个卷积核的权重。而更好的方案是，不提前设计卷积核，而是通过学习获得卷积核中的权重。卷积神经网络的关键在于，网络可以自己学习卷积核的具体值。这正是包括 PyTorch 在内的许多机器学习框架所采取的方法。

接下来，我们重点关注卷积神经网络中的卷积层、池化层与全连接层，并具体看看他们在卷积神经网络中发挥的不同作用。

1. 卷积层（CONV）

我们在处理图像这样的高维度输入时，让每个神经元都与前一层中的所有神经元进行全连接是不现实的。实际上，我们让每个神经元只与输入数据的一个局部区域连接。这个局部连接区域的空间大小叫作神经元的感受野，它的尺寸是一个超参数，这其实就是滤波器（或称作卷积核，K）的空间尺寸。卷积核，从名字就能看出它是整个卷积过程的核心。而卷积层，就是由这些可学习的卷积核在深度方向叠加构成。在前向传播时，卷积核（K，3×3）在输入数据的空间维度（W，7×7）上以一定的步长（S）滑动（更精确地说是卷积），计算卷积核和输入数据任一处的内积，内积结果形成一个 2 维的激活图（Activation Map），激活图给出了每个空间位置经过卷积核作用后的反应。在卷积核移动的过程中，其值保持不变。也就是说卷积核的值在整个过程中共享，所以又将卷积核的值称为共享变量。卷积神经网络利用参数共享的方法大大降低了参数数量。

当卷积核沿着输入数据的宽度和高度滑动时，我们必须指定另一个超参数，即滑动的步长（stride），它规定了卷积核在一个方向上每次移动的像素个数。可以看到，当图 2-28 卷积核滑动的步长为 stride=1，即卷积核每次移动 1 个像素时，生成的激活图尺寸为 5×5。当步长 stride=2 时，即卷积核滑动时每次移动 2 个像素，生成的激活图尺寸为 3×3。很明显，增加步长会让输出数据在空间上变小。

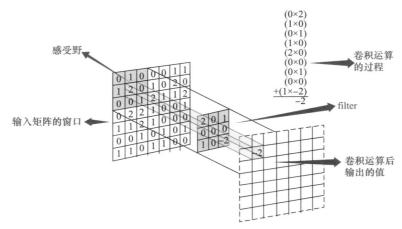

图 2-28　卷积层计算过程示意图

从上面的例子中我们可以发现，把 3×3 的卷积核用在 7×7 的输入上时，输出的大小是 5×5。注意，这里空间维度减小了！如果我们继续用卷积核，输出的尺寸会进一步减小到 3×3，减小的速度就会超过我们的期望。在早期的网络层中，我们想要尽可能多地保留原始输入内容的信息，以提取低层级的特征。如果想让输出尺寸维持在 7×7，我们应该怎么做呢？又或者，当我们把 3×3 的卷积核以步长 stride=2 在 7×7 的输入上滑动时，我们将发现卷积核窗口部分在输入矩阵之外，这种情况又当如何处理呢？

为了解决输入数据与卷积核不匹配的问题或为了保证输出数据大小，我们可以对输入数据进行边界填充。零填充（Zero Padding）就是采用边界填充的方法，在输入数据的边界用零进行补充，扩大输入数据的高度和宽度，可以控制输出数据的空间尺寸。零填充的尺寸也是卷积层的一个重要超参数。如图 2-29 所示，如果我们在图 2-28 输入数据的周围应用两次零填充，输入数据的尺寸变为 11×11。当我们用 3×3 的卷积核以 stride=2 的步长进行滑动时，可以得到一个 7×7 的输出矩阵。这是零填充一个非

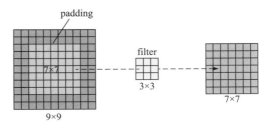

图 2-29　零填充后的卷积层计算

常重要的应用点，即保证输入和输出数据的宽高相等。

可以根据下式计算任意卷积层输出数据的空间尺寸：

$$O = \frac{(W - K + 2P)}{S} + 1 \qquad (2-51)$$

其中，O 是输出数据空间尺寸，W 是输入数据空间尺寸，K 是过滤器尺寸，P 是零填充尺寸，S 是步长。

之前的讨论，由于输入数据、卷积核都是单个，因此从图形的角度来说只有灰度信息，不是彩色图片。在实际应用中，输入数据往往是多通道的、有深度的，如彩色照片，就可能有红绿蓝三种颜色的信息（即 R、G、B 通道），这时深度为 3。对于这种情况，我们应该如何进行卷积呢？其实很简单。用相同的卷积核在每个通道分别进行卷积运算，并把运算结果相加，得到输出结果。我们将这些沿着深度方向排列、感受野相同的神经元集合称为深度列（Depth Column）。需要强调的是，我们对待卷积核在空间维度（宽和高）与深度维度的方式是不同的：在空间（宽高）上的连接是局部的，尺寸一般较小，但是在深度上的连接总是和输入数据的深度保持一致。举例来说，假设输入数据的尺寸为 6×6×3，对于卷积神经网络第一层的一个典型的感受野尺寸

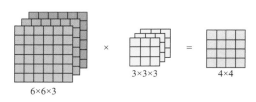

$6×6×3$ $3×3×3$ $4×4$

图 2-30　多通道卷积计算

可以是 3×3，但深度应与输入数据保持一致，是 3。在前向传播时，我们在 3 个通道上采用相同的卷积核在输入数据上以步长 stride=1 滑动，计算卷积核和输入数据的内积，并将 3 个通道上的卷积运算结果加权平均求和，得到最终的输出数据（图 2-30）。

为了让不同神经元被不同方向的边界或者是颜色斑点激活，实现更多边缘检测，我们可以增加卷积核的组数。图 2-31 描述了 6×6×3 的输入，经过 4 个 3×3×3 的卷积，得到 4×4×4 的输出的计算过程。

接下来，与标准的神经网络类似，为保证卷积神经网络的非线性，也需要使用激活函数，即在卷积运算后，把输出值另加偏移量，输入到激活函数，然后作为下一层的输入（图 2-32）。我们可通过 nn.Sigmoid、nn.ReLU、nn.LeakyReLU、nn.Tanh 等获取常用的激活函数。

2. 池化层（POOL）

理论上，我们可以将卷积层提取到的所有特征输入至分类器中直接进行训练，输出分类结果，然而这对算力要求很高，特别是对于大尺寸、高分辨率图像。例如：对于一个输入为 128×128 大小的图像样本，假设在卷积层使用 100 个 8×8 大小的卷

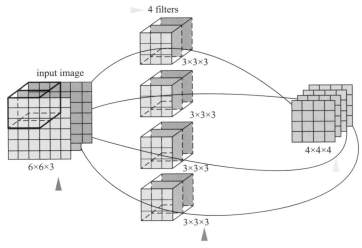

图 2-31　多卷积核计算过程示意图

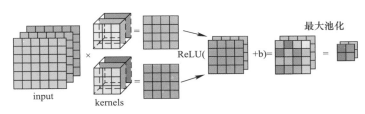

图 2-32　多卷积核整体计算过程示意图

积核对该输入图像进行卷积运算操作，每个卷积核都输出一个（128-8+1）×（128-8+1）= 14,641 维的特征向量，最终卷积层将输出一个 14,641×100 = 1,464,100 维的特征向量。理论上，我们可以直接使用这些特征训练分类器并进行分类。但是，将如此高维度的特征输入至分类器中进行训练需要耗费非常庞大的计算资源，同时也会产生过拟合问题。

　　然而，由于图像中存在较多冗余信息，我们可以用某一局部区域的统计信息（如最大值或均值等）来刻画该区域中所有像素点呈现的空间分布模式，以替代某一局部区域中所有像素点取值，这种操作称为池化（Pooling）。池化操作对卷积结果特征图进行约减，实现了下采样，同时保留了特征图中主要信息，一般在卷积层之后。

　　与卷积操作类似，池化操作是池化窗口在特征图上以一定步长滑动，取池化窗口内的平均值（平均池化，Average Pooling）或最大值（最大池化，Max Pooling）作为结果，如图 2-33 所示。池化窗口的大小也称为池化大小，用 $k_h \times k_w$ 表示。在卷积神经网络中最常用的池化窗口大小为 2×2，步幅为 2，这样做的效果就是输出维度比输入维度缩小一半。

池化层通过对卷积层输出的特征图进行池化约减，实现了下采样。同时，对感受野内的特征进行筛选，提取区域内最具代表性的特征，保留了特征图中最主要的信息。

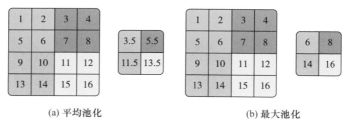

(a) 平均池化　　　　　　　　　　　　　(b) 最大池化

图 2-33　平均池化和最大池化

同时，当输入数据作出少量平移时，经过池化操作后的大多数输出还能保持不变，具有平移不变性（图 2-34）。因此，池化对微小的位置变化具有鲁棒性，模型更加稳健。

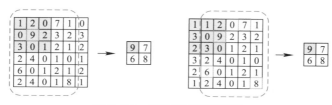

图 2-34　池化的平移不变性

3. 全连接层（FC）

在经过数次卷积操作和池化操作之后，我们最后会先将多维的数据进行"扁平化"，也就是把（深，高，宽）的数据压缩成长度为深 × 高 × 宽的一维数组，这个过程通常由 torch.nn.Flatten() 实现。然后，我们再将这个展平的一维数组与全连接层中的神经元全部连接，然后进行激活，其过程与普通的神经网络类似。

4. 卷积神经网络与普通神经网络对比

现在看来，卷积神经网络与我们上一节学习的普通神经网络，似乎并无很大差别。普通神经网络，其实是多个全连接层的叠加。而卷积神经网络，则是把全连接层改成了卷积层和池化层，其优势体现在以下方面：

✓ 参数共享（Parameter Sharing）

我们对比一下传统神经网络的 FC 层和由卷积核构成的 CONV 层：

假设输入图像的大小是 7×7，也就是 49 个像素，如果采用一个有 10 个单元的全连接层，那这一层需要训练 49×10=490 个权重参数（未考虑偏置项）（图 2-35）。

现在，我们对图像进行宽度为 1 的零填充，得到 9×9 的图像，让我们看看此时采用 3×3 的卷积核有多少权重参数？很明显，对于不同的区域我们共享同一个卷积核，因此只有 9 个参数（图 2-36）！

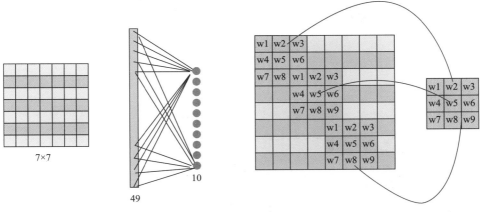

图 2-35　采用 FC 层作为输入层与　　　　　图 2-36　卷积核参数的区域共享
10 个节点的隐藏层连接

由此可见，参数共享机制让 CNN 网络的参数数量大大减少，即我们可以用较少的参数，训练出更好的模型，并且有效地避免过拟合，获得了更好的泛化能力。同时，在 CNN 结构中使用池化操作使模型中的神经元个数大大减少，对输入空间的平移不变性也更具有鲁棒性。

✓ 局部连接

在卷积操作中，每个神经元只与局部的一块区域进行连接。对于二维图像，局部像素关联性较强，这种局部连接保证了训练后的卷积核能够对局部特征有最强的响应，使神经网络可以提取数据的局部特征。

同时，由于使用了局部连接，隐含层的每个神经元仅与部分图像相连（图 2-37），考虑前文提到的例子，对于一幅 100×100 的输入图像而言，下一个隐含层的神经元数量同样为 10,000 个，假设每个神经元只与大小为 10×10 的局部区域相连，那么此时的权重参数量仅为 $10 \times 10 \times 10^4 = 10^6$，相较全连接层 $10^4 \times 10^4 = 10^8$ 减少了 2 个数量级。

✓ 不同层级特征提取

在 CNN 网络中，通常采用多层卷积达到提取不同类型特征的效果。比如：浅层卷积提取的是图像中的边缘等信息；中层卷积提取的是图像中的局部信息；深层卷积提取的则是图像中的全局信息。这样，通过加深网络层数，CNN 就可以有效地学习到图像从细节到全局的所有特征了。对一个简单的 5 层 CNN 进行特征图可视化后的结果如图 2-38 所示。

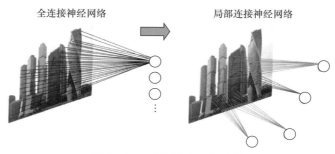

图 2-37　全连接和局部连接

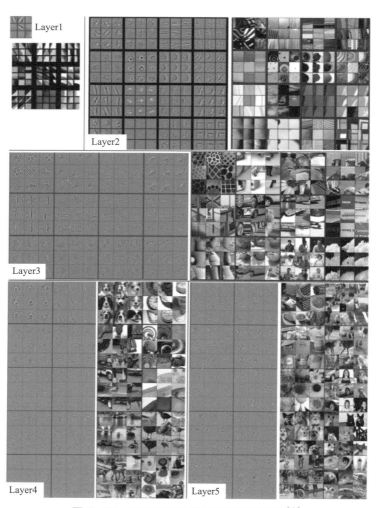

图 2-38　不同层次的卷积特征图可视化[9]

通过图 2-38 可以看到，Layer1 和 Layer2 中，网络学到的基本上是边缘、颜色等底层特征；Layer3 开始变得稍微复杂，学习到的是纹理特征；Layer4 中，学习到了更高维的特征，比如：狗头、鸡脚等；Layer5 则学习到了更加具有辨识性的全局特征。

2.2.3　经典 CNN 网络

卷积神经网络 AlexNet 在图像分类竞赛中取得突破性进展之后，深度学习进入快速发展期，在此后的五六年间，出现了一些经典的卷积神经网络模型，这些模型在建筑工程领域也同样被广泛应用，下面我们对这些模型进行简单的介绍。图 2-39 为卷积神经网络近几年的大致发展轨迹。

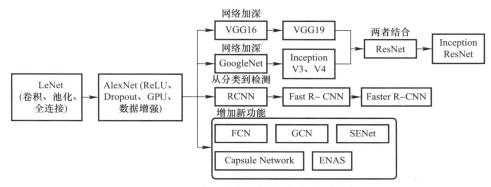

图 2-39　卷积神经网络的大致发展轨迹

1. AlexNet

在 2012 年的 ImageNet 竞赛中，多伦多大学的 Hinton 教授带领的 SuperVision 队伍提出的 CNN 模型以显著优势摘得分类任务和定位任务桂冠，这个模型在同年发表的论文[10]里被正式命名为 AlexNet，来源于论文第一作者的姓名 Alex Krizhevsky。AlexNet 包含 6000 万个参数和 65 万个神经元，是赢得 ImageNet 竞赛的第一个深度神经网络，它的提出受到学术界和工业界广泛关注，堪称深度学习历史上的里程碑事件。自那以后，越来越多的深度神经网络进入人们的视野，深度学习一跃站上人工智能舞台中央。

（1）网络架构

AlexNet 由 5 个卷积层和 3 个线性全连接层构成，如图 2-40 所示。

（2）网络特点

✓ 使用 ReLU 作为激活函数：有效地避免了采用 Sigmoid 和 tanh 等非线性激活函数时通常会出现的梯度消失。并且，线性的 ReLU 减少了网络计算量，使得模型收敛速度相较于采用 Sigmoid 和 tanh 时有所提高。

✓ 引入 Dropout：Dropout 的作用机制是在每次训练中，随机忽略某些层次中的一部分神经元，这些神经元在当前训练中不再参与前向传播和反向传播的计算。这样，每一次训练中的神经元都会以不同的方式相连接，即每次生成的网络结构都不同，可

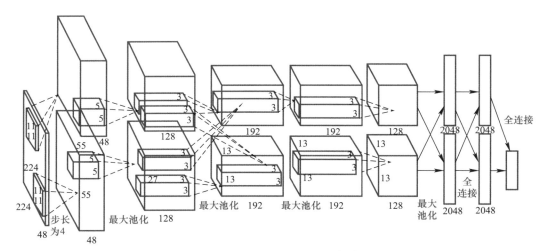

图 2-40　AlexNet 架构图 [10]

以提升模型参数的鲁棒性，有效地防止过拟合。

　　✓ 采用重叠池化：具体做法是在池化时设置池化窗口的移动步长（stride）小于池化窗口的长度，使池化层的输出之间存在重叠，池化层输出的特征更具丰富性。

　　2. VGG

　　VGG 网络源自牛津大学的 Visual Geometry Group，是该小组在 2014 年的 ImageNet 竞赛中所提出的 CNN 模型。VGG 在 AlexNet 的基础上进一步提升了神经网络的深度，层数高达 16 或 19 层，使得网络的计算能力大幅度提升。在图像定位和分类任务等竞赛中，相较于 AlexNet 先前一骑绝尘的 33.5% 和 15.3% 的 Top-5 错误率，VGG 将两种任务中 Top-5 错误率降低到 25.3% 和 7.3%，分别取得了第一名和第二名的成绩。

　　✱ *TIPS*：**Top-5 和 Top-1 错误率**

　　Top-5 和 Top-1 错误率均出自于 ImageNet 竞赛，用于评判分类模型的性能。

　　Top-5 错误率：模型训练前设定了很多类别，模型训练后样本被划分到每个类别都有一定的概率，取概率最大的 5 个类别，即 Top-5，只要有一个是符合样本的类别就算对，反之就算预测失败，用预测失败的样本数量除以样本总数就是 Top-5 错误率。

　　Top-1 错误率：只取概率最大的那 1 个类别，即 Top-1，其他条件同上。

　　（1）网络架构

　　和 AlexNet 相同，VGG 也由卷积层和线性全连接层组成，但总层数高达 16 层或

19 层，分别被称为 VGG16（13 个卷积层 +3 个全连接层）和 VGG19（16 个卷积层 +3 个全连接层）。图 2-41 为 VGG16 的架构示意图。

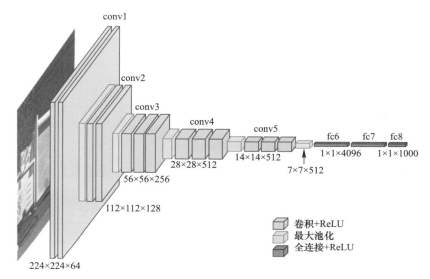

图 2-41　VGG16 架构图[12]

（2）网络特点

✓ 采用更深的网络结构，证实了提升网络深度能够一定程度上增强模型的表征能力。

✓ 采用了更小的卷积核（3×3），代替 AlexNet 中 5×5 的卷积核，减少模型的参数量。

3. GoogLeNet

与 VGG 一样，GoogLeNet 也在 2014 年的 ImageNet 竞赛上首次问世，并以 6.7% 的 Top-5 错误率取得图像分类任务第一名。VGG 和 AlexNet 等模型都是通过增加网络深度来提升模型计算能力以获得更好的训练效果，GoogLeNet 则是从增加网络宽度的角度对 CNN 模型进行改进。

（1）网络架构

GoogLeNet 引入了一种重要的结构——Inception。Inception 是一种网中网结构，让模型的宽度得到拓展。每个 Inception 模块的输入并行地经过四个不同的卷积层，每个卷积层使用不同的滤波器尺寸探索图像，这意味着不同大小的滤波器可以有效地识别同一图片中不同范围的细节。其基本架构如图 2-42 所示。

GoogLeNet 中总计使用了 9 个 Inception 模块，网络层数达到了 22 层，其完整架构如图 2-43 所示。

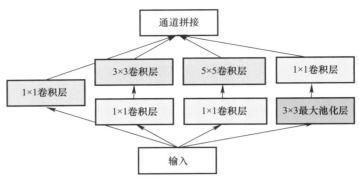

图 2-42　Inception 模块架构图

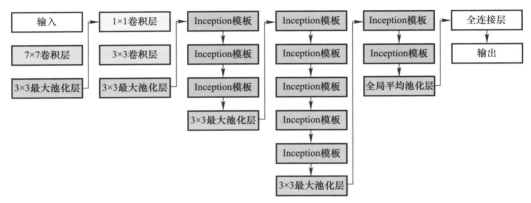

图 2-43　GoogLeNet 架构图

（2）网络特点

✓ 引入 Inception 结构。除了先前所述的特征融合功能，即通过不同大小的滤波器对图像进行不同尺度的感知，Inception 中还穿插了滤波器大小为 1×1 的卷积层，这样能够实现特征通道的降维，减少通道的数目，起到减少计算量的作用。

✓ 采用全局平均池化层（Global Average Pooling）。GoogLeNet 将后面的全连接层全部替换为简单的全局平均池化层，能够有效降低参数数量，并且不会过度丢失特征层的信息。

4. ResNet

VGG 和 GoogLeNet 分别证明了增加网络的深度和宽度能够有效地提升网络的计算能力，能更好地拟合出输入和输出数据潜在的映射关系。但是，实验表明，如果一味地加深网络层数，模型的效果反而会越来越差，如图 2-44 所示。

2015 年，微软实验室的何恺明等推出了 ResNet，在当年的 ImageNet 竞赛中超越其他所有模型，获得图像分类和定位任务的第一名。ResNet 为 Residual Network 的缩写，即残差网络。残差网络模型非常有效地缓解了深层 CNN 模型中可能遇到的梯度消失、梯度爆炸和网络退化的问题，让训练出具有强大表征能力的深层次网络成为可能。

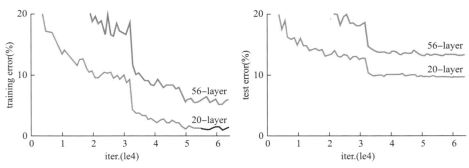

图 2-44　不同网络层数在训练中的训练集误差和测试集误差对比图[14]

> ✳ *TIPS*：网络退化
>
> 　　网络退化：假设已有的最优化网络结构是 18 层。而当我们设计网络结构时，并不知道具体多少层的网络是最优化的。假设我们设计了 34 层的网络结构，那么多出来的 16 层其实是冗余的。这就是随着网络深度增加，导致的网络退化现象。

（1）网络架构

不同于此前大多采用卷积层和全连接层简单堆叠而成的深度神经网络，ResNet 的一个重要思想是跳跃连接（Shortcut Connection）。如图 2-45 所示，跳跃连接类似于电路中的短路现象，人为地让神经网络某些层跳过下一层神经元的连接，隔层相连，直接将输入 x 送到原本的输出 F(x) 上，并与之相加求和。回到 ResNet（残差网络），其中残差指的是观测值与估计值之间的差。图中的 H(x) 就是观测值，x 就是估计值（也就是上一层输出的特征映射），输入数据 x 经过层次后的输出为 F(x)，$F(x) = H(x) - x$，即为残差。

求解加入了 x 的 H(x)，相比起直接求解 F(x) 有哪些优势呢？现在假设，在网络达到某一个深度时已经达到最优状态了，也就是说，此时的错误率最低，再往下加深网络会引发网络退化问题，更新下一层的网络参数就会变得很棘手。

引入跳跃连接的 ResNet 结构，假设当前网络的深度可以使错误率最低。当 ResNet 结构层数增加时，为了保证下一层

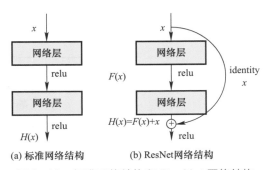

图 2-45　标准网络结构和 ResNet 网络结构对比

的网络状态仍然是最优状态，只需要令 $F(x)=0$，因为 x 是当前输出的最优解，也就是我们希望输出 $H(x)=x$。这样就很好地避免网络的退化问题。

（2）网络特点

使用跳跃连接实现残差单元，有效地缓解了梯度消失、梯度爆炸和网络退化的问题，可以保证深层网络强大的计算能力和有效性。完整的 ResNet 深度可以达到前所未有的 152 层。我们将在第 3 章介绍如何采用 ResNet 解决一个实际工程问题。

2.2.4　采用 CNN 对手写数字进行分类

前面的章节我们已经复现了前馈神经网络，对手写数字 MNIST 数据集成功进行了分类。在学习了卷积神经网络的基本架构与理论知识后，为了加深理解并为后期更深入的学习做铺垫，让我们一起尝试用 PyTorch 构建一个使用卷积神经网络的 MNIST 分类器。

首先，创建一个 note，并导入需要的库。

```
# 0. 导入需要的库
import pandas
import matplotlib.pyplot as plt
import numpy as np
import torch
import torch.nn as nn
from torch.utils.data import Dataset, DataLoader
import torchvision
```

1. 加载数据集

第 2.1 节中，我们采用读取文件的方式载入了 100 条 MNIST 数据。本节中，为了进一步学习采用 PyTorch 实现神经网络并进行训练，我们将加载完整的 MNIST 数据集，同时使之满足 PyTorch 神经网络对输入的要求。在这里，我们采用两种方法进行数据集的加载：实例化一个 torchvision.datasets.MNIST 对象，它会直接从官网上下载数据集并加载；自定义一个继承 torch.utils.data.Dataset 的数据集类，读取 csv 文件获得数据。

第一种方法是从官网上下载数据集、解压并加载。其中，root 参数代表数据集存放的根目录，train 参数为 True 表示获取训练集，为 False 表示获取测试集。Transform 参数表示对数据集的变换操作，在这里我们采用 ToTensor() 函数将数据转换成 torch. Tensor 类型，以便输入 PyTorch 神经网络。download 参数表示从官网上下载数据集的压缩包。如果 root 目录下已经存在我们所需要的压缩包文件，就不再重复下载。

```
# 方法一: 从官网上下载数据集
train_dataset = torchvision.datasets.MNIST(
    root='./data',
    train=True,
    transform=torchvision.transforms.ToTensor(),
    download=True
)
test_dataset = torchvision.datasets.MNIST(
    root='./data',
    train=False,
    transform=torchvision.transforms.ToTensor(),
    download=True
)
```

第二种方法是通过继承 Dataset 类来实现。实现这个数据集类的基础是读取出 csv 文件，读者可从 2.1.3 节的链接中得到 MNIST 训练集和测试集的 csv 文件。我们采用 pandas.read_csv() 函数来完成 csv 文件的读取。数据集实际上是一个可迭代对象，我们可以通过定义 __getitem__() 函数实现获取某一下标的元素，具体实现代码如下。其中，在获取元素时，除了得到标签，即手写数字图像对应的真实数字和图像本身的灰度像素值以外，我们还额外返回了标签对应的独热（one hot）编码向量 target。独热编码又称为一位有效编码，它是一个长度为标签总数量的向量，每个标签对应其中的一位且被置为 1，其余位为 0。这样，我们在训练的时候就可以直接用这个独热编码向量和网络的输出计算损失函数值，十分便捷。我们在后面的代码中使用的训练集和测试集都是通过实例化这个数据集类得到的。

```
# 方法二: 自定义 Dataset 类
class MnistDataset(Dataset):
    def __init__(self, csv_file):
        # 读取 csv 文件
        self.data_df = pandas.read_csv(csv_file, header=None)

    def __len__(self):
        # 获取数据集的大小
        return len(self.data_df)

    def __getitem__(self, index):
        # 获取下标为 index 的数据
        label = self.data_df.iloc[index,0]   # label: 图像对应的 0~9 之间的真实
```

```
                                                    数字
target = torch.zeros((10))          # target: label 对应的 one-hot 编码
target[label] = 1.0
# 将图像从 0-255 归一化到 (0, 1)
image_values = torch.FloatTensor(
    self.data_df.iloc[index,1:].values) / 255.0

return label, image_values, target
```

```
# 实例化，获得数据集
train_dataset = MnistDataset('./data/mnist_train.csv')
test_dataset = MnistDataset('./data/mnist_test.csv')
```

在 2.1.2 节中，我们说明了神经网络通常将数据集划分为若干个批量，以批量为单位将数据输入网络进行训练。torch.utils.data.DataLoader 是 Pytorch 中用来处理模型输入数据的一个工具类，能够帮助我们自动完成对数据集采样、形成批量的过程。将数据集和对应的批量大小 batch_size 作为参数传给 DataLoader，每次从 DataLoader 中取出一个批量的数据进行训练即可。

```
train_loader = DataLoader(train_dataset, batch_size=16)

iter(train_loader).next()
```

用 iter() 将 loader 转换为迭代器，然后通过 next() 取出迭代器中的第一个对象，输出结果如图 2-46 所示。可以发现，DataLoader 将一个批量中每条数据的 label、image_values、target 分别组合成一个张量，装进一个列表里。在后续的训练中可以通过 for 循环，从 loader 中取出一个批量的 label、image_values、target，输入网络进行训练。

2. CNN 分类器

现在我们需要思考如何用卷积核来代替全连接层。要解决的第一个问题是，卷积过滤器需要在二维图像上工作，而现在输入网络的是一个简单的一维像素值列表。一个简单而快捷的解决方案是，将 image_data_tensor 变形为（28，28）。实际上，因为 PyTorch 的卷积核的输入张量有四个元素（批处理大小、通道、高度、宽度），因此我们要输入四维张量。在训练中，我们可以在数据输入神经网络前通过 view(-1, 1, 28, 28) 函数改变数据的形状。其中，设为 -1 的维度表示根据数据形状自动确定对应维度的大小。

```
1    next(iter(train_loader))
✓   0.5s
```

```
[tensor([5, 0, 4, 1, 9, 2, 1, 3, 1, 4, 3, 5, 3, 6, 1, 7]),
 tensor([[0., 0., 0.,  ..., 0., 0., 0.],
         [0., 0., 0.,  ..., 0., 0., 0.],
         [0., 0., 0.,  ..., 0., 0., 0.],
         ...,
         [0., 0., 0.,  ..., 0., 0., 0.],
         [0., 0., 0.,  ..., 0., 0., 0.],
         [0., 0., 0.,  ..., 0., 0., 0.]]),
 tensor([[0., 0., 0., 0., 0., 1., 0., 0., 0., 0.],
         [1., 0., 0., 0., 0., 0., 0., 0., 0., 0.],
         [0., 0., 0., 1., 0., 0., 0., 0., 0., 0.],
         [0., 1., 0., 0., 0., 0., 0., 0., 0., 0.],
         [0., 0., 0., 0., 0., 0., 0., 0., 0., 1.],
         [0., 0., 1., 0., 0., 0., 0., 0., 0., 0.],
         [0., 1., 0., 0., 0., 0., 0., 0., 0., 0.],
         [0., 0., 0., 1., 0., 0., 0., 0., 0., 0.],
         [0., 1., 0., 0., 0., 0., 0., 0., 0., 0.],
         [0., 0., 0., 0., 1., 0., 0., 0., 0., 0.],
         [0., 0., 0., 1., 0., 0., 0., 0., 0., 0.],
         [0., 0., 0., 0., 0., 1., 0., 0., 0., 0.],
         [0., 0., 0., 1., 0., 0., 0., 0., 0., 0.],
         [0., 0., 0., 0., 0., 0., 1., 0., 0., 0.],
         [0., 1., 0., 0., 0., 0., 0., 0., 0., 0.],
         [0., 0., 0., 0., 0., 0., 0., 1., 0., 0.]])]
```

图 2-46　查看一个批量的数据

在下面的代码中，我们通过继承 torch.nn.Module 实现了 CNN 分类器。torch.nn.Module 是所有神经网络模块的基类，一个 Module 中可以包含其他的 Module。Module 类中包含网络各层的定义及 forward() 方法，其中 forward() 方法定义了网络的前向传播过程。我们想要利用 PyTorch 搭建自己的神经网络，需要继承 Module 类，把网络中具有可学习参数的层放在构造函数 __init__() 中，并实现 forward() 方法。

```python
# CNN 实现的手写数字分类器
class Classifier(nn.Module):
    def __init__(self):
        super().__init__()
        # 网络架构
        self.model = nn.Sequential(
            # 输入大小：1 x 28 x 28
```

```
            nn.Conv2d( 1, 16, kernel_size=5, stride=1, padding=2),
            # 卷积层输出大小: 16 x 28 x 28
            nn.ReLU(),
            nn.MaxPool2d(kernel_size=2),
            # 池化层输出大小: 16 x 14 x 14

            nn.Conv2d(16, 32, kernel_size=5, stride=1, padding=2),
            # 卷积层输出大小: 32 x 14 x 14
            nn.ReLU(),
            nn.MaxPool2d(kernel_size=2),
            # 池化层输出大小: 32 x 7 x 7

            nn.Flatten(),
            nn.Linear(32 * 7 * 7, 10),
            nn.Sigmoid()
        )

    def forward(self, inputs):
        # 网络的前向传播，将数据输入 model，获得输出结果
        return self.model(inputs)
```

　　该神经网络的第 1 个元素是卷积层 nn.Conv2d。其中，第 1 个参数是输入通道数，对于单色图像是 1；第 2 个参数是输出通道的数量。在上面的代码中，我们创建了 10 个卷积核，从而生成 10 个特征图。第 3 个参数 kernel_size 是卷积核的大小，将卷积核尺寸设置为 5×5。第四个参数 stride 为步长，设置步长为 1，最后将 padding 设为 2。

　　MNIST 图像的大小为 28×28，卷积核的大小为 5×5，步长为 1，padding 为 2，输出的特征图的大小为 $\dfrac{28+2\times2-5}{1}+1=28$，28×28 像素。

　　与之前一样，对于每一层的输出，我们需要一个非线性激活函数。在这里我们使用 ReLU。

　　接下来，采用窗口大小为 2 的最大池化层对结果进行下采样，这样特征图的大小就变成了 14×14。

　　第二个卷积层的代码与第一个卷积层类似。我们使用 32 个 5×5 的卷积核，步长为 1，padding 为 2，对特征图进行卷积操作，输出的特征图仍保持大小不变。同样的，我们对输出结果采用 ReLU 函数进行激活，并进行窗口大小为 2 的最大池化操作，得到 32 个 7×7 的特征图。

　　在网络的最后一个部分，首先将之前的前向传播大小为（32, 7, 7）的数据通过

2.2.2 小节中所提及的 nn.Flatten() 展平，将特征图转换成包含 $32 \times 7 \times 7 = 1568$ 个值的一维列表。最后，采用一个全连接层把这 1568 个值映射到 10 个输出节点，每个节点都用一个 S 型激活函数。之所以需 10 个输出节点，是因需将图像分类结果对应到 10 个数字中的某一个。

CNN 分类器架构图如图 2-47 所示。

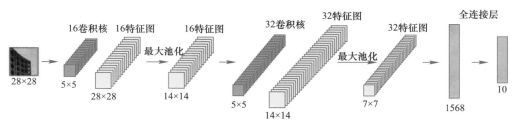

图 2-47　CNN 分类器架构图

3. 训练网络

完成 CNN 分类器架构定义并重写了前向传播方法后，我们还需对网络的训练过程进行定义。在开始训练之前，将分类器模型实例化，并采用 MSELoss 作为损失函数、SGD 作为优化器。此外，我们还定义了一个用于记录迭代次数的计数器 counter 和用于记录训练进程中的损失值的列表 progress。

```
# 实例化模型
C = Classifier()
# 损失函数
loss_function = nn.MSELoss()
# 优化器
optimizer = torch.optim.SGD(C.parameters(), lr=0.01)
# 迭代次数计数器
counter = 0
# 记录 loss
progress = []
```

根据反向传播算法的步骤对分类器模型训练 20 轮（epoch）。首先，将数据输入模型中进行前向传播，得到输出结果 output。根据对网络架构的定义，output 是一个长度为 10 的张量，每个元素对应了神经网络认为输入图片是对应数字的概率。然后，将预测值 output 和独热编码的真实值 target 共同输入损失函数中计算损失值 loss。最后，将损失值反向传播，更新模型参数。

```
# 训练 20 epoches
for i in range(20):
    for label, image_data_tensor, target in train_loader:
        # (1) 前向传播，获取输出结果
        output = C(image_data_tensor.view(-1, 1, 28, 28).to(device))
        # (2) 根据输出结果和真实值计算损失
        loss = loss_function(output, target.to(device))
        loss_tmp += loss.mean().item()
        # 更新计数器，判断是否记录损失值
        counter += 1
        if counter % 500 == 0:
            progress.append(loss_tmp / 500)
            loss_tmp = 0
        # (3) 反向传播，更新参数
        optimizer.zero_grad()
        loss.backward()
        optimizer.step()
    print('epoch = {}, counter = {}'.format(i+1, counter))
```

4. 可视化损失值

为了更直观地得到损失值的变化，我们定义一个绘图函数 plot_progress，采用 matplotlib.pyplot 绘制损失值的变化曲线图。

```
# 可视化损失值
def plot_progress(data, interval):
    plt.figure(figsize=(9, 4))
    plt.plot(np.arange(1, len(data) + 1), data, label='loss')
    # 显示五个横坐标点
    plt.xticks(np.arange(0, len(data)+1, len(data)/5), np.arange(0, len(data)+1,
len(data)/5, dtype=int) * interval)
    plt.legend()
    plt.show()


plot_progress(progress, 500)
```

运行上述代码，可以得到 CNN 分类器的损失值变化如图 2-48 所示。我们采用了随机梯度下降进行优化，因此损失值会出现一定波动，但总体上看来，损失值迅速下降并接近 0，这符合我们的期望。

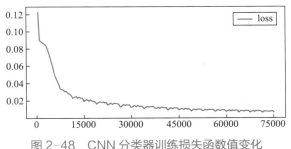

图 2-48　CNN 分类器训练损失函数值变化

5. 测试网络

在网络训练完毕后，通过下面的代码，利用测试集对网络的泛化能力进行测试。其中，对前向传播获取到的输出用 detach() 方法对神经网络的反向传播进行截断，表明获得的输出结果不需要计算梯度，然后采用 argmax() 方法得到结果最大的节点对应的下标，这便是网络的预测结果，我们可通过汇总预测正确的次数以计算出准确率。

```python
# 测试网络效果
scores= 0
for label, image_data_tensor, target in test_dataset:
    answer = C(image_data_tensor.view(1, 1, 28, 28)).detach()
    if (answer.argmax() == label):          # 输出值最大的节点即为预测结果
        scores += 1                          # 预测结果正确 -> 分数 + 1

print(scores / len(test_dataset))            # 准确率计算，输出：0.9802
```

在这个简单的 CNN 分类器模型上，仅通过 10 轮训练便获得了高达 98% 的准确率，这体现出 CNN 在图像分类领域的优势和应用价值！CNN 分类器的完整代码可参考附录或扫描二维码下载。

代码下载

2.3　生成对抗网络（GAN）

生成对抗网络（Generative Adversarial Network, GAN）是神经网络领域的新星，被誉为"机器学习领域近 20 年来最酷的想法"。本节向读者介绍了如何采用生成对抗网络以生成手写数字，并且通过简单的代码向读者展示如何使用 PyTorch 编写、改良 GAN 神经网络，以及生成高质量图像的卷积 GAN、条件式 GAN 等。

2.3.1 GAN 的初步认识

2018 年 10 月，佳士得（Christies）拍卖行以 43.25 万美元的价格卖出了一幅画作。令人惊讶的是，这幅画作的作者不是人，而是一个神经网络。该神经网络是由一种基于博弈论训练的网络，所以我们又称该架构为生成对抗网络。

相比于传统神经网络数十年的研究和积累，GAN 是一个很新的网络，在 2014 年由伊恩·古德费洛（Ian Goodfellow）提出，并在业界受到了广泛的关注，引用和扩展 GAN 的工作层出不穷。GAN 要解决的问题是如何从训练样本中学习出新样本，训练样本是什么，输出就生成什么。训练后的 GAN 打破了传统神经网络架构的局限性，能自主生成全新的数据，而不仅仅是只对输入数据进行类别或数值预测，应用潜力巨大。

1. GAN 的概念

在探索 GAN 之前，我们先设定一个应用场景。

一个名画伪造者想伪造一幅达·芬奇的画作。开始时，他技术不精，将自己的一些赝品和达·芬奇的作品混在一起，请艺术商人对每一幅画进行鉴别，并告诉他哪些看起来像真迹、哪些看起来不像真迹。

伪造者根据艺术商人的反馈，不断改进自己的赝品。同时，随着伪造者的技艺越来越高，艺术商人鉴别赝品的能力也越来越强。最后，在双方的不断博弈下，他们手上就拥有了一些非常逼真的赝品。

这就是 GAN 的基本原理。这里有两个角色，一个是伪造者，一个是鉴别者。他们训练的目的都是打败对方并提高自身能力。因此，从 GAN 网络的角度看，是一种对抗训练。

2. 对抗训练

图 2-49 是一个神经网络，可以学习分类一幅图像是不是房子。

如果网络的输入是房子的图像，输出值应该是 1，对应真（true）；如果图像不是房子，输出值应该是 0，对应伪（false）。

接着，我们加大任务难度。改动之前，分类器试图区分一幅图像是不是一幅房子的图像；改动之后，分类器可以区分一幅图像是真实的房子还是卡通房子（图 2-50）。

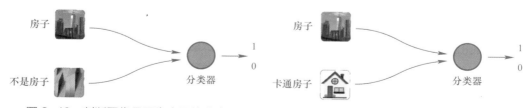

图 2-49　判断图像是否为房子的分类器　　　图 2-50　鉴别图像是否为真实房子的分类器

我们可以把分类器想象成一个侦探。在训练之前，侦探无法很好地分辨真房子和假房子。随着训练的进行，侦探的判别能力越来越强，甚至能将卡通房子与真房子区分开来。

接着，我们不再用一些现有的假的图像，而用一个能生成假图像的网络组件来生成"假"房子。要生成杂乱无章的、看起来一点也不像房子的图像并不难，比方说，我们可以随意画一些简单的图形，这时分类器的甄别工作也同样轻松（图 2-51）。

注意，关键的步骤来了！

现在，假设我们用一个被训练用于生成图像的神经网络，取代之前只能生成低质量图像的组件，我们称它为生成器（generator）。同时，我们把分类器称为鉴别器（discriminator）（图 2-52），这也是它们在 GAN 架构中通用的命名。

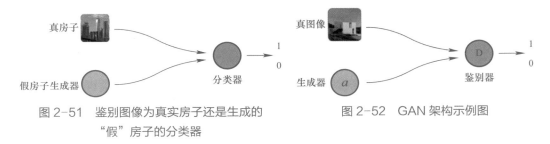

图 2-51　鉴别图像为真实房子还是生成的　　　图 2-52　GAN 架构示例图
"假"房子的分类器

让我们思考一下该如何训练生成器？如何使生成的图像越来越像真图像？

训练的关键在于，我们希望奖励哪些行为，惩罚哪些行为。这也正是损失函数的作用。如果图像通过了鉴别器的检验，我们奖励生成器。如果伪造的图像被识破，我们惩罚生成器。

鉴别器的作用是把真实的图像和生成的图像区分开。如果生成器的表现不佳，区分工作就很容易。通过训练生成器，它的表现应该越来越好，并生成越来越逼真的图像。

随着训练的进行，鉴别器的表现越来越好，生成器也必须不断进步，才能骗过更好的鉴别器。最终，生成器也变得非常出色，可以生成足以以假乱真的图像。

鉴别器和生成器是竞争对手（adversary）关系，双方都试图超越、打败对方，并在这个过程中逐步提高。我们称这种架构为生成对抗网络（GAN）。这个设计非常巧妙！它不仅利用竞争来驱动进步，同时我们也不需要定义具体的规则来编码到损失函数中的真实图像；相反，我们让 GAN 自己来学习什么是真正的图像。

这也说明为什么世界顶尖机器学习专家之一的杨立昆，称 GAN 为"机器学习领域近 20 年来最酷的想法"。

3. GAN 训练

在 GAN 的架构中，生成器和鉴别器都需要训练。我们不希望先用所有的训练数据训练其中任何一方，再训练另一方。我们希望它们能一起学习、一起优化，任何一方都不应该超过另一方太多，在动态博弈中达到平衡状态。

下面的三步训练循环是实现这一目标的一种方法，也是大多数 GAN 训练方案的核心。

✓ 第 1 步——向鉴别器展示一个真实的数据样本，告诉它该样本的分类应该是1.0，并用损失来更新鉴别器，如图 2-53 所示。

✓ 第 2 步——向鉴别器显示一个生成器的输出，告诉它该样本的分类应该是 0.0，如图 2-54 所示。我们必须注意只用损失来更新鉴别器，不更新生成器。因为我们不希望它因为被鉴别器识破而受到奖励。稍后，在编写 GAN 的代码时，我们将看到具体如何防止更新回到生成器。

✓ 第 3 步——向鉴别器显示一个生成器的输出，鉴别器的预期输出应该是 1.0，如图 2-55 所示。我们希望生成器能成功骗过鉴别器，让它误以为图像是真实的，而不是生成的。在这步中，我们只用结果的损失来更新生成器，而不更新鉴别器。因为我们不希望因为错误分类而奖励鉴别器。在编码时，这也很容易做到。

图 2-53　用真实数据和期望输出值 1.0 训练鉴别器

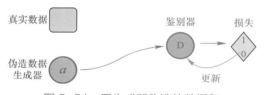

图 2-54　用生成器伪造的数据和期望输出值 0.0 训练鉴别器

图 2-55　采用伪造数据、预期输出 1.0 训练生成器

这些步骤看起来好像很复杂，但是，我们在之后的实践中会发现，它们非常容易通过编码实现。

然而，成功地设计和训练 GAN 并不容易。因为 GAN 的概念还很新，其工作原理以及训练失败的基本理论尚未成熟。但正因为我们正在做最前沿的工作，所以任何人都有机会有新的发现和突破，让我们不畏困难、一起努力吧！

2.3.2　采用 GAN 生成手写数字

我们从架构图入手，构建一个 GAN。真实图像由我们在第 2.2 节中使用过的 MNIST 数据集提供。生成器的任务是生成相同大小的手写数字图像。随着训练的进行，我们希望生成的图像越来越真实，并可以骗过鉴别器。首先，让我们创建一个新的 Note 并导入所需的库。

```
# 0. 导入需要的库
import torch
import random
import torch.nn as nn
import pandas
import matplotlib.pyplot as plt
import numpy as np
from torch.utils.data import Dataset
```

1. 数据类

使用之前创建的 MnistDataset 类加载数据集，对于数据集中的每个样本，我们将获得一个代表实际数字的标签、一个归一化的图像像素值张量，以及一个独热目标张量。另外，我们为 MnistDataset 类添加一个 plot_image 方法，它将对数据集中的图像进行可视化。可以通过绘制样本图像，测试 Dataset 类是否可以正常工作。

```
class MnistDataset(Dataset):
    """
    省略先前定义的内容
    """
    def plot_image(self, index):
        # 绘制下标为 index 的样本的图像
        img = self.data_df.iloc[index,1:].values.reshape(28,28)
        plt.title("label = " + str(self.data_df.iloc[index,0]))
        plt.imshow(img, interpolation='none', cmap='Blues')
```

```
# 1. 加载数据集，并查看是否正常工作
mnist_dataset = MnistDataset('mnist_train.csv')
mnist_dataset.plot_image(0)
```

如图 2-56 所示，我们成功绘制了数据集中第一个样本的图像，它的标签是 5。下面让我们开始用 PyTorch 搭建生成对抗网络模型吧！

2. MNIST 鉴别器

先编辑鉴别器，GAN 里面的鉴别器其实也是一个分类器。跟之前一样，它是一个继承自 nn.Module 的神经网

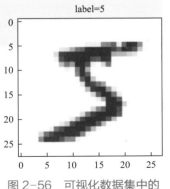

图 2-56　可视化数据集中的
第一个样本结果

络。我们按照 PyTorch 所需要的方式初始化网络，并创建一个 forward() 函数。以下是鉴别器的构造函数。

```
# 2. 鉴别器
class Discriminator(nn.Module):
    def __init__(self):
        super().__init__()
        self.model = nn.Sequential(
            nn.Linear(784,200),
            nn.Sigmoid(),
            nn.Linear(200,1),
            nn.Sigmoid()
        )

    def forward(self, inputs):
        return self.model(inputs)
```

网络本身很简单。它在输入层有 784 个节点，因为输入是由 $28 \times 28 = 784$ 个像素组成的。在最后一层，其输出是单个值。当该值为 1 表示为真，该值为 0 则表示为伪。隐藏的中间层有 200 个节点，我们采用 nn.Sequential 将这些网络层按顺序堆叠起来。

3. 测试鉴别器

在任何机器学习架构中，对重要组件的测试都很有必要。在构建生成器之前，我们先测试鉴别器，确保它至少能将真实图像与随机噪声区分开。定义一个生成随机噪声的函数 generate_random()，它将生成指定尺寸的 0~1 之间的随机数张量。

```
def generate_random(size):
    random_data = torch.rand(size)
    return random_data
```

和之前一样，我们需要定义损失函数和优化器，在这里我们采用 MSELoss 损失函数和 SGD 优化器，同时也创建 counter 和 progress 用于记录和输出训练进程。以下为测试鉴别器的代码。对于训练集中的真实图像，奖励鉴别器将训练数据判别为真，也就是目标输出 1.0。对于每个生成数据样本，使用 generate_random(784) 生成一幅由随机像素值组成的反例图像。我们训练鉴别器识别这些伪造数据，目标输出为 0.0。

```
# 3. 测试鉴别器
D = Discriminator()                                    # 实例化模型
```

```
loss_function = nn.MSELoss()                              # 损失函数
optimizer = torch.optim.SGD(D.parameters(), lr=0.01)     # 优化器
counter = 0
progress = []


for label, image_data_tensor, target in train_dataset:
    # 用真实数据、标签 1.0 训练鉴别器
    output = D(image_data_tensor)
    real_loss = loss_function(output, torch.FloatTensor([1.0]))

    # 用随机数据、标签 0.0 训练鉴别器
    output = D(generate_random(784))
    fake_loss = loss_function(output, torch.FloatTensor([0.0]))

    # 反向传播，更新参数
    loss = real_loss + fake_loss
    optimizer.zero_grad()
    loss.backward()
    optimizer.step()


    counter += 1
    if counter % 500 == 0:
        progress.append(real_loss.item() + fake_loss.item())
    if counter % 10000 == 0:
        print('counter = ', counter)
```

训练过程中的损失值变化如图 2-57 所示，损失值下降并一直保持接近 0 的值，符合我们的预期。

4. MNIST 生成器

下面我们开始搭建生成器网络。我们希望它的输出能骗过鉴别器，生成跟 MNIST 数

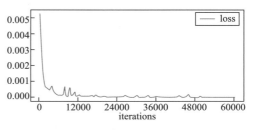

图 2-57　鉴别器损失值变化

据集中图像格式相同的、包含 28×28=784 像素的图像，这意味着输出层需要有 784 个节点。

生成器的隐藏层不需要局限于一个特定的大小，不过这个大小应该满足学习的需要，同时，需要配合鉴别器的学习速度。基于这些考量，许多人从反转鉴别器的构造

入手来设计生成器。

反转后的网络的输出层有 784 个节点，隐含层有 200 个节点，输入层有 1 个节点，如图 2-58 所示，生成器所输出的 784 个像素值正是鉴别器所期待的输入。

我们知道，对于给定的输入，一个神经网络的输出是不变的。然而，我们希望神

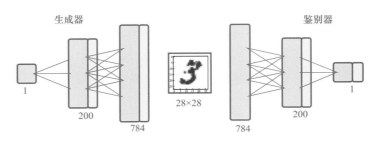

图 2-58　通过反转鉴别器得到生成器架构

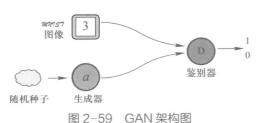

图 2-59　GAN 架构图

经网络每次输出不同的、代表训练数据中所有数字的图像。例如，我们希望它生成的图像看起来像 1、5、4、9 等。为了实现这一设想，我们需要改变生成器的输入，在每个训练循环中，将一个随机值输入生成器。更新架构图，加入这个随机种子（random seed）（图 2-59）。

以下是生成器的代码。

```
# 4. 生成器
class Generator(nn.Module):
    def __init__(self):
        super().__init__()
        self.model = nn.Sequential(
            nn.Linear(1, 200),
            nn.Sigmoid(),
            nn.Linear(200, 784),
            nn.Sigmoid()
        )

    def forward(self, inputs):
        return self.model(inputs)
```

5. 检查生成器输出

在正式训练 GAN 之前，需要检查生成器的输出格式是否正确。我们创建一个新的

生成器对象，并输入一个随机种子，得到一个输出张量。可以通过 output.shape 来确认该张量有 784 个值。作为一幅图像，我们可以看到它是相当无规律的（图 2-60）。这也符合我们的预期，因为这时生成器还没有经过训练。

```
# 5. 测试生成器
G = Generator()
# 绘制 6 张结果图
f, axarr = plt.subplots(2,3,figsize=(16,8))
for i in range(2):
    for j in range(3):
        outputs = G(generate_random(1))
        img = outputs.detach().numpy().reshape(28,28)
        axarr[i,j].imshow(img,interpolation='None',cmap='Blues')
print(output.shape)        # torch.Size([784])
plt.show()
```

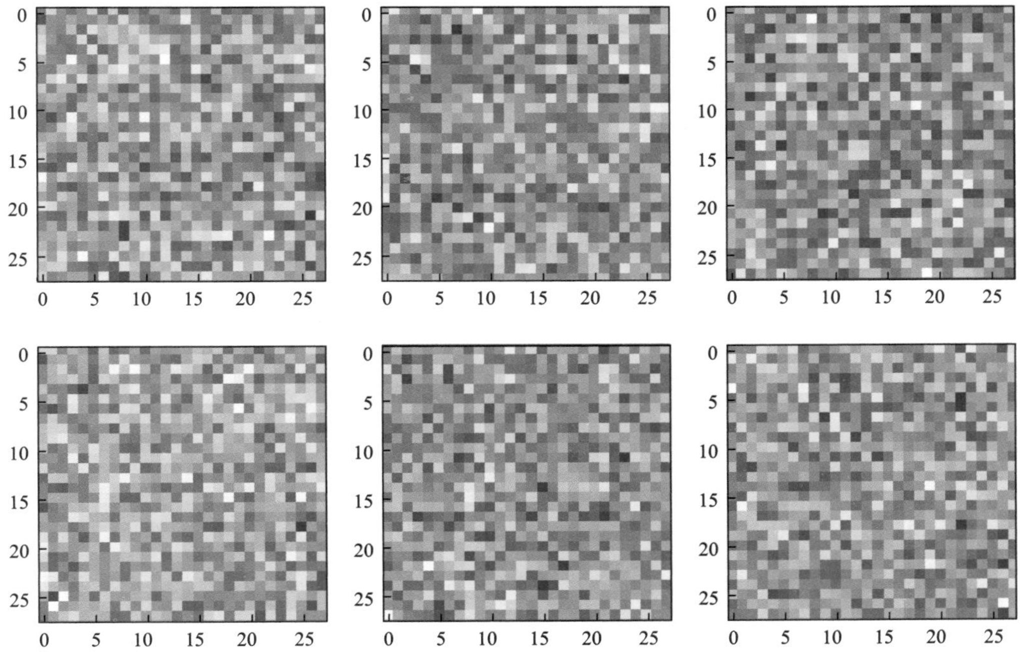

图 2-60 生成器的输出（0 epoch）

6. 训练 GAN

让我们先看一下训练 GAN 的代码。从代码中可以看出，生成器类和鉴别器类的定义最明显的区别在于神经网络层的定义。

```python
# 6. 训练 GAN
D = Discriminator()
G = Generator()
loss_function = torch.nn.BCELoss()
optimizer_D = torch.optim.Adam(D.parameters())
optimizer_G = torch.optim.Adam(G.parameters())
progress_D = []
progress_G = []
epoches = 10

for i in range(epoches):
    counter = 0
    for label, real_data, target in train_dataset:
        # (1) 用真实数据、1.0 训练鉴别器
        output = D(real_data)
        loss_D_real = loss_function(output, torch.FloatTensor([1.0]))
        optimizer_D.zero_grad()
        loss_D_real.backward()
        optimizer_D.step()

        # (2) 用生成数据、0.0 训练鉴别器
        output = D(G(generate_random(100)).detach())
        loss_D_fake = loss_function(output, torch.FloatTensor([0.0]))
        optimizer_D.zero_grad()
        loss_D_fake.backward()
        optimizer_D.step()

        # (3) 训练生成器
        output = D(G(generate_random(100)))
        loss_G = loss_function(output, torch.FloatTensor([1.0]))
        optimizer_G.zero_grad()
        loss_G.backward()
        optimizer_G.step()

        counter += 1
        # 保存 loss，输出训练进度
        if counter % 500 == 0:
            progress_D.append(loss_D_fake.item() + loss_D_real.item())
            progress_G.append(loss_G.item())
```

```
if counter % 10000 == 0:
    print('epoch = {}, counter = {}'.format(i+1, counter))
```

首先，我们创建了新的鉴别器和生成器对象。接着，运行训练循环 1 次。每次循环都重复训练 GAN 的 3 个步骤。

第 1 步，用真实的数据训练鉴别器。

第 2 步，使用一组生成数据来训练鉴别器。对于生成器输出，detach() 的作用是将其从计算图中分离出来。通常，对鉴别器损失直接调用 backwards() 函数会计算整个计算图路径的所有误差梯度。这个路径从鉴别器损失开始，经过鉴别器，最后返回生成器。但我们只希望训练鉴别器，这么做可以明显地节省大网络的计算成本，因此不需要计算生成器的梯度。生成器的 detach() 可以在该点切断计算图。图 2-61 更直观地解释了这一点。

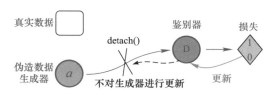

图 2-61　使用 detach() 函数切断生成器梯度传播

第 3 步，输入鉴别器对象和单数值 1.0 训练生成器。生成器的训练与鉴别器的训练稍有不同。对于鉴别器，我们知道目标输出是什么。而对于生成器，我们不知道目标输出，但我们训练生成器的目标很明确：生成能够骗过鉴别器的图片。这意味着生成器所生成的图片在经过鉴别器后的输出，需要最大限度地接近真实标签。因此，我们将根据鉴别器的损失值计算的误差梯度来更新生成器。这里没有使用 detach()，是因为我们希望误差梯度从鉴别器损失传回生成器。生成器的 train() 函数只更新生成器的链接权重，因此我们不需要防止鉴别器被更新。

完成训练需要几分钟的时间。让我们查看一个轮次的训练后所得到的鉴别器和生成器的损失图（图 2-62）。

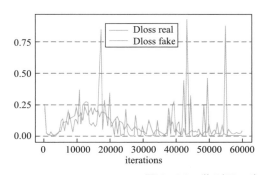
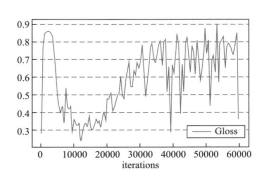

图 2-62　鉴别器、生成器损失图（1 epoch）

　　首先观察鉴别器的损失图，我们分别绘制了鉴别器对于真实数据和生成数据的损失值。可以看到，对于两种数据输入，损失值都先下降到 0，并在一段时间内保持在较低水平，表明鉴别器领先于生成器。接着，损失值上升到 0.25 左右的位置，这表明鉴别器和生成器旗鼓相当。不过，鉴别器随后再次发力，损失值下降并趋近于 0，表明该生成器没能学会骗过鉴别器。

　　对比观察生成器损失图。起初，鉴别器能够正确识别生成的图像，这是损失值偏高的原因。接着，生成器和鉴别器达到一定平衡，损失值下降到 0.25 上方并保持一段时间。随着训练的继续，鉴别器再次超过生成器，生成器损失值再度升高。

　　此时，我们查看生成器生成的图像（图 2-63），可以发现生成的图像不是随机噪声，而是有某种形状。生成器最终能否学会生成手写数字呢？让我们继续运行代码，再训练 9 个轮次。

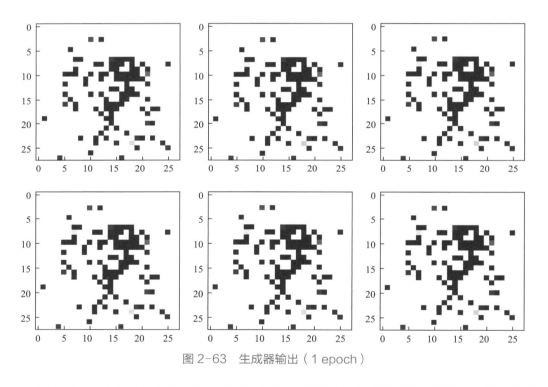

图 2-63　生成器输出（1 epoch）

　　完成总共 10 个轮次的训练后，再次查看生成器输出的多幅图像（图 2-64），它们与真实的手写数字图像很像！然而，不难发现，这些图像显示的内容几乎都是相同的，像是在显示着同一个数字 9。

　　即使图中显示的数字并不完美，但生成器却已经学会了创建类似的图像，我们用相对简单的代码实现了一个重要的工作！此部分完整代码可参考附录或扫描二维码下载。

代码下载

7. 改良 GAN

刚刚看到的现象，在 GAN 训练中非常常见，称为模式崩溃（mode collapse）。在 MNIST 的案例中，我们希望生成器能够创建代表所有 10 个数字的图像。当模式崩溃发生时，生成器只能生成 10 个数字中的一个或部分，无法达到要求（图 2-65）。

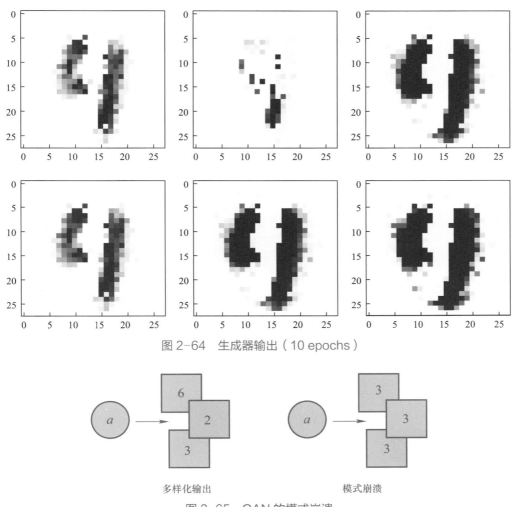

图 2-64　生成器输出（10 epochs）

图 2-65　GAN 的模式崩溃

发生模式崩溃的原因还在分析研究中，许多相关的研究正在进行。下面的一些方法可以用来提高鉴别器对生成器反馈的质量。

（1）使用二元交叉熵 BCELoss() 代替损失函数中的均方误差 MSELoss()。在神经网络执行分类任务时，二元交叉熵更适用。相比于均方误差，它更大程度地奖励正确的分类结果，同时惩罚错误的结果。

（2）将神经网络中的信号采用 LayerNorm() 进行归一化，以确保它们的均值为 0。同时，归一化也可以有效地限制信号的方差，避免较大值引起的网络饱和。

（3）使用 Adam 优化器代替 SGD 优化器，并同时用于鉴别器和生成器。

（4）在生成过程的起始点提供更多的输入种子，且都是随机值。

（5）根据鉴别器和生成器的特点，输入不同的随机种子。对 MNIST 数据集来说，目前的测试是将鉴别器的性能与随机判断进行对比，输入鉴别器的随机值需要在 0～1 的范围内均匀抽取，对应真实数据集中图像像素的范围；输入生成器的随机值不需要符合 0～1 的范围，从一个平均值为 0、方差为 1 的正态分布中抽取种子更加合理。

我们根据上述的方法对程序进行改进，选用 BCELoss 替代 MSELoss，Adam 代替 SGD 优化器。然后我们对神经网络进行修改，换用 LeakyReLU 作为激活函数，并在激活函数前使用 LayerNorm 对数据进行归一化，让数据尽可能集中在激活函数的敏感区域。同时，我们将生成器输入的随机噪声改为 100 个，并修改生成随机噪声的函数，换用 torch.randn() 函数，它将生成符合均值为 0 的标准正态分布的随机数。经过 10 轮的训练，生成器的生成结果如图 2-66 所示，它成功地生成了多种数字！

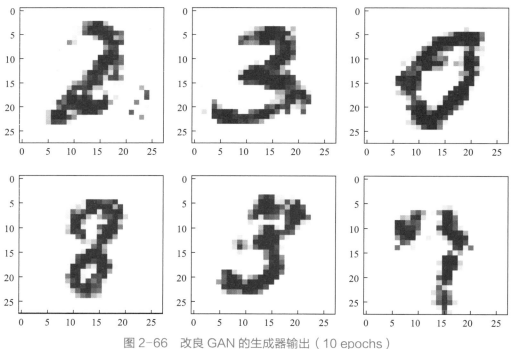

图 2-66　改良 GAN 的生成器输出（10 epochs）

改良 GAN 训练的完整代码可参考附录或扫描二维码下载。

除了以上提到的方法外，还有更多改良方法有待我们继续探索，请读者大胆尝试。

代码下载

❋ TIPS：达到平衡时生成器的 BCELoss 和 MSELoss 应该分别是什么？

理论上，一个经过完美训练的 GAN 的最优 MSELoss 为 0.25，最优 BCELoss 为 ln 2。

回顾 2.1.2 小节中对损失函数的介绍，MSELoss 的计算公式为：

$$MSELoss = \frac{1}{n} \sum_{i=1}^{n} (y_i - f_i(x))^2$$

对于一个经过完美训练的 GAN，它的生成器能够实现以假乱真，鉴别器也能将真实模式与生成的假数据区别开来。在接收到以假乱真的生成数据时，鉴别器无法辨别输入的数据是真实的还是生成的，因此将输出 0.5。代入上式即可得到结果为 0.25。

BCELoss 是二分类专用的交叉熵计算函数。它的计算公式跟 CELoss 相同，但由于二分类的真实标签只有 0、1 两种可能，因此对于每个标签有：

$$BCELoss_i = \begin{cases} -\log p(y_i), & y_i = 1 \\ -\log(1 - p(y_i)), & y_i = 0 \end{cases}$$

其中 y_i 是真实标签，$p(y_i)$ 是模型输出的 y_i 的概率。对于生成器生成的以假乱真的数据，标签 $y=0$，而鉴别器难以作出判断，因此会输出 0.5，代入即可得到 BCELoss = log 2。

2.3.3 采用卷积 GAN 生成手写数字（MNSIT-CNN-GAN）

1. MNIST-CNN-GAN 鉴别器

我们从之前创建的 MNIST GAN 入手，思考如何将卷积层应用于 GAN。以下为卷积神经网络的鉴别器参考代码。

```python
# 采用卷积神经网络实现的鉴别器
class Discriminator(nn.Module):
    def __init__(self):
        super().__init__()
        self.model = nn.Sequential(
            # 输入大小: 1 x 28 x 28
            nn.Conv2d( 1, 16, kernel_size=5, stride=1, padding=2),
            # 卷积层输出大小: 16 x 28 x 28
            nn.LeakyReLU(0.02),
            nn.BatchNorm2d(16),
            nn.MaxPool2d(kernel_size=2),
```

```
        # 池化层输出大小: 16 x 14 x 14

        nn.Conv2d(16, 32, kernel_size=5, stride=1, padding=2),
        # 卷积层输出大小: 32 x 14 x 14
        nn.LeakyReLU(0.02),
        nn.BatchNorm2d(32),
        nn.MaxPool2d(kernel_size=2),
        # 池化层输出大小: 32 x 7 x 7

        nn.Flatten(),
        nn.Linear(32 * 7 * 7, 1),
        nn.Sigmoid()
    )
```

我们的 CNN 鉴别器代码和 2.2.4 节中的 CNN 分类器几乎毫无差异。不同的是，我们采用 LeakyReLU(0.02) 作为激活函数，并将最后线性全连接层的输出节点改为 1 个，因为鉴别器的目标是输出一张图像的真假。此外，我们在每次激活后都使用了 BatchNorm2d 对每个通道的数据进行归一化。

为了测试鉴别器对随机像素图像的判别能力，需要修改之前的鉴别器训练代码，使 generate_random () 创建大小为（1, 1, 28, 28）的四维张量。下面为修改后的关键代码：

```
# 训练 CNN GAN 鉴别器
D = Discriminator()
loss_function = torch.nn.BCELoss()
optimizer = torch.optim.Adam(D.parameters())
progress = []
counter = 0

for label, image_data_tensor, target in train_dataset:
    # 用真实数据、标签 1.0 训练鉴别器
    output = D(image_data_tensor.view(1, 1, 28, 28))[0]
    real_loss = loss_function(output, torch.FloatTensor([1.0]))
    optimizer.zero_grad()
    real_loss.backward()
    optimizer.step()

    # 用随机数据、标签 0.0 训练鉴别器
    output = D(generate_random((1, 1, 28, 28)))[0]
    fake_loss = loss_function(output, torch.FloatTensor([0.0]))
```

```
        optimizer.zero_grad()
        fake_loss.backward()
        optimizer.step()


        counter += 1
        if counter % 500 == 0:
            progress.append(real_loss.item() + fake_loss.item())
        if counter % 10000 == 0:
            print('counter = ', counter)
```

请读者自行运行训练，并观察训练过程中的损失值变化，同时也可以手动测试一下鉴别器区分真实图像和随机生成样本的得分，并看看我们的鉴别器网络是不是有效。

2. MNIST-CNN-GAN 生成器

生成器网络的设计原则是，生成器应该是鉴别器的镜像。

那卷积计算的镜像是什么呢？我们已经知道，卷积将较大的张量缩减成较小的张量，而卷积计算的镜像则需要将较小的张量扩展成较大的张量。PyTorch 将这种反向卷积称为转置卷积（Transposed Convolution），需要调用的模块是 nn.ConvTranspose2d。有关转置卷积的相关内容详见第 4 章。

如果将鉴别器进行镜像，不难发现，起始端有一个全连接层，目的是维度变换，变为高维，将噪声向量放大。它将 100 个种子值映射到（32, 5, 5）的张量。接着，它通过 View 模块转换成转置卷积层所需要的四维张量（1, 32, 5, 5）。View 模块的定义如以下代码所示，它的功能是修改数据形状。可以看到，它也是通过继承 nn.Module 来实现的，我们可以把它看作神经网络中的一个层次，数据在这个层次中的计算定义在 forward() 函数中。

```
# 自定义 View 层，用于修改数据形状
class View(nn.Module):
    def __init__(self, shape):
        super().__init__()
        self.shape = shape,

    def forward(self, x):
        return x.view(*self.shape)
```

转置卷积模块共有 3 个：第一个转置卷积模块的卷积核大小为 3×3，步长为 2；第二个转置卷积模块的卷积核大小为 5×5，步长为 2；最后一个转置卷积模块的卷积

核大小为 5×5，步长为 1。前两个转置卷积模块有 10 个卷积核，最后一个转置卷积模块减少到 1 个卷积核。output_padding 和 padding 参数的作用在于保证模型最后输出的大小为（1, 1, 28, 28）。

如下代码定义了生成器神经网络参考实现。

```python
# 用 CNN 实现的生成器
class Generator(nn.Module):
    def __init__(self):
        super().__init__()

        self.model = nn.Sequential(
            # 输入为长度为 100 的随机生成的噪声
            nn.Linear(100, 32 * 5 * 5),
            nn.LeakyReLU(0.2),

            # 将映射到高维度的特征 reshape 为 32 × 5 × 5 的特征图
            View((1, 32, 5, 5)),

            # 第一个转置卷积层，卷积核大小为 3 × 3
            nn.ConvTranspose2d(32, 10, kernel_size=3, stride=2),
            nn.BatchNorm2d(10),
            nn.LeakyReLU(0.2),

            # 第二个转置卷积层，卷积核大小为 5 × 5
            nn.ConvTranspose2d(10, 10, kernel_size=5, stride=2,
                                output_padding=1),
            nn.BatchNorm2d(10),
            nn.LeakyReLU(0.2),

            # 第三个转置卷积层，卷积核大小为 5 × 5
            nn.ConvTranspose2d(10, 1, kernel_size=5, stride=1, padding=1),
            # 采用 Sigmoid 作为最后的激活函数，读者可以采用其他函数尝试、对比效果
            nn.Sigmoid()
        )
```

代码下载

做完所有准备工作后，我们开始对 GAN 进行训练。观察训练 5 个周期后生成器生成的图像效果（图 2-67），不难看出，我们的卷积 GAN 可以生成基本能被识别的手写数字了。读者可以尝试加大训练周期，看看是否可以生成质量更好的图片。

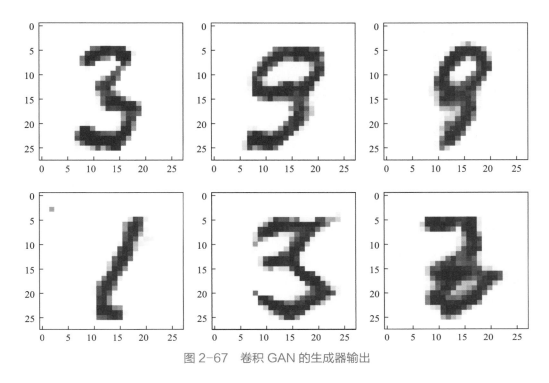

图 2-67　卷积 GAN 的生成器输出

本小节使用的卷积 GAN 的完整代码可参考附录或扫描二维码下载。

同时，读者可以尝试通过自己的想法来改良 GAN。比如，尝试不同类型的损失函数、不同大小的神经网络，甚至可以改变基本的 GAN 训练循环，也可以尝试做一个更适合 GAN 的对抗性的优化器。

2.3.4　采用条件式 GAN 生成手写数字

我们之前构建的 MNIST GAN 可以生成各种不同的手写数字输出图像，同时，也很好地避免了单一化和模式崩溃。

如果能通过某种方式引导 GAN 生成多样化的图像，同时又仅限于生成训练数据中的一类图像，例如，我们可以要求 GAN 生成不同的、但都代表数字 8 的图像，满足我们的特定需求，从而实现真正意义上的人机交互，那将是非常有价值的。

1. 条件式 GAN 架构

为了让训练后的 GAN 生成器输出指定类型的图像，需要输入我们希望的输出类型。也就是说，我们需要将类型作为生成器输入的一部分，如同随机种子一样。

对于鉴别器，情况会更加复杂。我们现在希望鉴别器学习将类型标签与图像关联起来，而不仅仅是尝试将真实的图像和生成的图像分开。因此，需要将类型标签与图

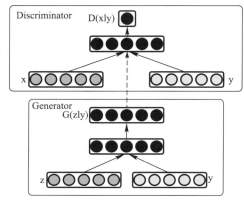

图 2-68　条件式 GAN 架构图

像一起输入鉴别器。

图 2-68 中显示的架构是条件式（conditional）GAN。与 GAN 的主要区别在于，现在生成器和鉴别器的输入都在图像数据的基础上加入了类型标签。

2. 鉴别器

我们在之前的 MNIST GAN 基础上，实现这个架构。

首先，需要更新鉴别器，使它可以同时接收输入图像的像素数据和标签信息。一种简单的方法是扩展 forward() 函数，使它可以同时接收图像张量和标签张量为输入变量，再直接将它们拼接起来。标签张量就是我们之前在 Dataset 类中创建的独热张量。

```python
def forward(self,image_tensor, label_tensor):
    inputs = torch.cat((image_tensor, label_tensor))
    return self.model(inputs)
```

通过 torch.cat() 函数可以方便地将两个张量拼接起来。从 Dataset 类中返回的图像张量长度为 784，标签张量的长度为 10，所以拼接起来后的长度为 794。

由于我们扩展了输入的大小，因此需要更改第一层神经网络的定义，将预期输入的大小改为 784+10，即 794。

```python
# 2. 鉴别器
class Discriminator(nn.Module):
    def __init__(self):
        super().__init__()

        self.model = nn.Sequential(
            # 考虑了标签张量的影响
            nn.Linear(784+10, 200),
            nn.LayerNorm(200),
            nn.LeakyReLU(0.02),
            nn.Linear(200, 1),
            nn.Sigmoid()
        )
```

我们还需要为随机生成的图像搭配一个随机类别标签，创建一个函数 generate_

random_one_hot()，来生成一个随机的独热标签向量。

```
# 生成随机的 one-hot 标签向量
def generate_random_one_hot(size):
    label_tensor = torch.zeros((size))
    random_idx = np.random.randint(0, size)
    label_tensor[random_idx] = 1        # 随机令一位为 1
    return label_tensor
```

3. 生成器

对于生成器，需要修改 forward() 函数，把种子和标签张量输入生成器。因此，我们需要把输入参数拼接起来，再输入神经网络，仍需用到 torch.cat() 函数。

```
def forward(self, seed_tensor,label_tensor):
    inputs = torch.cat((seed_tensor, label_tensor))
    return self.model(inputs)
```

网络的第一层需要修改，以便接收 10 个额外标签张量，变为 100+10。

```
class Generator(nn.Module):
    def __init__(self):
        super().__init__()
        self.model = nn.Sequential(
            nn.Linear(100+10, 200),
            nn.LayerNorm(200),
            nn.LeakyReLU(0.02),
            nn.Linear(200, 784),
            nn.Sigmoid()
        )
```

4. 训练

训练循环同样需要修改，随机生成一个类别标签张量，在相应的位置输入给鉴别器和生成器。以下代码只显示了周期循环内的内容。我们在这里总共对条件式 GAN 训练 10 轮。

```
for label, real_data, target in train_dataset:
    # (0) 生成随机类别和真假目标标签
    random_label = generate_random_one_hot(10)
```

```
real_label = torch.FloatTensor([1.0])
fake_label = torch.FloatTensor([0.0])

# (1) 用真实数据训练鉴别器
D.zero_grad()
output = D(real_data, target)
loss_D_real = loss_function(output, real_label)

# (2) 用生成数据训练鉴别器
output = D(G(generate_random(100), random_label).detach(), random_label)
loss_D_fake = loss_function(output, fake_label)
loss_D = loss_D_real + loss_D_fake
optimizer_D.zero_grad()
loss_D.backward()
optimizer_D.step()

# (3) 训练鉴别器
G.zero_grad()
output = D(G(generate_random(100), random_label), random_label)
loss_G = loss_function(output, real_label)
optimizer_G.zero_grad()
loss_G.backward()
optimizer_G.step()
```

5. 条件式 GAN 的结果

我们定义 plot_conditional_image 函数，它实现了生成并绘制指定标签的图像。

```
def plot_conditional_images(label):
    label_tensor = torch.zeros((10))
    label_tensor[label] = 1.0
    f, axarr = plt.subplots(2, 3, figsize=(16, 8))
    for i in range(2):
        for j in range(3):
            output = G(generate_random(100), label_tensor)
            img = output.detach().numpy().reshape(28, 28)
            axarr[i,j].imshow(img,interpolation='None',cmap='Blues')
```

我们将 9 作为参数传给 plot_conditional_image，查看条件式 GAN 生成的数字 9 的图像（图 2-69）。

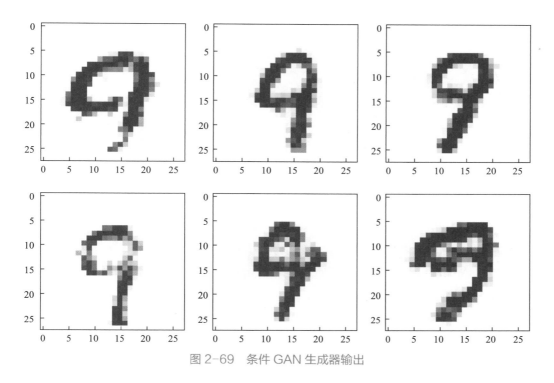

图 2-69 条件 GAN 生成器输出

通过仅仅 10 轮的训练，我们的条件式 GAN 不仅生成了几幅数字 9 的图像，而且这些图像都不一样。条件式 GAN 的完整代码参考附录或扫描二维码下载。

代码下载

生成指定类型的多样化图像具有很多应用场景，比如生成具有特定情绪表情的人像、具有指定风格的建筑等。而实现这一功能的关键在于，训练数据需要根据我们希望生成的类别进行标记。

2.4 强化学习

强化学习（Reinforcement Learning）是一种通过模仿生物与自然环境交互的机器学习方法，其本质是互动学习，即让智能体与外界环境进行交互。与监督学习不同，强化学习不使用标签数据进行训练，它使用模拟或真实的环境中的反馈来训练智能体（例如，机器人或计算机程序）如何在特定任务中作出决策。在强化学习中，智能体在每一步中选择一个动作，然后通过与环境的互动获得一些奖励或惩罚，逐渐获得关于环境的知识经验。它的目标是通过不断尝试和学习，来最大化长期的奖励。强化学习的一个关键部分是策略，即智能体决定在每一步该采取哪一个动作。综上，强化学习是学习一个从观察到动作的映射，目标是最大限度地提高所获得的奖励。

强化学习在许多领域都有广泛应用，包括游戏、机器人控制、自动驾驶、推荐系统、工业控制等。与其他机器学习方法不同，强化学习是基于时间序列数据，而不是基于静态的输入/输出对。

本节将向读者介绍强化学习的基本原理，并且通过简单的代码向读者展示如何使用强化学习解决在迷宫中的路径规划问题和土木工程领域的钢筋排布避障问题。

2.4.1　强化学习的初步认识

强化学习[17]是智能体的自然学习范例。它包含了智能体（Agent）、环境（Environment）、状态（State）、动作（Action）、奖励（Reward）、时刻（t）和策略（π）。

智能体：Agent，在环境中进行探索的计算机控制程序、机器人等。

环境：Environment，智能体所处的真实空间或虚拟空间的统称，包括空间中的物体和空间的边界。

状态 S：State，智能体当前所处环境及其自身情况（如位置）的描述，也反映了智能体对当前环境和自己境遇的一种观察（observation），所有状态形成一个集合，因为智能体可以有很多种状态，则用 $\{s_i\}$ 表示状态集合。

动作 A：Action，智能体做出的动作；所有动作形成一个集合，因为智能体可以做出很多类动作，则用 $\{a_i\}$ 表示动作集合。

奖励 R：Reward，环境对于智能体动作执行后的反馈，奖励可能为负（即惩罚），是一个标量。

时刻 t：智能体所处的时间步，智能体在每个时刻都有其对应的状态、动作和奖励等。

策略 π：Policy，是智能体所处当前环境、状态到智能体选择动作的映射；策略的表现形式一般是一个概率，例如在当前环境和状态下，智能体可选择下一个动作为 a_1、a_2、a_3，用 $\pi_t(a)$ 表示智能体在 t 时刻选择动作 a 的概率；

强化学习创建了一个智能体，该智能体通过从环境中获得动作反馈（惩罚和奖励）来学习，然后调整其行为。强化学习遵循马尔可夫决策过程（Markov Decision Process, MDP）的框架，智能体（Agent）在时间 t 观察到一个状态 S_t（State），智能体在状态 S_t 下采用动作 A_t（Action）并得到环境（Environment）反馈的奖励 R_{t+1}（Reward），并更新状态 S_{t+1}，以此进行循环学习，见图 2-70[18-19]。在每个周期中，智能体从其环境中获取代表当前状态的信息。根据当前状态习得的知识和目标，选择并执行最适当的动作。通过从环境中

图 2-70　强化学习基本架构

获得有关反馈的奖励，智能体可以学会一个策略 π 以调整其行为获得积极奖励并避免受到惩罚，使得累计折扣奖励（Accumulated Discounted Reward）期望最大。

我们可以根据不同的规则对强化学习进行分类。根据策略更新方法可以将强化学习分为：①基于价值（Value-based）：价值将每对状态和行为与未来预期值相关联，求出最优值函数，然后重构出最优策略；②基于策略（Policy-based）：策略是将每个状态映射到所需的行为，直接在策略空间进行搜索。

根据是否依赖环境可以将强化学习分为：①无模型（Model-free）：智能体不尝试理解环境，直接接收环境信息，通过交互数据得到最优策略；②基于模型（Model-based）：智能体先理解真实世界是什么样的，用数据先学习系统模型，然后基于模型得到最优策略。

根据更新频率可以将强化学习分为：①蒙特卡洛更新（Monte-Carlo update）：智能体每完成一个回合任务，对策略进行一次更新；②时序差分更新（Temporal-difference update）：智能体一边探索一边学习，进行单步更新，每执行一个动作更新一次策略。

传统的基于表格存储的强化学习方法有动态规划（Dynamic Programming）、Q-learning 等[20-23]。其中 Q-learning 是强化学习中的一种基本的基于价值的算法，目的是为了学习最优动作价值函数 $Q*$。这些算法在场景较为简单的情况下，可以取得较好的效果。但面对复杂的现实问题，特别是当状态空间和动作空间维数很大时，会占据过多的内存，智能体的搜索次数也会增多，传统的基于表格存储记忆的强化学习不再适用。

近几年在原有强化学习的基础上，深度强化学习（Deep Reinforcement Learning,DRL）逐渐兴起，并在 Atari 电玩（如图 2-71 所示[21, 25]）和围棋（如图 2-72 所示[26-27]）等领域取得了超过人类的表现，具有解决复杂控制问题的能力。深度强化学习 DRL 可以通过构建深度神经网络来对收益期望和状态动作对进行关联，可以承载较大的状态空间，从而克服传统强化学习的维度爆炸、内存不够等缺点。

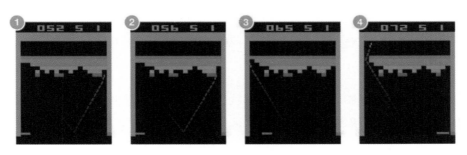

图 2-71　Atari 游戏操作[20]

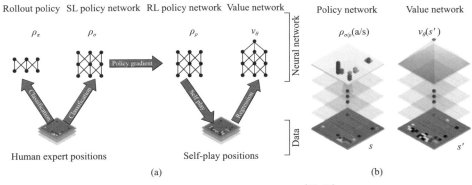

图 2-72　Alpha Go 架构设计[25-26]

特别是由 Google DeepMind 团队于《Nature》上提出的深度 Q 网络（Deep Q Network，DQN）[21, 25]，将深度强化学习 DRL 应用于 Atari 电玩中，可在游戏的操控上达到人类专家的水平。在深度 Q 网络中，采用经验回放（Experience Replay）和目标网络（Target Network）等机制来减缓采样数据的相关性和非平稳分布，以缩短训练时间[27]，并使用深度神经网络来替代智能体存储记忆和经验的表格，使得深度强化学习可以用于求解状态空间和动作空间十分复杂的场景，解决传统基于表格存储记忆的强化学习的维度爆炸的问题。在深度 Q 网络中实现了端到端（End-to-End）的控制，将智能体当前的状态作为神经网络的输入，经过神经网络的正向传播计算，神经网络的输出为智能体要采取的动作。

2.4.2　强化学习理论基础

强化学习是机器学习的重要分支，主要用于解决序列决策（Sequential Decision）问题。在强化学习中，智能体与环境交互的过程可以用马尔可夫决策过程（Markov Decision Process，MDP）[28]进行建模。马尔可夫决策过程是序列决策过程的数学模型，一般用于具备马尔可夫性的环境中，是智能推荐、强化学习、自动化控制、资源管理的基础理论框架[28]。我们下面将按照逻辑顺序，对马尔可夫决策过程的理论基础进行介绍。

1. 马尔可夫性（Markov Property）和状态转移概率矩阵（State Transition Probability Matrix）

在离散马尔可夫链中，智能体的所有状态向其他状态转移的概率可以组成一个状态转移概率矩阵 P，简称转移矩阵。马尔可夫性指的是若未来的状态仅与当前的状态有关，与其他时刻的状态独立，即转化到未来下一时刻的状态 S_{t+1} 的概率仅与当前时刻

的状态 S_t 有关，与之前的状态无关，用状态转移的概率公式表述如下：

$$P[S_{t+1}|S_t] = P[S_{t+1}|S_1,\cdots,S_t] \qquad (2\text{-}52)$$

2. 马尔可夫过程（Markov Process，MP）

马尔可夫过程 MP 又称马尔可夫链，是一个包含马尔可夫性的随机过程，可以用一个二元组（S, P）来描述，其中 $S=\{s_1, s_2, s_3, \cdots, s_n\}$，为一个有限状态集合，$P$ 为状态转移概率矩阵，公式如下：

$$P_{ss'} = P[S_{t+1} = s' \,|\, S_t = s] \qquad (2\text{-}53)$$

3. 马尔可夫奖励过程（Markov Reward Process，MRP）

马尔可夫奖励过程 MRP，是在马尔可夫过程 MP 的基础上增加了衰减系数 γ 和奖励函数 R，可以用一个四元组（S, P, R, γ）来描述。其中 $S=\{s_1, s_2, s_3, \cdots, s_n\}$，为一个状态集合，是智能体对所处环境的描述，环境的变化可以由状态的变化来表示。γ 是一个折扣因子（discount factor），$\gamma\in[0,1]$。R 为奖励函数或奖励信号，环境根据智能体的行为返回给智能体奖励值，智能体根据奖励值以更新策略。在奖励函数 R 中，为了衡量所采取的动作的有效性，奖励值是一个标量值，当数值为正数，表示智能体得到奖励，说明智能体所执行的动作使得智能体越接近目标；当数值为负数时，表示智能体得到惩罚，说明智能体所执行的动作使得智能体远离目标。奖励函数 R_s 表示在当前时刻 t 的状态 S_t 下，下一时刻 $t+1$ 获得的奖励期望：

$$R_s = E[R_{t+1}|S_t = s] \qquad (2\text{-}54)$$

4. 马尔可夫决策过程（MDP）

马尔可夫决策过程 MDP 是带有决策的马尔可夫奖励过程，马尔可夫决策过程 MDP 在马尔可夫奖励过程中增加了决策集合 A，由五元组（S, A, P, R, γ）进行描述。A 为一个动作集合，是智能体所做出的决策或采取的动作，智能体可以采取的所有动作构成了动作集合。由于智能体采取动作后会使得观测到的状态发生改变，P 为状态转移概率矩阵，表示在当前时刻 t 的状态 S_t 下，智能体采取动作 $A_t=a$ 之后，下一时刻 $t+1$ 转移到状态 S_{t+1} 的概率分布，公式为：

$$P_{ss'}^a = P[S_{t+1} = s'|S_t = s, A_t = a] \qquad (2\text{-}55)$$

R 表示在当前时刻 t 的状态 S_t 下，采取动作 $A_t=a$ 之后，下一时刻 $t+1$ 获得的奖励期望：

$$R_s^a = E[R_{t+1}|S_t = s, A_t = a] \qquad (2\text{-}56)$$

当经过一系列的探索与学习后，智能体最终能够学习到最优的行为策略，使得累积获得的奖励值最大化，当智能体得到的累积奖励值不再增加，此时奖励函数将会逐渐收敛。

5. 策略 π

马尔可夫决策过程中的策略 π，可以定义为智能体在特定时间特定环境下的行为方式，智能体通过策略在特定状态下选择特定的动作，它是一个概率集合（离散动作空间）或是一个分布（连续动作空间），也符合马尔可夫性。策略 π 表示在一个状态 s 下采取某个动作 a 的概率，公式为：

$$\pi(a|s) = P[A_t = a | S_t = s] \tag{2-57}$$

其中 $t=0, 1, 2, \cdots$，$S_t \in S$，S 是环境状态集合，S_t 表示时刻 t 的状态几何，s 表示其中的某个特定的状态，$A_t \in A(S_t)$，$A(S_t)$ 是状态 S_t 下行为的集合，A_t 代表时刻 t 的动作集合。因为对于每一个状态 s 都会有这样一个 $\pi(a/s)$，所有状态的 $\pi(a/s)$ 就形成整体策略 π。

6. 值函数

奖励函数是对智能体行为的即时评价，奖励函数可以使得智能体由当前状态转移到下一个状态时的奖励值最大，是当前状态下的奖励，但并不能保证智能体到达目标时总的奖励值最大。在马尔可夫决策过程 MDP 中，值函数是对预期奖励的预测，针对当前状态下采取的行为，计算未来总体的累计折扣奖励（Accumulated Discounted Reward），使得智能体更注重于长远的整体利益最大化。累计折扣奖励（Accumulated Discounted Reward）或回报（Return）G_t 用来衡量在马尔可夫决策过程中，从时间步 t 时刻开始，所获得的所有带折扣的奖励，其中的 γ 是折扣因子，用来控制未来奖励对智能体当前决策的影响程度。未来状态受到当前状态 s 的影响逐渐衰减，γ 用来控制未来奖励对智能体当前决策的影响程度。当 $\gamma=0$，表示智能体仅考虑当前时刻的奖励，忽略未来所有时刻的奖励；当 $\gamma=1$，表示智能体均衡地考虑当前时刻的奖励和未来时刻的奖励。回报 G_t 可由以下公式表示：

$$G_t = R_{t+1} + \gamma R_{t+2} + \cdots = \sum_{k=0}^{\infty} \gamma^k R_{t+k+1} \tag{2-58}$$

状态价值函数（State-value Function）表示在当前状态 s 开始，在马尔可夫决策过程 MDP 中遵循策略 π 所能获得的期望回报，公式表达如下：

$$\upsilon_\pi(s) = E_\pi[G_t | S_t = s, \pi] \tag{2-59}$$

动作价值函数（Action-value Function）表示在马尔可夫决策过程 MDP 中，遵循策略 π 时，在给定状态 s 下，采取某个具体的行为 a 所能获得的期望回报，公式表达如下：

$$q_\pi(s,a) = E_\pi[G_t | S_t = s | A_t = a, \pi] \tag{2-60}$$

7. 贝尔曼方程

通过贝尔曼方程（Bellman Equation）可用下一时刻的状态值函数和及时奖励来描述当前时刻的状态函数，主要用于求解最优的值函数：

$$
\begin{aligned}
\upsilon(s) &= E[G_t | S_t = s] \\
&= E[R_{t+1} + \gamma R_{t+2} + \gamma^2 R_{t+3} + ... | S_t = s] \\
&= E[R_{t+1} + \gamma(R_{t+2} + \gamma R_{t+3} + ...) | S_t = s] \\
&= E[R_{t+1} + \gamma G_{t+1} | S_t = s] \\
&= E[R_{t+1} + \gamma \upsilon(S_{t+1}) | S_t = s]
\end{aligned}
\tag{2-61}
$$

可得到状态值函数的贝尔曼期望方程的最终结果为：

$$v_\pi(s) = E_\pi[R_{t+1} + \gamma v_\pi(S_{t+1}) | S_t = s] \tag{2-62}$$

可得到动作值函数的贝尔曼期望方程的最终结果为：

$$q_\pi(s,a) = E_\pi[R_{t+1} + \gamma q_\pi(S_{t+1}, A_{t+1}) | S_t = s | A_t = a] \tag{2-63}$$

8. 最优价值函数

最优价值函数（Optimal Value Function）可分为最优状态价值函数 $\upsilon_*(s)$ 和最优动作价值函数 $q_*(s,a)$，主要用于确定马尔可夫决策过程的最优可能表现。

最优状态价值函数 $\upsilon_*(s)$ 指的从所有的策略产生的状态价值函数中，选取使状态 s 价值最大的函数：

$$\upsilon_*(s) = \max_\pi \upsilon_\pi(s) \tag{2-64}$$

最优动作价值函数 $q_*(s,a)$ 指的是从所有策略产生的动作价值函数中，选取使状态行为对 (s,a) 价值最大的函数：

$$q_*(s,a) = \max_\pi q_\pi(s,a) \tag{2-65}$$

9. 最优策略

对于任何状态 s，如果采用策略 π 的价值不小于采用策略 π' 的价值，则策略 π 优于策略 π'：

$$\forall s, if \ \upsilon_\pi(s) \geqslant \upsilon_{\pi'}(s), then \ \pi \geqslant \pi' \tag{2-66}$$

通过最大化最优动作价值函数 $q_*(s,a)$ 来找到最佳策略 $\pi_*(a|s)$：

$$\pi_*(a|s) = \begin{cases} 1 & if \ a = \max_{a \in A} q_*(s,a) \\ 0 & otherwise \end{cases} \tag{2-67}$$

10. 贝尔曼最优方程

贝尔曼最优方程（Bellman Optimality Equation），针对最优状态价值函数，一个状态的最优价值等于从该状态出发采取的所有动作产生的动作价值的最大值：

$$v_*(s,a) = \max_a q_*(s,a) \tag{2-68}$$

针对最优动作价值函数，在某个状态 s 下，采取某个动作的最优价值由两部分组成，一部分是离开状态 s 的奖励 R_s^a，另一部分则是所有能到达的状态 s' 的最优状态价值按出现概率求和：

$$q_*(s,a) = R_s^a + \gamma \sum_{s' \in S} P_{ss'}^a v_*(s') \tag{2-69}$$

2.4.3　时序差分学习方法

基于贝尔曼方程的时序差分学习（Temporal-Difference Learning, TD Learning）是经典的预测学习算法之一；许多经典的无模型（Model-free）强化学习算法，如 Q-learning 算法、SARSA 算法等都是基于时序差分学习方法[20-23]。强化学习算法的学习过程中，一般要经历智能体从初始状态到终止状态的多轮学习，以期学习到全局最优策略。

在每一轮的学习过程中，对于无模型的强化学习，目前多采用时序差分学习方法进行迭代，即在每一个（或几个）状态转移完成后，都更新一遍值函数的估计值（因为未最终收敛，所以统称为估计值）。在具体计算中，给定策略 π 后，时序差分学习方法会针对出现的当前状态 S_t 更新值函数 V，包括状态值函数和动作值函数。

在 t 时刻，智能体状态为 S_t，然后智能体根据策略做一个动作后可进入下一个状态 S_{t+1}，并得到一个环境反馈奖励 R_{t+1}。在学习过程中，对任意一个状态 S_{t+1}，都有一个其对应的 $V(S_{t+1})$。对于智能体的 S_t 状态，可使用 R_{t+1} 和 $V(S_{t+1})$ 对 S_t 状态的值函数（本轮学习）进行更新：

$$V(S_t) \leftarrow V(S_t) + \alpha[R_{t+1} + \gamma V(S_{t+1}) - V(S_t)] \tag{2-70}$$

上式是强化学习领域对时序差分学习的更新方法进行的一种规定。$R_{t+1} + \gamma V(S_{t+1}) - V(S_t)$ 是当前轮值函数估计值与上一轮的差值，将此差值乘以一个小于 1 的学习率 α 并加到上一轮的 $V(S_t)$ 上，得到一个和，然后将这个和赋值给当前轮的 $V(S_t)$，这就是值函数每一个状态都进行更新的过程。

可见，时序差分学习方法的手段是，在某一轮学习中，当前状态 S_t 的值函数估计值 $V(S_t)$ 更新，是利用其下一状态 S_{t+1} 的环境反馈奖励 R_{t+1} 和值函数估计值 $V(S_{t+1})$。

2.4.4　采用 Q-learning 算法进行智能体路径规划

1. Q-learning 算法介绍

Q-learning 是强化学习中的一种基本的基于价值的算法，它以上述所说的贝尔曼最优方程、最优价值函数和时序差分学习为基础[31]。智能体通过与环境的交互和学习，调整智能体本身的行为以适应环境。Q-learning 的伪代码如表 2-2 所示。$Q(s,a)$ 是在某个状态 s 下，选择动作 a 能够获得的奖励期望，环境会根据智能体的动作反馈相应的奖励 R，Q-table 则是 $Q(s,a)$ 奖励期望的集合表格。在 Q-table 中，表格的列为可选择的动作 a，表格的行为不同的状态 s。Q-table 用于指引智能体在不同的状态 s 下，选择最合适的动作 a。Q-learning 算法的主要思想就是将状态 s 与动作 a 构建成一张 Q-table 来存储 $Q(s,a)$，然后根据 $Q(s,a)$ 来选取能够获得最大奖励的动作。

Q-learning 算法　　　　　　　　　　　　　　　表 2-2

输入：学习率 $\alpha\in[0,1]$、学习次数 episode、折扣因子 $\gamma\in[0,1]$
输出：$Q*$

1：对所有 $s\in S$、$a\in A$，初始化所有状态动作对下的表项 $Q(s,a)$, $Q(terminal)=0$

2：for $i < 1$ to episode do

3：　　初始化 S

4：　　while $S\ !=$ terminal

5：　　　　根据现有的 $Q(s,)$、当前状态（s）和对应的策略，选择一个动作（a）

6：　　　　执行动作（a）并观测产生的状态（s'）和奖励（r'）

7：　　　　更新 $Q(s,a)$: $Q(s,a) \leftarrow Q(s,a)+\alpha[r_{t+1}+\gamma\max Q'(s',a')-Q(s,a)]$

8：　　　　令 $s=s'$

9：　　end while

10：end for

智能体在选择并执行动作 a_t 之后，会通过与环境的交互得到相应的奖励 r_{t+1}，并通过使用时序差分学习公式（2-70）更新 $Q(s,a)$：

$$Q_{t+1}(s_t,a_t) = Q_t(s_t,a_t) + \alpha[r_{t+1} + \gamma \max_{a_{t+1}} Q_t(s_{t+1},a_{t+1}) - Q_t(s_t,a_t)] \tag{2-71}$$

其中 $Q_{t+1}(s_t,a_t)$ 是在状态 s_t 下选择动作 a_t 更新的奖励期望 Q 值，$Q_t(s_t,a_t)$ 是在状态 s_t 下选择动作 a_t 的原奖励期望 Q 值；α 是学习率，$\alpha\in[0,1]$；r_{t+1} 在状态 s_t 下选择并执行动作 a_t 返回的奖励；γ 是衰减率，用以衡量未来奖励对当前的影响，$\gamma\in[0,1]$；$\max_{a_{t+1}} Q_t(s_{t+1},a_{t+1})$ 是在新的状态 s_{t+1} 下所有可选择的动作 a_{t+1} 的最大奖励期望 Q 值。

在强化学习算法 Q-learning 中，智能体的目标是最大化累计折扣期望，即：

$$R = \sum_{i=1}^{\infty} \gamma^t r_t \qquad\qquad (2\text{-}72)$$

其中 r_t 是在 t 时刻下采用动作 a_t 得到的奖励。

2. 创建强化学习环境

为了成功实施强化学习，我们需要定义强化学习的另一个重要模块：环境（Environment）。强化学习的环境可以是一个网格，其中每个状态对应于二维网格上的一个图块，智能体可以采取的唯一动作是在网格向上、向下、向左或向右移动。智能体的目标是找到以最直接的方式通往目标方块的方法。

假设我们有一个 4×10 的网格，起始位置在左下方，目标位置在右下方。这两者之间的每一块网格都是"悬崖"，如图 2-73 所示。如果智能体进入悬崖，他们将获得 −100 奖励并被送回起始位置。而进入悬崖以外的每个网格都会产生 −1 奖励。在这些条件约束下，可获得的最大奖励是 −11（−1 上，−9 右，−1 下）。使用负奖励是为了鼓励智能体尽快移动并寻找目标状态。我们可以采用以下代码实现上述步骤。

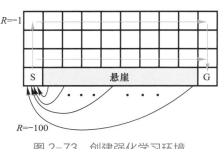

图 2-73　创建强化学习环境

```
# 导入需要的库
import numpy as np
import matplotlib.pyplot as plt
from scipy.signal import convolve as conv


import matplotlib
# 指定默认字体
matplotlib.rcParams['font.sans-serif'] = ['SimHei']
matplotlib.rcParams['font.family']='sans-serif'
# 解决负号 '-' 显示为方块的问题
matplotlib.rcParams['axes.unicode_minus'] = False


# 创建可视化悬崖环境
class CliffWorld:
    """

    40 个状态（4x10 格子世界）
    状态到网格的映射如下：
```

```
30 31 32 ... 39
20 21 22 ... 29
10 11 12 ... 19
0 1 2 ... 9
状态 0 为起点 (S)，状态 9 为目标点 (G)
动作 0、1、2、3 分别对应右、上、左、下
从状态 9( 目标点 G) 走出去即结束会话
状态 11-18 执行动作 3 将掉入悬崖并返回状态 0，同时获得 -100 的奖励
在非目标点的任何状态将获得 -1 的奖励
在边界处向边界外移动将保持原地
"""

def __init__(self):
    # 世界名称
    self.name = "cliff_world"
    # 状态数
    self.n_states = 40
    # 动作数
    self.n_actions = 4
    # x 轴维度
    self.dim_x = 10
    # y 轴维度
    self.dim_y = 4
    # 初始状态
    self.init_state = 0

# 定义智能体的动作和状态更新
def get_outcome(self, state, action):

    # 智能体进入状态 9( 目标点 )，本轮结束，奖励为 0
    if state == 9:
        reward = 0
        next_state = None
        return next_state, reward
    # 默认奖励为 -1，使得智能体寻找最短路径以获得最大奖励
    reward = -1
    # 动作 0 位向右移动，状态 +1
    if action == 0:
        next_state = state + 1
```

```python
            # 当智能体到达右边界，状态保持不变
            if state % 10 == 9:
                next_state = state
            # 当智能体进入悬崖，本轮结束，奖励为 -100
            elif state == 0:
                next_state = None
                reward = -100
        # 动作 0 为向上移动，状态 +10
        elif action == 1:
            next_state = state + 10
            # 智能体到达上边界，状态保持不变
            if state >= 30:
                next_state = state
        # 动作 2 为向左移动，状态 -1
        elif action == 2:
            next_state = state - 1
            # 当智能体到达左边界，状态保持不变
            if state % 10 == 0:
                next_state = state
        # 动作 3 为向下移动，状态 -10
        elif action == 3:
            next_state = state - 10
            # 当智能体进入悬崖，本轮训练结束，奖励为 -100
            if state >= 11 and state <= 18:
                next_state = None
                reward = -100
            # 当智能体到达下边界
            elif state <= 9:
                next_state = state
        else:
            next_state = None
            reward = None

        return int(next_state) if next_state is not None else None, reward

    def get_all_outcomes(self):
        """
        定义环境输出的状态和奖励
        Params:
```

```
        无
    Returns:
        dictionary: outcomes
    """
    # 创建了一个名为 "outcomes" 的空字典
    outcomes = {}
    # 遍历所有的状态动作对，得到特定状态下采取特定动作得到的状态和奖励
    # 该方法将为每个状态－动作对添加一个条目
    # 其中键是状态和动作的元组
    # 值是包含 (1,next_state,reward) 元组的列表
    # 所有条目都添加完后，该方法返回 outcomes 字典
    for state in range(self.n_states):
        for action in range(self.n_actions):
            next_state, reward = self.get_outcome(state, action)
            outcomes[state, action] = [(1, next_state, reward)]
    return outcomes
```

3. Epsilon 贪心策略

定义了环境之后，我们还需要定义智能体在环境中的动作决策策略。在本书中，我们使用最常见的 Epsilon 贪心策略。智能体的训练过程是一个平衡探索策略（Exploration）与利用策略（Exploitation）的过程[32]。为了增加对当前环境的了解，智能体尝试之前没有执行过的动作以希望发现超过当前最优行为所获得的奖励，即探索策略。利用策略是智能体倾向采取根据历史经验学习到的获得最大奖励的动作。智能体的目标是最大化累计折扣期望，但如果智能体只采用利用策略，则其很可能陷入局部最优解，因为可能存在更好的动作策略没有被智能体发现。因此在 Q-learning 算法中，采用 Epsilon 贪心策略，其中 $\varepsilon \in (0,1)$，该策略的本质是：智能体每次有 $1-\varepsilon$ 的概率进行探索，即随机选择当前可用的所有动作，有 ε 的概率利用已学习的经验，即选择贪心动作 $a=\mathrm{argmax}_{a \in A}Q(s,a)$。

```
def epsilon_greedy(q, epsilon):
    """
    Epsilon 贪心策略：
    以概率 (1-epsilon) 选择最大值动作，以 epsilon 概率随机选择
    Params:
        q (ndarray): 动作值的数组
        epsilon (float): 随机选择动作的概率
    Returns:
```

```
            int: 选择的动作
    """
    # 以概率 (1-epsilon) 选择最大值动作
    if np.random.random() > epsilon
        action = np.argmax(q)
    else:
        # 以 epsilon 概率随机选择动作
        action = np.random.choice(len(q))

    return action
```

4. 创建训练函数

定义了环境和动作决策策略之后，我们还需要定义智能体在环境中的训练策略，即如何训练智能体与环境交互来得到最优策略。我们使用 Q-learning 作为智能体的学习策略，Q-learning 的具体实施会在下一节中讲解。本节侧重讲解总体训练框架的搭建。训练函数（learn_environment）用于让智能体在给定的环境中学习。它有 5 个参数：env 是环境对象，learning_rule 是学习规则函数，params 是参数字典，max_steps 是每个 episode 最多的步数，n_episodes 是学习的 episode 数。该函数会初始化 Q-table，并使用 Epsilon 贪心策略选择下一个动作。在每一步中，函数会根据当前状态和采取的动作来更新 Q-table。在每个 episode 结束后，函数会记录该 episode 的总奖励。最终，函数返回训练后的 Q-table 和所有 episode 的总奖励。

```
def learn_environment(env, learning_rule, params, max_steps, n_episodes):
    """
    以概率 (1-epsilon) 选择最大值动作，以 epsilon 概率随机选择
    Params:
        env: 一个环境对象，提供状态和行动空间
        learning_rule: 一个基于观察更新价值函数的函数
        params: 学习规则和探索策略中使用的参数字典
        max_steps: 一个整数，代表智能体在一个训练过程中可以采取的最大步数
        n_episodes: 用于训练的代数
    Returns:
        ndarray: 形状为 (n_states, n_actions) 的更新后的 Q 价值函数
        int: 训练过程的总奖励
    """
    # 初始化 Q-table，创建一维数组（env.n_states, env.n_actions）且元素值均为 1
    value = np.ones((env.n_states, env.n_actions))
```

```python
# 开始智能体学习过程
reward_sums = np.zeros(n_episodes)

# 开始训练循环
for episode in range(n_episodes):
    # 初始化状态
    state = env.init_state
    # 初始化总奖励为 0
    reward_sum = 0
    for t in range(max_steps):
        # 根据 epsilon 贪心策略选择下一个动作
        action = epsilon_greedy(value[state], params['epsilon'])
        # 观察采取的动作得到的环境反馈
        next_state, reward = env.get_outcome(state, action)
        # 更新 Q-table 数值
        value = learning_rule(state, action, reward, next_state, value,
params)

        # 计算总奖励
        reward_sum += reward
        # 定义训练终止条件
        if next_state is None:
            break
        state = next_state
    # 记录每一次训练过程的总奖励
    reward_sums[episode] = reward_sum

return value, reward_sums
```

5. 创建 Q-learning 函数

定义完总体训练框架之后，我们需要具体实施 Q-learning 算法。在 Q-learning 中采用时序差分更新方法，即智能体每执行一个动作更新一次策略，进行单步更新。根据时序差分学习方法公式（2-70），得到 Q 值的更新公式：

$$Q_{t+1}(s_t, a_t) = Q_t(s_t, a_t) + \alpha[r_{t+1} + \gamma \max_{a_{t+1}} Q_t(S_{t+1}, a_{t+1}) - Q_t(s_t, a_t)] \tag{2-73}$$

定义时间差分误差（Temporal Difference Error）：

$$TD\ error = r_{t+1} + \gamma \max_{a_{t+1}} Q_t(s_{t+1}, a_{t+1}) - Q_t(s_t, a_t) \tag{2-74}$$

$$Q_{t+1}(s_t, a_t) = Q_t(s_t, a_t) + \alpha \cdot TD\ error \tag{2-75}$$

```python
def q_learning(state, action, reward, next_state, value, params):
    """
    Q-learning
    Params:
        state(int): 当前状态标识符
        action(int): 执行的动作
        reward(float): 接收到的奖励
        next_state(int): 转换到的状态标识符
        value(ndarray): 形状为 (n_states, n_actions) 的当前价值函数
        params(dict): 包含默认参数的字典

    Returns:
        ndarray: 形状为 (n_states, n_actions) 的更新后的价值函数
    """
    # 当前状态 - 动作对的 q 值
    q = value[state, action]
    # 找到下一个状态的最大 Q 值
    if next_state is None:
        max_next_q = 0
    else:
        max_next_q = np.max(value[next_state])
    # 计算时序差分 TD error
    td_error = reward + params['gamma'] * max_next_q - q
    # 更新 Q 值
    value[state, action] = q + params['alpha'] * td_error

    return value
```

6. 创建绘图函数

我们已经完成了 Q-learning 算法的大部分，为了使得强化学习的训练过程更加直观，接下来我们将创建几个绘图函数用于对强化学习的训练过程和结果进行可视化。

plot_state_action_values 函数用于绘制每个状态下每个动作的价值。它接收环境 Environment 和 Q-table 作为参数，并使用折线图显示每个状态下每个动作的价值。

plot_quiver_max_action 函数用于绘制每个状态的最大价值动作或最大概率动作。它接收环境 Environment 和 Q-table 作为参数，并显示每个状态的最大价值或最大概率动作。

plot_rewards 函数用于生成显示每个训练过程的智能体累积总奖励。

```python
def plot_state_action_values(env, value, ax=None):
    """
    生成图形显示每个状态下每个动作的 Q 值
    Params:
        env: 环境对象。
        value: Q-table，表示为形状为 (n_states, n_actions) 的数组。
        ax: 可选参数，表示绘图将生成的坐标轴。如果不提供，将创建一个新的图形和坐标轴。
    """

    if ax is None:
        fig, ax = plt.subplots()

    for a in range(env.n_actions):
        ax.plot(range(env.n_states), value[:, a], marker='o', linestyle='--')
        ax.set(xlabel='States', ylabel='Values')
        ax.legend(['R','U','L','D'], loc='lower right')

def plot_quiver_max_action(env, value, ax=None):
    """
    生成在每个状态下显示最大价值或最大概率动作
    Params:
        env: 环境对象。
        value: Q-table，表示为形状为 (n_states, n_actions) 的数组。
        ax: 可选参数，表示绘图将生成的坐标轴。如果不提供，将创建一个新的图形和坐标轴。
    """

    if ax is None:
        fig, ax = plt.subplots()

    X = np.tile(np.arange(env.dim_x), [env.dim_y,1]) + 0.5
    Y = np.tile(np.arange(env.dim_y)[::-1][:,np.newaxis], [1,env.dim_x]) + 0.5
    which_max = np.reshape(value.argmax(axis=1), (env.dim_y,env.dim_x))
    which_max = which_max[::-1,:]
    U = np.zeros(X.shape)
    V = np.zeros(X.shape)
    U[which_max == 0] = 1
    V[which_max == 1] = 1
    U[which_max == 2] = -1
    V[which_max == 3] = -1

    ax.quiver(X, Y, U, V)
```

```
    ax.set(
        title='Maximum value/probability actions',
        xlim=[-0.5, env.dim_x+0.5],
        ylim=[-0.5, env.dim_y+0.5],
    )
    ax.set_xticks(np.linspace(0.5, env.dim_x-0.5, num=env.dim_x))
    ax.set_xticklabels(["%d" % x for x in np.arange(env.dim_x)])
    ax.set_xticks(np.arange(env.dim_x+1), minor=True)
    ax.set_yticks(np.linspace(0.5, env.dim_y-0.5, num=env.dim_y))
    ax.set_yticklabels(["%d" % y for y in np.arange(0, env.dim_y*env.dim_x,
                                                    env.dim_x)])
    ax.set_yticks(np.arange(env.dim_y+1), minor=True)
    ax.grid(which='minor',linestyle='-')


def plot_rewards(n_episodes, rewards, average_range=10, ax=None):
    """
    生成显示每个训练过程的累积的总奖励
    Params:
        n_episodes: 智能体训练次数
        rewards: 训练过程智能体获得的总奖励
        average_range: 用于平滑奖励曲线的参数
        ax: 可选参数, 表示绘图将生成的坐标轴。如果不提供, 将创建一个新的图形和坐标轴
    """
    if ax is None:
        fig, ax = plt.subplots()

    smoothed_rewards = (conv(rewards, np.ones(average_range), mode='same')
                        / average_range)

    ax.plot(range(0, n_episodes, average_range),
            smoothed_rewards[0:n_episodes:average_range],
            marker='o', linestyle='--')
    ax.set(xlabel='Episodes', ylabel='Total reward')


def plot_performance(env, value, reward_sums):
    """
    调用定义的画图函数, 生成强化学习训练过程和结果的可视化
    Params:
        env: 环境对象
```

```
        value: Q-table，表示为形状为 (n_states, n_actions) 的数组
        reward_sums: 训练过程智能体获得的总奖励
    """
    fig, axes = plt.subplots(nrows=2, ncols=2, figsize=(16, 12))
    plot_state_action_values(env, value, ax=axes[0,0])
    plot_quiver_max_action(env, value, ax=axes[0,1])
    plot_rewards(n_episodes, reward_sums, ax=axes[1,0])
    im = plot_heatmap_max_val(env, value, ax=axes[1,1])
    fig.colorbar(im)
```

7. 强化学习训练与结果可视化

最后，我们将定义的各函数合并起来。首先定义强化学习的参数，包括贪心率、学习率和折扣因子。接着定义强化学习训练总次数和每次训练的尝试次数，并对环境进行初始化。紧接着进行强化学习的训练并可视化训练过程和结果。

```
# 强化学习参数设定
params = {
    # 贪心策略贪心率
    'epsilon': 0.1,
    # 学习率
    'alpha': 0.1,
    # 折扣因子
    'gamma': 1.0,
}


# 训练总次数
n_episodes = 500
# 每次训练的尝试次数
max_steps = 1000


# 环境初始化
env = CliffWorld()


results = learn_environment(env, q_learning, params, max_steps, n_episodes)
value_qlearning, reward_sums_qlearning = results


# 可视化结果
plot_performance(env, value_qlearning, reward_sums_qlearning)
```

我们观察本案例中强化学习的可视化结果，图 2-74 中三幅图分别显示了智能体学习过程的不同方面。图 2-74（a）是 Q-table 数值的可视化表示，显示了不同状态下不同动作的期望值。值得注意的是，从初始状态开始，如果智能体向下走，Q-table 的期望值很低，说明智能体意识到进入悬崖会得到惩罚，并尝试避开悬崖。图 2-74（b）显示了基于 Q-table 的 Epsilon 贪心策略，即如果智能体仅在该状态下进行最佳预测，它会采取什么行动。我们会发现智能体学到了在起点往上走，继而往右走，最后往下走绕开悬崖的策略。图 2-74（c）是智能体学习的实际证明，我们可以看到总奖励随着训练过程稳步增加，直到渐近于最大可能的奖励 -11。

Q-learning 完整代码可参考附录或扫描二维码下载。

代码下载

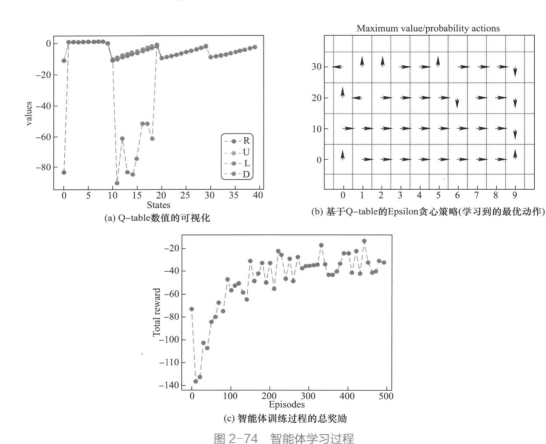

(a) Q-table 数值的可视化

(b) 基于Q-table的Epsilon贪心策略(学习到的最优动作)

(c) 智能体训练过程的总奖励

图 2-74　智能体学习过程

参考文献

[1]　吴茂贵，郁明敏，杨本法，李涛，张粤磊 .Python 深度学习：基于 PyTorch[M]. 北京：机械工业出版社，2019.

［2］ 小川雄太郎 .PyTorch 深度学习模型开发实战 [M]. 陈欢，译 . 北京：中国水利水电出版社，2022.

［3］ RUDER S. An overview of gradient descent optimization algorithms[J]. arXiv preprint arXiv:1609.04747, 2016.

［4］ Yann LeCun. THE MNIST DATABASE of handwritten digits[EB/OL]. (2013−05−15)[2023−02−09]. http://yann.lecun.com/exdb/mnist.

［5］ Joseph Chet Redmon. MNIST in CSV[EB/OL]. (2023−02−06)[2023−02−09]. http://pjreddie.com/projects/mnist−in−csv.

［6］ Joseph Chet Redmon. mnist_train[EB/OL]. (2023−02−06)[2023−02−09]. http://www.pjreddie.com/media/files/mnist_train.csv.

［7］ Joseph Chet Redmon. mnist_test[EB/OL]. (2023−02−06)[2023−02−09].http://www.pjreddie.com/media/files/mnist_test.csv.

［8］ GitHub. mnist_train_100[EB/OL]. (2023−02−06)[2023−02−09].https://raw.githubusercontent.com/makeyourownneuralnetwork/makeyourownneuralnetwork/master/mnist_dataset/mnist_train_100.csv.

［9］ ZEILER M D, FERGUS R. Visualizing and understanding convolutional networks[C]//Computer Vision–ECCV 2014: 13th European Conference, Zurich, Switzerland, September 6−12, 2014, Proceedings, Part I 13. Springer International Publishing, 2014: 818−833.

［10］ KRIZHEVSKY A, SUTSKEVER I, HINTON G E. Imagenet classification with deep convolutional neural networks[J]. Communications of the ACM, 2017, 60(6): 84−90.

［11］ SIMONYAN K, ZISSERMAN A. Very deep convolutional networks for large−scale image recognition[J]. arXiv preprint arXiv:1409.1556, 2014.

［12］ SUGATA T L I, YANG C K. Leaf App: Leaf recognition with deep convolutional neural networks[C]//IOP Conference Series: Materials Science and Engineering. IOP Publishing, 2017, 273(1): 012004.

［13］ SZEGEDY C, LIU W, JIA Y, et al. Going deeper with convolutions[C]//Proceedings of the IEEE conference on computer vision and pattern recognition. 2015: 1−9.

［14］ HE K, ZHANG X, REN S, et al. Deep residual learning for image recognition[C]//Proceedings of the IEEE conference on computer vision and pattern recognition. 2016: 770−778.

［15］ GOODFELLOW I, POUGET−ABADIE J, MIRZA M, et al. Generative adversarial networks[J]. Communications of the ACM, 2020, 63(11): 139−144.

［16］ MIRZA M, OSINDERO S. Conditional generative adversarial nets[J]. arXiv preprint arXiv:1411.1784, 2014.

［17］ SUTTON R S, BARTO A G. Reinforcement learning: An introduction [M]. MIT press, 2018.

［18］ ZHOU S, LIU X, XU Y, et al. A Deep Q−network (DQN) Based Path Planning Method for Mobile Robots; proceedings of the 2018 IEEE International Conference on Information and Automation (ICIA), F, 2018 [C]. IEEE.

［19］ KONAR A, CHAKRABORTY I G, SINGH S J, et al. A deterministic improved Q−learning for path planning of a mobile robot [J]. IEEE Transactions on Systems, Man, and Cybernetics: Systems, 2013, 43(5): 1141−53.

［20］ WATKINS C J, DAYAN P. Q−learning [J]. Machine learning, 1992, 8(3−4): 279−92.

［21］ MNIH V, KAVUKCUOGLU K, SILVER D, et al. Human−level control through deep reinforcement learning [J]. Nature, 2015, 518(7540): 529−33.

［22］ BUSONIU L, BABUSKA R, DE SCHUTTER B, et al. Reinforcement learning and dynamic programming using function approximators [M]. CRC press, 2010.

［23］ CHEN SL, WEI YM. Least-squares SARSA (Lambda) algorithms for reinforcement learning; proceedings of the 2008 Fourth International Conference on Natural Computation, F, 2008 [C]. IEEE.

［24］ MNIH V, KAVUKCUOGLU K, SILVER D, et al. Playing atari with deep reinforcement learning [J]. arXiv preprint arXiv:13125602, 2013.

［25］ SILVER D, HUANG A, MADDISON C J, et al. Mastering the game of Go with deep neural networks and tree search [J]. nature, 2016, 529(7587): 484.

［26］ SILVER D, SCHRITTWIESER J, SIMONYAN K, et al. Mastering the game of go without human knowledge [J]. Nature, 2017, 550(7676): 354-9.

［27］ SCHAUL T, QUAN J, ANTONOGLOU I, et al. Prioritized experience replay [J]. arXiv preprint arXiv:151105952, 2015.

［28］ BELLMAN R. A markov decision process. journal of Mathematical Mechanics [J]. 1957.

［29］ HOWARD R A. Dynamic programming and markov processes [J]. 1960.

［30］ BLACKWELL D. Discrete dynamic programming [J]. The Annals of Mathematical Statistics, 1962: 719-26.

［31］ WATKINS C J C H. Learning from delayed rewards [J]. 1989.

［32］ 喻杉 . 基于深度环境理解和行为模仿的强化学习智能体设计 [D]. 杭州：浙江大学，2019.

## 第3章

采用深层卷积网络实现裂缝分类

随着中国经济社会的蓬勃发展，城市基础建设方兴未艾。建筑、道路等作为基础建设的重要环节，其安全性受到社会各界的广泛关注。然而，这些基础设施在施工或运营期间常会出现各种质量问题，包括裂缝、渗漏、露筋等[1]。这些质量缺陷中，裂缝最为常见（图 3-1），轻则影响使用性能，重则损害结构的整体性。因此，在基础设施的全生命周期，及时检测、发现裂缝，并制定相应的整改措施，具有重要意义。

(a) 墙面裂缝

(b) 道路裂缝

图 3-1　常见裂缝

但长期以来，现场裂缝检测大多依靠人工视觉，主观程度高、测量记录过程繁琐且效率低。近几年来，随着人工智能技术的发展，裂缝的自动识别精度得到进一步提高。人工智能在裂缝检测中的应用主要可以分为以下三种（图 3-2）：（a）图像分类[2]，通过对裂缝图像和非裂缝图像进行分类，判断图像中是否含有裂缝；（b）目标检测，通过对图像中的裂缝区域进行标注训练，学习裂缝的具体位置并用矩形框进行标识；（c）语义分割[3]，通过对裂缝本体进行标注，实现裂缝本体的高亮检测。

在本章，我们将从最基础的图像分类出发，采用深层卷积神经网络中的残差网络（Residual Network，ResNet）对不同场景下的裂缝图像和非裂缝图像进行分类。通过这

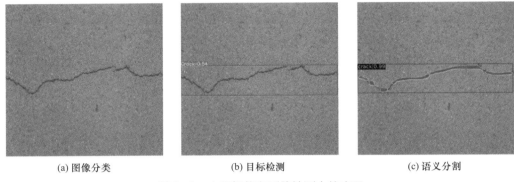

(a) 图像分类　　　　　　(b) 目标检测　　　　　　(c) 语义分割

图 3-2　人工智能在裂缝检测中的应用

个案例，我们可以了解深度学习在实际工程中的具体应用。同时，读者可以尝试将这个方法迁移至建筑工程的其他类似场景，进行拓展学习。

3.1　残差网络的架构

2015 年前，VGG[4] 网络和 GoogLeNet[5] 网络的实验结果表明，网络的深度与模型的表现成正比，深层网络一般比浅层网络效果好。究其原因，主要是因为我们可以把浅层网络的参数完全迁移至深层网络的前面几层，而深层网络之后的层只需做一个等价映射，即输出等于输入，就可达到与浅层网络一样的效果。但是，在网络达到一定深度后，网络越深，梯度消失和梯度爆炸的现象就越明显，在反向传播过程中无法有效地把梯度更新到靠前的网络层，导致训练和测试效果变差。

为了解决这一问题，2015 年微软实验室的何凯明等人提出了 ResNet[6] 网络，它能在深层网络情况下保持良好的性能，在当年斩获 ImageNet[7] 竞赛中分类任务第一名、目标检测第一名，同时在 COCO 数据集中获得目标检测第一名、图像分割第一名。相对于 VGG 网络，ResNet 网络拥有更多的网络层数，主要有 ResNet18、ResNet34、ResNet50、ResNet101 和 ResNet152 五个版本，后面的数字代表包含权重的层数，数字越大代表网络越深。

下面，让我们以 ResNet18 为例认识残差网络的结构，如图 3-3 所示。

ResNet18 和普通卷积神经网络一样，由输入层、隐含层和输出层组成。隐含层内包含多个残差单元和卷积、全连接层。从网络结构图可以发现，ResNet18 在网络中间部分连续使用了 8 个残差单元，其中 5 个为普通残差单元（CommonBlock），3 个为特别残差单元（SpecialBlock），具体位置排布如图 3-3 所示。在残差单元的前端首先进行预卷积操作，将输入图像连续进行卷积、批量标准化（Batch Normalization, BN）、激

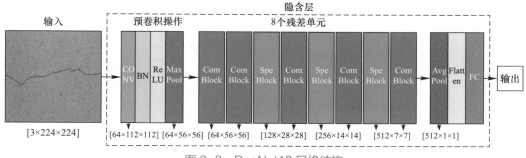

图 3-3　ResNet18 网络结构

活和最大池化操作，以减小特征图的尺寸。而在残差单元输出端首先进行全局平均池化来减少训练参数，提高训练速度，然后进行 Flatten 操作以接入全连接层 FC，最后由全连接层输出分类结果。

✳ *TIPS*：批量标准化

神经网络学习过程的核心是学习数据分布，并在多个分布中找到平衡点。深度神经网络在训练时，随着参数的不断更新，中间神经元的数据分布往往会和参数更新之前有较大的差异，导致网络要不断地适应新的数据分布，进而使训练变得异常困难。2015 年首次提出批量标准化[8]的想法不仅仅对输入层做标准化处理，还要对每一中间层的输入（激活函数前）做标准化处理，使得输出服从均值为 0，方差为 1 的正态分布，从而避免内部输入变量偏移的问题。

对于卷积神经网络的批量标准化，首先对 batch 个样本对应特征图的所有像素求均值和方差，然后利用公式更新像素值。具体流程如下图所示。下图为一个 batch 数据，数据维度为［4, 32, 64, 64］，4 表示一个 batch 有 4 个样本，32 表示一个样本有 32 张特征图，64 表示每一张特征图的长和宽。

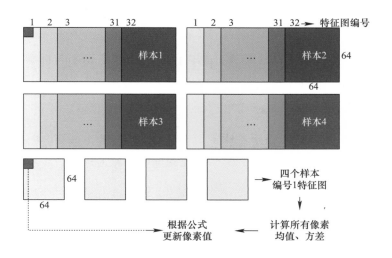

批量标准化时需要计算 4 个样本对应位置特征图所有像素（$4 \times 64 \times 64$ 个像素）的平均值和方差，有 32 个特征图会算出 32 个均值 u_c 和方差 σ_c，再经过下列公式更新每个像素。

$$x_i^* = \frac{x_i - u_c}{\sqrt{\sigma_c^2 + \varepsilon}}$$

式中，x_i 为输入的样本；ε 为数值稳定性参数，防止分母为 0 出现数值计算错误。

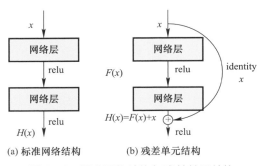

(a) 标准网络结构　(b) 残差单元结构

图 3-4　标准网络结构与残差单元结构

为什么 ResNet 能在深层条件下保持更好的性能呢？这全都依赖于 ResNet 中的残差单元，这也是 ResNet 与其他卷积神经网络的区别所在。图 3-4（b）为残差单元结构，可以发现，相较于图 3-4（a）中的标准网络结构，残差单元多了一条连接输入与输出支路，通过支路将输出与输入相加构成整个残差单元的输出。

残差网络可以在增加网络深度的情况下解决梯度消失的问题，这是因为相对于学习原始的输入信号，残差单元学习的是信号的差值。我们通过一个简单例子说明为什么学习残差可以解决梯度消失问题，参考图 3-4 结构，为了简化说明，忽略激活函数，网络层为卷积层，标准网络结构和残差单元结构都有两个卷积层，若该结构位于卷积神经网络 l 层起始位，令 x_l 为 l 层的输入，$H(x_{l+1})$ 为 $l+1$ 层的输出，$F()$ 为卷积计算。

对于图 3-4（a）的标准网络结构，第一次卷积对应的输出是：

$$x_{l+1} = F(x_l, w_l) = x_l \times w_l \tag{3-1}$$

第二次卷积对应的输出是：

$$H(x_{l+1}) = F(x_{l+1}, w_{l+1}) = x_{l+1} \times w_{l+1} = x_l \times w_l \times w_{l+1} \tag{3-2}$$

对于图 3-4（b）的残差单元结构，第一次卷积对应的输出与标准网络结构相同，第二次卷积对应的输出是：

$$H(x_{l+1}) = x_l + F(x_{l+1}, w_{l+1}) = x_l + x_l \times w_l \times w_{l+1} \tag{3-3}$$

可以发现，在前向传播过程中，残差单元结构的输出多了起始层的输入 x_l。

因此，在反向传播过程中，标准网络结构的梯度计算为：

$$\frac{\partial L}{\partial x_l} = \frac{\partial L}{\partial H(x_{l+1})} \frac{\partial H(x_{l+1})}{\partial x_l} = \frac{\partial L}{\partial H(x_{l+1})} w_l w_{l+1} \tag{3-4}$$

残差单元结构的梯度计算为：

$$\frac{\partial L}{\partial x_l} = \frac{\partial L}{\partial H(x_{l+1})} \frac{\partial H(x_{l+1})}{\partial x_l} = \frac{\partial L}{\partial H(x_{l+1})}(1 + w_l w_{l+1}) \qquad （3-5）$$

根据链式求导法则，某一层的梯度需要计算该层以后每层的导数，若一共有 L 层，则 l 层梯度计算中的 $\frac{\partial L}{\partial H(x_{l+1})}$ 为 $\frac{\partial L}{\partial H(x_L)} \frac{\partial H(x_L)}{\partial H(x_{L-1})} \cdots \frac{\partial H(x_{l+2})}{\partial H(x_{l+1})}$。对于标准网络结构，$\frac{\partial H(x_{i+1})}{\partial H(x_i)} \frac{\partial H(x_i)}{\partial H(x_{i-1})} = w_i w_{i+1}$，如果上式中的偏导数很小，多次连乘后梯度会越来越小，甚至趋近于零。对于深层网络，这会导致靠近输入的浅层梯度值非常小，使浅层的参数无法有效更新，网络无法被优化。而对于残差单元结构，$\frac{\partial H(x_{i+1})}{\partial H(x_i)} \frac{\partial H(x_i)}{\partial H(x_{i-1})} = 1 + w_i w_{i+1}$，每个残差单元的偏导数内都会加 1，这样采用残差单元堆叠而成的 ResNet，即使网络层数很深，多次连乘后的梯度也不容易消失。

因此，ResNet 网络能够非常有效地缓解深层卷积网络中可能遇到的梯度消失和网络退化问题，让训练出具有强大表征能力的深层次网络成为可能。如何选择合适的 ResNet 版本，需要结合自己的实际资源条件（包括数据集数量、数据集特征复杂度、检测速度和训练设备等）酌情挑选。

本章针对三种特定场景（路面、墙面、桥面）下有无裂缝进行分类（共 6 类），具有特征简单、数据量小的特点，所以使用层数较少、效率较高的 ResNet18 来完成该项目的分类任务。

3.2　残差网络（ResNet18）的工作机制

本节以裂缝图片分类为例，描述一个样本数据在 **ResNet18** 中的传播过程，包括前向传播的输入、卷积、池化、输出操作和反向传播的权重更新，并学习它们在网络中发挥的不同作用。

1. 输入

输入层是网络的第一层，对于任意的输入图像，ResNet18 第一步就是将图像格式转换成固定输入格式 [3, 224, 224]。其中，3 代表输入图像的通道数，即为 RGB 三通道图像；两个 224 分别为输入图像的长宽尺寸。如图 3-5 所示。

2. 卷积

当输入固定格式的图像后，需要经过一系列的卷积

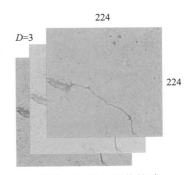

图 3-5　输入图像格式

操作以提取图像特征。ResNet18 在网络输入端首先连接一个预卷积操作，卷积核参数为 K=7，S=2，P=3，卷积核数量为 64，经过预卷积操作后，特征图维度由［3, 224, 224］变为［64, 112, 112］。

而 ResNet18 的主要卷积过程是在残差单元中进行，需要经过 8 个残差单元的 16 次卷积操作。图 3-6 描述了两种残差单元的操作细节。其中，虚线框代表在此处进行了一次卷积操作，这里我们把连续进行卷积、批量标准化、激活的操作统称为一次卷积操作。卷积方块内的（$K \times K, S, P$）分别代表卷积核尺寸、步长和填充。

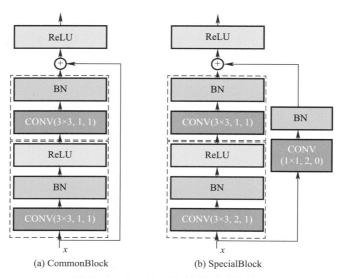

图 3-6　ResNet18 的两种残差单元

首先，让我们看一下 CommonBlock 残差块的单元结构。可以看出，输入 x 经过两次卷积操作后可以直接与 x 相加，说明这两次卷积操作并没有改变输入 x 的维度（通道数、长和宽）。要想保证通道数不变，只需在卷积时设置卷积核的数量等于输入的通道数。而长、宽尺寸只需要按照公式（2-51）设定相应的 K、S 和 P 值，就能维持原尺寸不变。

我们举例说明 CommonBlock 单元的运行过程：若此时输入 x 的维度是［64, 56, 56］，表示输入通道数为 64，长、宽都为 56。为保证通道数不变，两次卷积操作时的卷积核数量都应为 64。同时，为了保证长、宽不变，ResNet18 在 CommonBlock 中两次卷积操作的参数都设置为 K=3，S=1，P=1，将参数带入公式（2-51），计算可得输出尺寸为 $\frac{56-3+2\times1}{1}+1=56$。因此，采用这些设定参数的运行结果可不改变输入的长、宽尺寸。经过两次这样的卷积操作后，输出仍保持为［64, 56, 56］，可以直接与输入 x 相加。另外，CommonBlock 残差块的第一次卷积操作包含了卷积、BN 和激活三步，而第二次卷积操作只包含卷积和 BN 两步，而将激活放至第二次卷积操作的输出与输入 x 相加后进行。

我们都知道深度卷积神经网络在前向传播过程中，通常通过不断增加通道数并减小特征图尺寸以达到特征提取的目的。显然，上述 CommonBlock 残差块并不能满足这一要求。此时，我们可以引入 SpecialBlock 残差块来改变输入 x 的维度。

首先，我们希望 SpecialBlock 残差块能够将输入的通道数增加一倍，同时将尺寸缩小一半。要如何通过设定卷积参数来实现这一变化呢？如 CommonBlock 部分所述，若要保持通道数不变，只需保持卷积核数量与输入通道数一致；如果我们想通过 SpecialBlock 增加一倍的通道数，那么只需将卷积核数量设置为输入 x 的通道数的 2 倍。同时，按照公式（2-51）设定相应的 K、S 和 P 值，就能实现长、宽尺寸缩小一半。

我们举例说明 SpecialBlock 单元的运行过程：若此时输入 x 的维度是 $[64, 56, 56]$，为增加一倍通道数，第一次卷积操作时卷积核的数量应为 128。同时，为实现长、宽缩小一半，可在进行第一次卷积操作时将卷积核参数设置为 $K=3$，$S=2$，$P=1$，根据公式（2-51），输出尺寸为 $\dfrac{56-3+2\times1}{2}+1=28.5$，向下取整为 28。经过第一次卷积操作后，维度变为 $[128, 28, 28]$，我们已经通过 SpecialBlock 的第一次卷积操作实现了"通道数增加一倍、尺寸缩小一半"的目标。所以，SpecialBlock 的第二次卷积操作和 CommonBlock 中的卷积操作参数设置方法相同，我们不再对其维度进行变化，即在第二次卷积操作完成后的输出维度仍保持 $[128, 28, 28]$ 不变。接着，我们需要将输出与输入 x 相加，但由于输入维度是 $[64, 56, 56]$，与输出维度 $[128, 28, 28]$ 不同。为了解决这个问题，SpecialBlock 引入了一个旁支卷积，对输入 x 进行处理，使处理后的维度与输出维度相等。因此，旁支卷积的卷积核个数应与输出通道数相同为 128，这时卷积核参数设置为 $K=1$，$S=2$，$P=0$，可以计算得出输出尺寸为 $\dfrac{56-1+2\times0}{2}+1=28.5$，向下取整为 28。通过旁支卷积后，输入 x 的维度变成了 $[128, 28, 28]$，与主路第二次卷积操作的输出维度相同，实现了维数减小的目标。最后，将主路和支路的结果相加后进行激活。

3. 池化

在 ResNet18 中，有两个地方用到了池化：第一次是对经预卷积处理后得到的特征图 $[64, 112, 112]$ 进行最大池化，采用的池化参数为 $K=2$，$S=2$，$P=1$。由于池化不改变通道数，只改变图像的高宽，所以池化后的输出为 $[64, 56, 56]$。第二次池化是对最后一个残差单元的输出进行全局平均池化，已知经过残差单元后的特征图大小为 $[512,$

7, 7 ］，经过全局平均池化后维度为 ［ 512, 1, 1 ］。

4. 输出

首先，将上一步经过全局平均池化的结果矩阵 ［ 512, 1, 1 ］ 展平为 512 维列向量（Flatten）A（512×1），然后用全连接矩阵 W（6×512）对其进行线性变换 W*A，得到一个 6 维向量，将这个 6 维向量输入激活函数，最终输出一个 6 维激活向量值，这 6 个数分别对应 6 个类别的概率。

5. 反向传播

在前向传播过程结束后，将得到网络输出的预测值，这时需要反向计算梯度更新权重。卷积神经网络的隐含层中包含卷积层和池化层，池化层没有权重参数和偏置参数，不需要训练，卷积层的参数包括卷积核张量矩阵的元素和相应的偏置，因此训练中需要计算张量矩阵元素和偏置的梯度并进行参数更新。

ResNet18 输出端的全连接层其梯度计算过程与前馈网络中相同，这部分内容在第 2 章已进行了详细介绍，这里不再赘述。与全连接神经网络相比，卷积神经网络的训练更复杂一些，但基本原理相同：利用链式法则计算损失函数对每个参数的偏导数，然后通过梯度下降对参数进行更新，训练算法依然是反向传播算法。

与前馈网络类似，卷积网络的反向传播算法也可主要分为以下三个步骤：

（1）输入一个做好标签的训练样本，前向传播时计算网络中每个神经元的输出值 a_i；

（2）反向传播时计算每个神经元的误差项 δ_i，δ_i 定义为 $\delta_i = \dfrac{\partial L}{\partial z_i} = \dfrac{\partial a_i}{\partial z_i}\dfrac{\partial L}{\partial a_i}$，其中 L 为损失函数；此公式加上带括号的上角标后，代表是上角标编号层的参数和运算；

（3）计算损失函数对权重 w 的偏导数，$\dfrac{\partial L}{\partial w_i^{(l)}} = \dfrac{\partial z_i^{(l)}}{\partial w_i^{(l)}}\delta_i^{(l)} = a_i^{(l-1)}\delta_i^{(l)}$，求偏置 b 的思路相同。

求得权重参数与偏置的梯度后，便可以根据梯度下降法的数学公式更新参数，以此达到训练学习的目的。

3.3 采用 ResNet18 实现裂缝分类

在 3.2 节我们学习了 ResNet18 的网络架构，同时我们在第 2 章也对卷积、池化和激活函数的基础知识进行了详细描述。至此，我们已经具备了将 ResNet18 带入项目实例，实现对裂缝图像分类学习的全部基础知识。下面我们将依照深度学习的实现流程，实现对三个场景下有无裂缝的项目进行分类（共计 6 个种类），具体流程如图 3-7 所示。

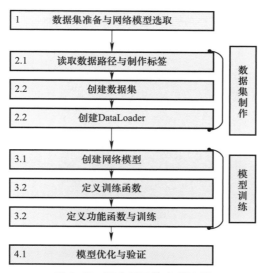

图 3-7　深度学习的实现流程

首先，让我们创建一个 note，并导入需要的库。

```
# 0. 导入需要的库
import os
import random
import numpy as np
from sklearn import model_selection
import torchvision.transforms as transforms
from torch.utils import data as torch_data
from PIL import Image
import torch.nn as nn
from torch.nn import functional as F
import torchvision.models as models
import torch
from torch.utils import data as torch_data
import datetime
import torch.optim as optim
from torch.optim import lr_scheduler
from torch.utils import tensorboard
```

3.3.1　数据集制作

数据的获取可来源于多种途径，包括自己实地采集、网络收集和公共数据集。我们选择来源于 kaggle 官网的裂缝数据[9]，该数据包含桥面、道路和墙面三个场景下有无裂缝的图片。查看图像数据如图 3-8 所示。

下载的图片总量为 56092，各类别图片数量和分布如图 3-9 所示。

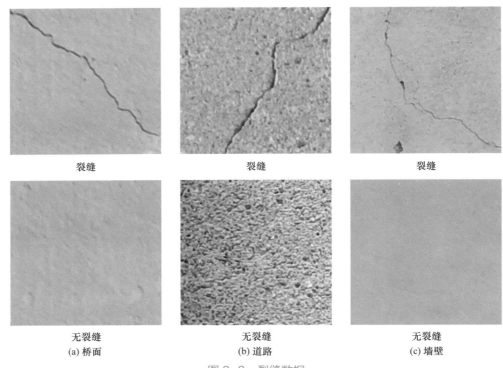

图 3-8　裂缝数据

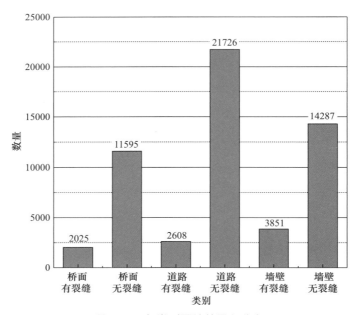

图 3-9　各类别图片数量和分布

为了方便程序读取图片数据和制作标签，我们首先需要将下载的数据按不同类别单独储存在文件夹中。在根目录新建文件夹 datasets，并按照图 3-10 所示对文件夹进行分级和分类。在根目录下有三个一级子目录，分别代表桥面、道路和墙面三个场景，二级子目录分别是对应场景下有无裂缝的文件夹，在二级子文件夹下存放图片，具体存放格式如图 3-10 所示。

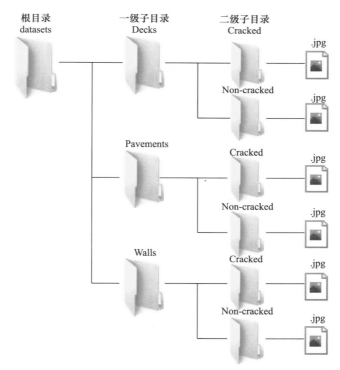

图 3-10　图片数据储存方式

将数据存入文件夹之后，需要制作可以直接用于训练的数据集。一共分为三个步骤：①读取图片地址和制作标签，并将图片地址和标签存于同一列表下；②创建数据集，将图片划分为训练集和测试集后，读取图片并进行预处理；③创建 DataLoader，设置 batch_size，定义从数据集中读取数据的方式。下面我们逐步讲解如何将下载的数据处理成用于训练的数据集。

1. 读取数据路径与制作标签

我们的目标是将所有图片的路径存储到列表 data_x 内，并将该列表中每个地址对应的标签存储到列表 data_y，同时还要将六个类别的标签名存入列表 class_name_s。这里需要注意的是，标签和标签名是两个内容。标签是 0, 1, 2, 3, 4, 5 的数字编号，用于六类任务，而标签名是类别的名称。我们通过以下程序来实现目标。

```
# <1.1 读取数据路径与制作标签 >
IMAGE_DATASET_PATH = "datasets"
class_name_s = []                                        # 存储标签名
data_set = []                                            # 存储图片地址和标签
for parent_class_name in os.listdir(IMAGE_DATASET_PATH):
# 返回 ( 路径 ) 下所有文件夹名，['Decks', 'Pavements', 'Walls']
    for sub_class_name in os.listdir(os.path.join(IMAGE_DATASET_PATH,
parent_class_name)):
# 拼接路径，例如：datasets\Decks 返回路径下所有文件夹名
        class_name = ".".join([parent_class_name, sub_class_name])
# 返回 parent_class_name.sub_class_name 作为标签名

        class_i = len(class_name_s)                      # 返回 class_name_s 列表长度
        class_name_s.append(class_name)                  # 将标签名存入 class_name_s
        data_x = []                                      # 存储图片路径
        data_y = []                                      # 存储图片标签
        for sub_data_file_name in os.listdir(os.path.join(IMAGE_DATASET_PATH,
parent_class_name, sub_class_name)):
            data_x.append(os.path.join(IMAGE_DATASET_PATH, parent_class_name,
sub_class_name, sub_data_file_name))                     # 遍历图片路径并存储在 data_x
            data_y.append(class_i)                       # 将标签存储在 data_y
        data_set.append((data_x, data_y))                # 整合图片路径列表和标签列表
```

遍历每一个图片的地址，并将其地址存储在列表中。首先打开 datasets 文件夹，依次遍历一级子目录，parent_class_name 对应一级子目录的三个场景文件名。接着按顺序打开一级子目录，依次遍历二级子目录，sub_class_name 对应二级子目录的有无裂缝文件名。最后按顺序打开二级子目录，依次遍历文件夹内的图片，sub_data_file_name 对应图片名。值得注意的是，标签由 class_name_s 的长度决定，而 class_name_s 只有遍历完一个类别的所有图片后才会有新的类别名加入。初始 class_name_s 为空列表，len（class_name_s）= 0，所以在遍历 Decks\Cracked 文件夹下的图片时，标签都为 0。当循环到二级子目录 Decks\Non-cracked，列表 class_name_s 内只存储了一个文件名 Decks.Cracked，此时 len（class_name_s）= 1，所以遍历 Decks\Non-cracked 文件夹下的图片时，标签都为 1。直至循环结束，六个类别的图片分别对应的标签为 0, 1, 2, 3, 4, 5。我们看一下这些列表里存储的值。

```
print(class_name_s) # 类别名
# 输出
```

```
['Decks.Cracked', 'Decks.Non-cracked', 'Pavements.Cracked',
'Pavements.Non-cracked', 'Walls.Cracked', 'Walls.Non-cracked']
```

```
print(data_set)  # 图片地址和标签
# 输出
[
(['datasets\\Decks\\Cracked\\7001-115.jpg',…],[0,0,0,…]),
(['datasets\\Decks\\Non-cracked\\7001-1.jpg',…],[1,1,1,…]),
(['datasets\\Pavements\\Cracked\\001-100',…],[2,2,2,…]),
(['datasets\\Pavements\\Non-cracked\\001-1.jpg',…],[3,3,3,…]),
(['datasets\\Walls\\Cracked\\7069-101.jpg',…],[4,4,4,…]),
(['datasets\\Walls\\Non-cracked\\7069-1.jpg',…],[5,5,5,…])
]
```

2. 创建数据集

通过上述步骤，我们已经把图片地址和标签存储到列表 data_set，接下来需要读取图片信息并制作数据集。首先将所有数据划分为训练集和测试集，接着定义图像预处理函数，最后读取图片并处理后储存。创建过程如下：

```
# <1.2.1 数据集划分 >
x_train_s = []                       # 用来存储训练集图片路径
x_test_s = []                        # 用来存储测试集图片路径
y_train_s = []                       # 用来存储训练集标签
y_test_s = []                        # 用来存储测试集标签
for x_data, y_data in data_set:
    x_train, x_test, y_train, y_test = model_selection.train_test_split(x_
data, y_data, test_size=0.2)         # 每个类别的所有图片路径和标签按 8：2 分为训练集
                                     和测试集，训练标签和测试标签
    x_train_s.extend(x_train)        # 六个类别的训练集路径依次存入 x_train_s
    x_test_s.extend(x_test)          # 六个类别的测试集路径依次存入 x_test_s
    y_train_s.extend(y_train)        # 六个类别的训练标签依次存入 y_train_s
    y_test_s.extend(y_test)          # 六个类别的测试标签依次存入 y_test_s
# 可以发现，上述划分训练集和测试集时并不是对整个数据按照比例进行划分，而是对每个类别
分别进行划分后合并，这样做可以提高每个类别训练样本的均匀性。print(len(x_train_s)) =
44871，训练集的数量约为总数的 8/10。

train_data = list(zip(x_train_s, y_train_s))
# 将训练集和训练标签合并—>[('图片地址 1', 标签 1),……('图片地址 44871', 标签 44871)]
```

```
random.shuffle(train_data)                        # 将列表中元素顺序打乱
x_train_s, y_train_s = list(zip(*train_data))     # 将打乱后的训练数据拆分成
                                                    新的训练集和训练标签
test_data = list(zip(x_test_s, y_test_s))         # 对测试集路径做相同的打乱和
                                                    拆分处理
random.shuffle(test_data)
x_test_s, y_test_s = list(zip(*test_data))
dataset_sizes = {
    "train": len(train_data),
    "val": len(test_data),
}                                                 # 保存训练集和测试集数据量

# 计算样本权重，可以得到每个样本所占比重，是后续设置损失函数时所需参数
y_train_np = np.asarray(y_train_s)                # 将训练集标签转为数组
y_one_hot = np.eye(len(class_name_s))[y_train_np] # 将训练集标签数组转为独热
                                                    编码
class_count = np.sum(y_one_hot, axis=0)           # 列向量求和，可知道训练集中
                                                    各类别的数量
total_count = np.sum(class_count)                 # 求六个类别总数量 –>44871
label_weight = (1 / class_count) * total_count / 2 # 求样本权重
```

这一步我们将 data_set 内的图片按照 8 ∶ 2 划分为训练集和测试集，对应的标签划分为训练标签和测试标签。各部分对应的数据量可以通过以下程序查看。

```
print(" 训练集数据量 :" + str(len(x_train_s)))
print(" 测试集数据量 :" + str(len(x_test_s)))
# 输出
训练集数据量 :44871
测试集数据量 :11221
```

接下来，根据图片地址读取图片信息，读取时我们首先加载用于图像预处理的功能函数 transforms.Compose() 对图片进行预处理，预处理可以将图片转变为网络模型输入的尺寸，也可以对图片进行翻转、剪切和颜色变化等操作来增强数据特征。

```
# <1.2.2 图片预处理 >
data_transforms ={
    'train': transforms.Compose([
        transforms.Resize((224, 224)),        # 调整图片尺寸–>[224，224]
        transforms.RandomGrayscale(p=0.1),    # 随机图片灰度化
```

```python
        transforms.RandomAffine(0, shear=5, scale=(0.8, 1.2)),    # 随机仿射变化
        transforms.ColorJitter(brightness=(
            0.5, 1.5), contrast=(0.8, 1.5), saturation=0),    # 图片属性变换
        transforms.RandomHorizontalFlip(),    # 随机图片水平翻转
        transforms.ToTensor(),    # 将图片格式转换为张量
        transforms.Normalize(mean = [0.485, 0.456, 0.406],
                             std = [0.229, 0.224, 0.225]),    # 图片归一化
    ]),
# 测试集图片预处理，只进行图片尺寸、格式和归一化处理
    'val': transforms.Compose([
        transforms.Resize((224, 224)),
        transforms.ToTensor(),
        transforms.Normalize(mean = [0.485, 0.456, 0.406],
                             std = [0.229, 0.224, 0.225]),
    ]),
}
```

在这里只使用了部分图片预处理函数，其他预处理函数的详细用法读者可以自行学习和使用。接下来，我们将进行图片信息的读取与存储。

```python
# <1.2.3 图片信息读取 >
class CrackDataset(torch_data.Dataset):    # 定义一个读取图片信息的类
    _files = None
    _labels = None
    _transform = False
# 读取外部信息函数
    def __init__(self, abs_file_path_s, y_datas, trans=False):
        self._files = abs_file_path_s    # 传入图像地址
        self._labels = y_datas    # 传入图像标签
        self._transform = trans    # 传入需要载入的预处理函数
# 图像处理函数，按顺序读取图片并将图片转换成 RGB 格式
    def __getitem__(self, item):
        img = Image.open(self._files[item]).convert("RGB")
        label = self._labels[item]    # 按顺序读取图片标签
        if self._transform:
            img = self._transform(img)    # 对图片进行预处理
        return img, label    # 返回预处理后的图像信息和标签

    def __len__(self):
```

```
        return len(self._files)              # 返回数据长度

train_data = CrackDataset(abs_file_path_s=x_train_s, y_datas=y_train_s,
trans=data_transforms["train"])              # 调用类功能，输出训练数据
test_data = CrackDataset(abs_file_path_s=x_test_s, y_datas=y_
test_s, trans=data_transforms["val"])        # 调用类功能，输出测试数据
```

这一步我们依据图片路径读取了图片，同时还将训练图片和训练标签存入了 train_data，测试图片和测试标签存入了 test_data，并对图片进行了预处理。

3. 创建数据加载器 DataLoader

上一步我们已经将所有图片信息和标签信息读取并存储在 train_data 和 test_data，下一步将定义如何从 train_data 和 test_data 中抓取图片到网络模型中进行训练和测试。使用 torch_data.DataLoader( ) 构建可迭代的数据装载器，使用超参数 batch_size 确定网络模型一次读入的图片数量。

```
# <1.3 创建数据加载器 DataLoader>
BATCH_SIZE = 64                     # 一次输入网络模型的图片量
train_loader = torch_data.DataLoader(train_data, batch_size=BATCH_SIZE,
shuffle=True)
test_loader = torch_data.DataLoader(test_data, batch_size=BATCH_SIZE)

dataloaders = {
    'train': train_loader,
    'val': test_loader,
}                                   # 将训练数据和测试数据存入字典 dataloaders
```

通过上述三个步骤，我们完成了数据集制作的全过程。接下来，我们将进行网络的构建与训练。

3.3.2 模型训练

模型训练一共分为三个步骤：①创建网络模型，此处我们将采用两种方法创建；②定义训练函数，设置一些必要的显示参数；③定义功能函数与训练，设定损失函数与优化函数等功能函数并进行训练。下面我们将逐步讲解如何创建网络模型并进行训练。

1. 创建网络模型

这一部分我们主要通过两种方式创建 ResNet18 网络模型。第一种是直接使用 PyTorch

框架中内嵌的 ResNet18 包，第二种则是通过 PyTorch 框架自行编译 ResNet18 模型。

第一种：直接使用 ResNet18 内嵌包

```
# <2.1.1 创建框架中模型 >
device = "cpu"
if torch.cuda.is_available():
    device = "cuda"
model = models.resnet18(pretrained=True)    # 使用预训练模型
fc_inputs = model.fc.in_features
# 载入的 resnet18 不包含后续的全连接层，需要根据自己项目需求写入
model.fc = nn.Sequential(
    nn.Linear(fc_inputs, 256),              # 全连接层，接 256 个神经元
    nn.ReLU(),
    nn.Linear(256, 6)                       # 全连接层，接输出
)
model = model.to(device)                    # 将由 CPU 保存的模型加载到 GPU 上，
                                              提高训练速度
```

在直接使用 ResNet18 时，我们不仅可以加载 ResNet18 的网络框架，还可以选择是否载入预训练权重。当 pretrained=True 时，表示我们希望载入预训练权重，并将其作为初始权重进行后续训练。预训练数据集大多采用 ImageNet 数据，在选择是否载入预训练权重时，可以观察自己的训练数据和预训练数据的特征相似性。如果数据特征相似，采用预训练权重可以加快模型收敛速度，节省训练时间，使用预训练权重有时也称为迁移学习。如果数据特征相差较多，则不建议使用预训练权重。对于上述网络，我们在输出端定义了两个全连接层，以提高模型的非线性表达能力。可观察以下程序每次运行后的数据结构信息。

```
summary(model, (3, 224, 224))    # 输出模型结构
# 输出
----------------------------------------------------------------
        Layer (type)            Output Shape            Param #
================================================================
          Conv2d-1         [-1, 64, 112, 112]            9,408
     BatchNorm2d-2         [-1, 64, 112, 112]              128
            ReLU-3         [-1, 64, 112, 112]                0
                             ......
                             ......
           ReLU-62         [-1, 512, 7, 7]                   0
```

```
        Conv2d-63          [-1, 512, 7, 7]         2,359,296
   BatchNorm2d-64          [-1, 512, 7, 7]             1,024
         ReLU-65          [-1, 512, 7, 7]                 0
   BasicBlock-66          [-1, 512, 7, 7]                 0
AdaptiveAvgPool2d-67       [-1, 512, 1, 1]                 0
       Linear-68                 [-1, 256]           131,328
         ReLU-69                 [-1, 256]                 0
       Linear-70                   [-1, 6]             1,542
================================================================
Total params: 11,309,382
Trainable params: 11,309,382
Non-trainable params: 0
----------------------------------------------------------------
Input size (MB): 0.57
Forward/backward pass size (MB): 62.79
Params size (MB): 43.14
Estimated Total Size (MB): 106.51
----------------------------------------------------------------
```

✱ *TIPS*：迁移学习

迁移学习是指以学习完毕的权重作为基础，通过替换不同的最终输出层来进行学习的方法。即将学习完毕的模型的最终输出层替换成能够对应到我们现有数据的输出层，并使用我们少量的数据对被替换的输出层的连接参数（以及位于其前面的若干层网络的连接参数）进行重新学习，而位于输入层附近的连接参数则仍然使用之前训练好的参数值不变。

迁移学习的优点是即使我们数据的数量很少，也能比较容易地实现深度学习。此外，如果对位于输入层附近网络层的连接参数也进行更新，则称为微调（Fine Tuning）。

第二种：通过 PyTorch 框架自行编译 ResNet18 模型

ResNet18 由两种不同的残差单元组成，分别为 CommonBlock 和 SpecialBlock，要搭建 ResNet18 需要先编译这两个基础模块。这两个残差单元有很多相似之处，我们对照图 3-6，通过代码来实现残差单元的功能。

```
# <CommonBlock 结构 >
class CommonBlock(nn.Module):
```

```python
    def __init__(self, in_channel, out_channel, stride):   # 定义功能函数
        super(CommonBlock, self).__init__()
        self.conv1 = nn.Conv2d(in_channel, out_channel, kernel_size=3,
stride=stride, padding=1, bias=False)                        # 第一次卷积操作参数
                                                              # 设置

        self.bn1 = nn.BatchNorm2d(out_channel)
        self.conv2 = nn.Conv2d(out_channel, out_channel, kernel_size=3,
stride=stride, padding=1, bias=False)                        # 第二次卷积操作参数
                                                              # 设置

        self.bn2 = nn.BatchNorm2d(out_channel)

    def forward(self, x):                                     # 调用上述功能函数，
                                                              # 对输入 x 进行处理

        identity = x                                          # 将初始输入 x 直接赋
                                                              # 给 identity

        x = F.relu(self.bn1(self.conv1(x)), inplace=True)     # 对输入 x 进行第一次
                                                              # 卷积操作并激活

        x = self.bn2(self.conv2(x))                           # 第二次卷积操作
        x += identity                                         # 将第二次卷积操作的
                                                              # 输出与未经处理的输入
                                                              # 相加

        return F.relu(x, inplace=True)                        # 激活后返回输出结果
```

　　以上步骤可简要表述为：CommonBloc 首先将输入的 *x* 直接赋给 identity（没有处理），然后将 *x* 接连进行第一次卷积操作（卷积→标准化→激活）→第二次卷积操作（卷积→标准化）→输入（没有处理）+ 输出（操作处理）→激活，最后返回输出结果。

```python
# <SpecialBlock 结构 >
class SpecialBlock(nn.Module):
    def __init__(self, in_channel, out_channel, stride):
                                                 # 定义功能函数

        super(SpecialBlock, self).__init__()
        self.change_channel = nn.Sequential(
            nn.Conv2d(in_channel, out_channel, kernel_size=1, stride=stride
[0], padding=0, bias=False),
            nn.BatchNorm2d(out_channel)
        )                                        # 旁支卷积，负责改变输入 x 维度
        self.conv1 = nn.Conv2d(in_channel, out_channel, kernel_size=3,
stride=stride[0], padding=1, bias=False)   # 第一次卷积操作参数设置
```

```
        self.bn1 = nn.BatchNorm2d(out_channel)
        self.conv2 = nn.Conv2d(out_channel, out_channel, kernel_size=3,
    stride=stride[1], padding=1, bias=False)        # 第二次卷积操作参数设置
        self.bn2 = nn.BatchNorm2d(out_channel)

    def forward(self, x):                       # 调用上述功能函数, 对输入 x 进行处理
        identity = self.change_channel(x)       # 输入 x 经旁支卷积处理后赋给 identity
        x = F.relu(self.bn1(self.conv1(x)), inplace=True)
                                                # 对输入 x 进行第一次卷积操作并激活
        x = self.bn2(self.conv2(x))             # 第二次卷积操作
        x += identity                           # 将第二次卷积操作的输出 x 与经旁支
                                                #   卷积处理后的 identity 相加
        return F.relu(x, inplace=True)          # 激活后返回输出结果
```

以上步骤可简要表述为：SpecialBlock 首先将输入的 *x* 经旁支卷积处理后赋给 identity，然后将 *x* 接连进行以下操作：第一次卷积操作（卷积→标准化→激活）→第二次卷积操作（卷积→标准化）→经处理后的输入、输出相加→激活，最后返回输出结果。

上面我们已经将两个残差单元写成了标准模块，需要再次强调的是，CommonBlock 残差单元不改变输入维度，而 SpecialBlock 残差块将通道数翻倍而宽高减半。接下来，我们将通过残差单元的调用实现 ResNet18 网络结构，具体代码如下。

```
# <2.1.2 编译的模型 >
class ResNet18(nn.Module):
    def __init__(self, classes_num = 6):        # 初始化分类数为 6
        super(ResNet18, self).__init__()
        self.prepare = nn.Sequential(
            nn.Conv2d(3, 64, 7, 2, 3),          # 预卷积操作参数设置
            nn.BatchNorm2d(64),
            nn.ReLU(inplace=True),              # 预卷积操作后, -> [batch, 64,
                                                #   112, 112]
            nn.MaxPool2d(3, 2, 1)               # 最大池化参数设置
        )                                       # 池化后, -> [batch, 64, 56, 56]
        self.layer1 = nn.Sequential(
            CommonBlock(64, 64, 1),             # 第一个残差单元, -> [batch, 64,
                                                #   56, 56]
            CommonBlock(64, 64, 1)              # 第二个残差单元, -> [batch, 64,
                                                #   56, 56]
        )
        self.layer2 = nn.Sequential(
```

```
            SpecialBlock(64, 128, [2, 1]),    # 第三个残差单元，-> [batch, 128,
                                                28, 28]
            CommonBlock(128, 128, 1)          # 第四个残差单元，-> [batch, 128,
                                                28, 28]
        )
        self.layer3 = nn.Sequential(
            SpecialBlock(128, 256, [2, 1]),   # 第五个残差单元，-> [batch, 256,
                                                14, 14]
            CommonBlock(256, 256, 1)          # 第六个残差单元，-> [batch, 256,
                                                14, 14]
        )
        self.layer4 = nn.Sequential(
            SpecialBlock(256, 512, [2, 1]),   # 第七个残差单元，-> [batch, 512,
                                                7, 7]
            CommonBlock(512, 512, 1)          # 第八个残差单元，-> [batch, 512,
                                                7, 7]
        )
        self.pool = nn.AdaptiveAvgPool2d(output_size=(1, 1))
# 通过一个自适应均值池化-> [batch, 512, 1, 1]
        self.fc = nn.Sequential(
            nn.Linear(512, 256),              # 全连接层，512->256
            nn.ReLU(inplace=True),
            nn.Linear(256, classes_num)       # 六分类，256-> classes_num == 6
        )

# 使用 ResNet18 对输入 x 进行处理，输入 x，-> [batch, 3, 224, 224]
    def forward(self, x):
        x = self.prepare(x)
        x = self.layer1(x)
        x = self.layer2(x)
        x = self.layer3(x)
        x = self.layer4(x)
        x = self.pool(x)
        x = x.reshape(x.shape[0], -1)
        x = self.fc(x)
        return x                              # 返回网络输出结果，->[batch, 6]


device = "cpu"
if torch.cuda.is_available():
```

```
    device = "cuda"
model = ResNet18()
model = model.to(device)
```

通过上面的代码，我们已经明确了 ResNet18 的网络结构，也通过程序详细介绍了输入 x 的维度变化过程。同样观察模型的结构：

```
summary(model, (3, 224, 224))    # 输出模型结构
# 输出
----------------------------------------------------------------
        Layer (type)           Output Shape          Param #
================================================================
            Conv2d-1        [-1, 64, 112, 112]           9,472
       BatchNorm2d-2        [-1, 64, 112, 112]             128
             ReLU-3         [-1, 64, 112, 112]               0
                                  ......
                                  ......
            Conv2d-46         [-1, 512, 7, 7]       2,359,296
       BatchNorm2d-47         [-1, 512, 7, 7]           1,024
            Conv2d-48         [-1, 512, 7, 7]       2,359,296
       BatchNorm2d-49         [-1, 512, 7, 7]           1,024
       CommonBlock-50         [-1, 512, 7, 7]               0
 AdaptiveAvgPool2d-51         [-1, 512, 1, 1]               0
            Linear-52              [-1, 256]         131,328
              ReLU-53              [-1, 256]               0
            Linear-54                [-1, 6]           1,542
================================================================
Total params: 11,309,446
Trainable params: 11,309,446
Non-trainable params: 0
----------------------------------------------------------------
Input size (MB): 0.57
Forward/backward pass size (MB): 51.30
Params size (MB): 43.14
Estimated Total Size (MB): 95.02
----------------------------------------------------------------
```

从上述两个模型的结构可以看出，两个网络输出维度的变化相同，且两个网络框架完全相同。后续的训练测试，我们将以第一种为例进行讲解。

2. 定义训练函数

创建网络模型后，需要定义训练函数，通过计算损失，实现网络参数的训练。同时，为了观察训练细节，还需要输出每批次训练的损失及一个循环完成的准确率、时间等信息。定义如下函数：

```python
# <2.2 定义训练函数 >
def train_model(model, criterion, optimizer, scheduler, num_epochs=25):
    """
    :param model:  模型
    :param criterion:  损失函数
    :param optimizer:  优化函数
    :param scheduler:  调整学习率
    :param num_epochs:  数据集训练组数
    """
    if not os.path.exists("model"):
        os.mkdir("model")
    MODEL_SAVE_PATH = os.path.join("model", "best.pt")

    writer = tensorboard.SummaryWriter(os.path.join('logs',
datetime.datetime.now().strftime("%Y%m%d-%H%M%S")))
# 创建 "logs" 文件夹，并以 " 训练开始日期 - 时间 " 为子文件名存储训练数据

    best_acc = 0.0                           # 初始化最优准确率
    for epoch in range(num_epochs):
        since = datetime.datetime.now()      # 记录开始时间
        loss_both = {
        }                                    # 存储损失值
        acc_both = {
        }                                    # 存储准确率
# 每一个 epoch 都包含训练集和测试集
        for phase in ['train', 'val']:
            if phase == 'train':
                model.train()
            else:
                model.eval()
            running_loss = 0.0               # 初始化损失值
            running_corrects = 0             # 初始化准确率

# 开始循环训练，每次从 dataloaders 读取 bach_size 个图片和标签
```

```python
        for loop_i, datas in enumerate(dataloaders[phase]):
            inputs, labels = datas
            inputs = inputs.to(device)
            labels = labels.to(device)
            optimizer.zero_grad()        # 初始化优化梯度
# 训练模式进行如下操作
            with torch.set_grad_enabled(phase == 'train'):
                outputs = model(inputs)
                _, preds = torch.max(outputs, 1)
# 最后输出的 6 个结果为六个类别的概率，取最大概率的位置索引赋给 preds
                loss = criterion(outputs, labels)
                                        # 计算输出与标签的损失
                print(f"{phase}:{loop_i},loss:{loss}")
                                        # 打印每个 bach_size 损失值
# 训练模式下需要进行反向传播和参数优化
                if phase == 'train':
                    loss.backward()     # 训练模式下计算损失
                    optimizer.step()    # 训练模式下参数优化方法
# 统计损失和准确率
                running_loss += loss.item() * inputs.size(0)
                running_corrects += torch.sum(preds == labels.data)

        epoch_loss = running_loss / dataset_sizes[phase]
                                # 计算一个 epoch 损失值
        epoch_acc = running_corrects.double() / dataset_sizes[phase]
                                # 计算一个 epoch 准确率

        loss_both[phase] = epoch_loss   # 将每个 epoch 损失值存入字典
        acc_both[phase] = epoch_acc     # 将每个 epoch 准确率存入字典
    scheduler.step()                    # 调整学习率

    time_elapsed = datetime.datetime.now() - since   # 计算一个 epoch 时间
    print(
        f"time :{time_elapsed}, epoch :{epoch + 1}, loss: {loss_both
['train']}, acc :{acc_both['train']}"
        f"val loss:{loss_both['val']},val acc: {acc_both['val']}"
    )
# 训练完一个 epoch 后打印：time :xx, epoch :x, loss: xx, acc :xx val loss:xx, val
acc: xx
```

```
        if acc_both["val"] > best_acc:
            best_acc = acc_both["val"]
            torch.save(model.state_dict(), MODEL_SAVE_PATH)
# 将当前 epoch 的训练结果与过去最好的结果进行比较，如果更好，则在对应地址下更新参数，
    如果没有变好，则不保存参数

# 写入 tensorboard 供查看训练过程
        writer.add_scalars("epoch_accuracy", tag_scalar_dict=acc_both,
global_step=epoch)
        writer.add_scalars("epoch_loss", tag_scalar_dict=loss_both,
global_step=epoch)

# 将训练的参数载入模型
    if os.path.exists(MODEL_SAVE_PATH):
        model.load_state_dict(torch.load(MODEL_SAVE_PATH))
    model.eval()
    return model                      # 返回带训练参数的模型
```

我们在训练函数中描述了如何通过网络模型的输出计算损失和准确率，并在每一个 bach_size 累计损失和准确率，以便计算训练完成一个 epoch 后评价指标。同时还对每一次 epoch 的效果进行对比，来判断是否保存当前训练参数。接下来就是定义功能函数与训练。

3. 定义功能函数与训练

在上述学习中我们已经准备好训练数据，并创建好用于训练的模型，同时还定义了训练函数，接下来，需要给训练函数中使用的功能函数进行赋值。训练函数中用到的功能函数有损失函数、优化函数和学习率优化函数，损失函数使用交叉熵损失函数，优化函数使用 Adam，学习率优化函数为 lr_scheduler.StepLR。定义好功能函数后便可以调用训练函数开始训练。

```
# <2.3 定义功能函数与训练 >
# 定义损失函数，交叉熵损失函数
criterion=nn.CrossEntropyLoss(weight=torch.FloatTensor(label_weight).to(de-
vice))
# 定义优化函数，adam 优化函数
optimizer = optim.Adam(model.parameters(), lr=1e-2)
# 调整学习率，40 个 epoch 学习率衰减 0.1
exp_lr_scheduler = lr_scheduler.StepLR(optimizer, step_size=40, gamma=0.9)
```

```
model_ft = train_model(model, criterion, optimizer, exp_lr_scheduler,
                        num_epochs=1)          # 调用训练函数，开始训练
```

在深度学习框架中有多种损失函数和优化函数可以调用，我们可以根据项目类型和需求自行选择。其中 batch_size=128，epoch=1 时观察输出结果如下：

```
# 输出
train:0,loss:1.7950094938278198
train:1,loss:1.785098671913147
………
train:349,loss:1.4534833431243896
train:350,loss:1.3650745153427124
val:0,loss:2.0289664268493652
val:1,loss:1.7434654235839844
………
val:86,loss:1.8223122358322144
val:87,loss:1.6298279762268066
time :0:07:53.236890, epoch :1, loss: 1.4867162976860375, acc :0.26424639522
18582val loss:1.881824580820558,val acc: 0.07762231530166652
```

训练集有 44871 张图片，bach_size 设置为 128，可以计算一个 epoch 的 loop_i 为 351，则训练到 train:350 停止。一个 epoch 训练完成后，在尾行输出训练时间、训练集和测试集的损失和准确率。同时会在程序文件根目录生成 model 文件夹，并在其中保存训练参数 best.pt。还会生成 logs 文件夹，并在其中保存训练过程信息，可以打开观察训练过程曲线。

学到这里，我们的模型已经可以正常运行了，但是想要获得一个好的结果，在训练之前还需要进行调参，这是优化模型最简单的方法。在深度学习中一般有两类参数：一类需要从数据中学习和训练得到，称为模型参数（Parameter），例如本项目中的卷积参数和全连接参数；还有一类则是模型的调优参数（Tuning Parameters），称为超参数（Hyperparameter），例如迭代次数 epoch、批量大小 batch_size 等。我们常常需要根据现有的经验对其设定"正确"的值。对于迭代次数 epoch 来说，设置过小，会导致训练不充分，泛化能力差；设置过大，可能训练过度，导致过拟合。batch_size 设置过小会导致每次计算的梯度不稳定，训练震荡较大，难以收敛；过大则容易内存溢出，一般设置为 2 的 n 次方。最终需综合考虑数据集量、特征分布、网络结构、设备等多方面因素对上述参数进行调整，以达到最优的分类性能。我们根据设备和数据集量情况首先选取训练参数 batch_size = 512、epoch = 200、数据集分割比为 0.2、初始学习率 0.01、衰减率 0.9、衰减间隔 40 个 epoch。

代码下载

训练结果如图 3-11 所示。完整代码可扫描二维码下载。

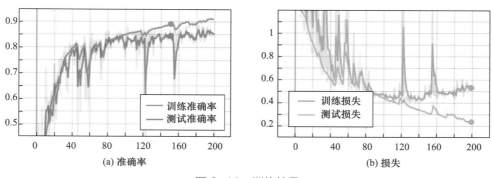

图 3-11　训练结果

3.3.3　模型优化与验证

上一节我们学会了如何载入模型训练，并尝试通过修改超参数来改善模型性能。然而，初次参数的设定往往不能实现最优的训练效果，此时还需要进行调参或采用其他方法来提高模型的分类效果。我们以实际训练情况为标准，分析网络退化原因，寻找优化方法。首先分析上一节网络的训练结果，图 3-11 中为初始条件下训练集和测试集的准确率和损失曲线。曲线波动较小的为训练集，波动较大的为测试集，测试集最佳准确率达到 0.87。从输出曲线可以发现三个问题：①测试集的损失在 100 个 epoch 后开始上升；②准确率和损失曲线在训练后期存在大的波动；③测试集曲线整体存在较大震荡。

1. 测试集损失上升

针对测试集损失上升问题，分析原因可能是过拟合导致。解决过拟合的常用方法是 Dropout[10]。在每个训练批次中，通过忽略一半的特征检测器（让一半神经元值为 0），以降低隐藏层节点间的相互作用。简单来说，我们在前向传播的时候，让某个神经元的激活值以一定的概率 p 停止工作，这样就不会依赖某些局部的特征，可以使模型泛化性更强，处理效果如图 3-12 所示。

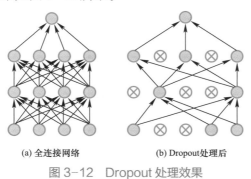

图 3-12　Dropout 处理效果

由于全连接层参数最多，Dropout 可以最大限度地减少参数量，降低模型复杂度。因此，为了解决过拟合问题，本项目在 ResNet18 输出端的两层全连接层使用 Dropout。Dropout 是 PyTorch 中的功能包，我们只需在模型框架程序中添加对应的处理模块。在主函数中添加位置和内容如下。

```python
# < 主程序调用 Dropout>
# <2.1.1 创建框架中模型 >
device = "cpu"
if torch.cuda.is_available():
    device = "cuda"
model = models.resnet18(pretrained=True)      # 使用预训练模型
fc_inputs = model.fc.in_features
# 载入的 resnet18 不包含后续的全连接层，需要根据自己项目写入
model.fc = nn.Sequential(
    nn.Dropout(p=0.5),                        # —以 p=0.5 添加项 Dropout —
    nn.Linear(fc_inputs, 256),                # 全连接层，接 256 个神经元
    nn.ReLU(),                                # 激活
    nn.Dropout(p=0.5),                        # —以 p=0.5 添加项 Dropout —
    nn.Linear(256, 6)                         # 全连接层，接输出
)
model = model.to(device)                      # 将由 CPU 保存的模型加载到 GPU 上，
                                              # 提高训练速度
```

Dropout 通常放在激活函数之后，内部参数 p 表示神经元失活的概率。我们再次输出模型结构，看看添加 Dropout 后模型结构的变化。

```
Summary(model, (3, 224, 224))    # 输出模型结构
# 输出
       Layer (type)              Output Shape          Param #
                                    ......
                                    ......
AdaptiveAvgPool2d-67          [-1, 512, 1, 1]               0
        Dropout-68                 [-1, 512]                0
        Linear-69                  [-1, 256]          131,328
         ReLU-70                   [-1, 256]                0
        Dropout-71                 [-1, 256]                0
        Linear-72                    [-1, 6]
1,542============================================================
Total params: 11,309,382
```

```
Trainable params: 11,309,382
Non-trainable params: 0
Input size (MB): 0.57
Forward/backward pass size (MB): 62.79
Params size (MB): 43.14
Estimated Total Size (MB): 106.51
---------------------------------------------------------
```

可以发现，模型在输出端多了两个 Dropout 结构，刚好与程序中添加的 Dropout 层的位置对应。值得注意的是，虽然添加了 Dropout 功能，但是训练的参数量并未减少，说明神经元失活只对当前批次有效，约等于每次都在训练一个 Dropout 后轻量网络，最后对轻量网络的训练参数进行整合，总参数量无变化。只添加 Dropout 层，其他训练参数不变。训练结果如图 3-13 所示。加入 Dropout 的完整代码可扫描二维码下载。

代码下载

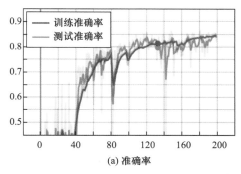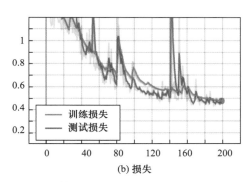

(a) 准确率　　　　　　　　　　(b) 损失

图 3-13　只加入 Dropout 训练结果

通过与初始训练条件对比发现，加入 Dropout 训练速度明显变慢，初始条件的验证损失在 100 个 epoch 时已经到达 0.5，接着开始过拟合，损失上升。而加入 Dropout 后，在 100 个 epoch 时只到达 0.6，且一直呈下降趋势，并未产生过拟合现象，其最佳测试准确率为 0.85。因此，在网络中加入 Dropout 后，可以简化模型，缓解过拟合现象，但降低了收敛速度，最佳准确率相差较小。

2. 训练后期大波动

针对准确率和损失曲线在训练后期存在较大的波动问题，可以从以下两个方面进行考虑：模型训练过度和模型匹配度。

解决模型过度训练的常用办法是 EarlyStopping[11]。首先需要定义两个参数，一个是 score，用来存入最佳模型损失值的相反数（模型越好，损失越小，score 越大）；

另一个是 patience，当更新一次 score 后，如果连续训练 patience 个 epoch 的损失全都比当前的 score 小，则停止训练，即连续 patience 个 epoch 都没有使模型效果提升就停止。在编码时我们首先需要定义并实现 EarlyStopping 类的功能：

```python
# <EarlyStopping>
class EarlyStopping:              # 如果在给定的耐心值之后测试损失没有改善，则停止训练
    def __init__(self, patience=7, verbose=False, delta=0):
        """
            patience (int)：上次测试集损失值改善后等待几个 epoch
            verbose (bool)：如果是 True，为每个测试集损失值改善打印一条信息
            delta (float)：监测数量的最小变化，以符合改进的要求
        """
        self.patience = patience
        self.verbose = verbose
        self.counter = 0
        self.best_score = None
        self.early_stop = False
        self.delta = delta

    def __call__(self, val_loss, model):
        score = -val_loss
# 把每次的测试损失依次赋给 score（取负值）
# 这里需要注意，损失越小越好，这里取负，则越大越好，比较时如果大就更新 best_score
        if self.best_score is None:
            self.best_score = score
        elif score < self.best_score + self.delta:
# 当新 score 比 best_score 小，则继续训练，直至 patience 次数停止训练
            self.counter += 1
            if self.counter >= self.patience:
                self.early_stop = True
        else:        # 如果在 patience 次数内的某次 score 大，则更新 best_score，重新
                     #  计数
            self.best_score = score
            self.counter = 0
```

取每一个 epoch 的测试损失，进行大小比较，如果在设定次数内，测试损失没有下降，则表明模型效果已无法继续提升，再训练下去只会使网络退化，应启动早停程序。这么做的好处不仅可以防止过拟合，还能够提前终止训练，节省训练时间。

定义好功能类之后，还需要在主程序内载入并添加此功能。添加位置和添加内容

如下：

```
# <主程序调用 EarlyStopping>
# <2.2 定义训练函数 >
def train_model(model, criterion, optimizer, scheduler, num_epochs=25):
  writer = tensorboard.SummaryWriter(os.path.join('logs',
datetime.datetime.now().strftime("%Y%m%d-%H%M%S")))
  early_stopping = EarlyStopping(20)          # 插入 patience 设置为 20
                             ……
                             ……
        writer.add_scalars("epoch_accuracy", tag_scalar_dict=acc_both,
global_step=epoch)
        writer.add_scalars("epoch_loss", tag_scalar_dict=loss_both,
global_step=epoch)

        #""" — EarlyStopping 插入位置，注意缩进— """
        early_stopping(loss_both['val'], model)
        if early_stopping.early_stop:          # 判断是否满足停止条件
            print("Early stopping")
            break

    if os.path.exists(MODEL_SAVE_PATH):
        model.load_state_dict(torch.load(MODEL_SAVE_PATH))
    model.eval()
        return model
```

我们把 EarlyStopping 功能嵌入模型后，按照最初参数设定方式 batch_size=512，epoch=200，patience 设置为 20，再次训练。加入 EarlyStopping 的完整代码可扫描二维码下载，训练结果如图 3-14 所示。

代码下载

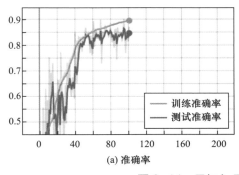

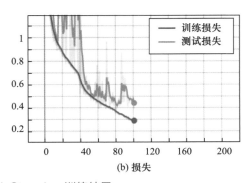

图 3-14　只加入 EarlyStopping 训练结果

在加入 EarlyStopping 功能后，模型在训练到 101 个 epoch 时停止，最佳测试集准确率达到了 0.86，训练效果没有明显变化。但加入 EarlyStopping 能够抑制过度训练导致的后期波动大的问题，并且能在模型最优时及时停止训练，节约训练时间。

模型匹配度问题需要综合考虑数据集数量、数据分布和网络模型。从数据集出发，观察图 3-9 所示的数据集数量分布可以发现，无裂缝的样本远远多于有裂缝样本，数据分布的均匀性可能是导致数据与模型不匹配的关键。考虑有裂缝样本的数量，将所有无裂缝类别的样本数量缩减到 5000，按照相同初始训练条件训练，训练结果如图 3-15 所示。

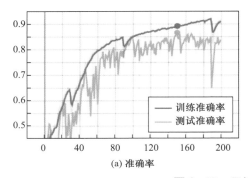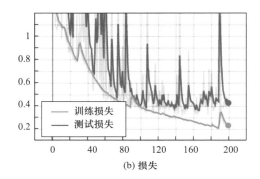

(a) 准确率　　　　　　　　　　　　　　(b) 损失

图 3-15　只缩减数据训练结果

从训练结果可以发现，数据数量分布均匀后并未改善后期的大波动问题，最佳测试集准确率达到 0.86。这说明缩减数据后虽然减少了大量负样本，但数据分布更加均匀，训练效果依然保持在稳定水平。为了节约训练成本，后面的调试内容都在缩减后的数据集上进行讨论。

3. 训练过程震荡幅度较大

测试集曲线整体存在较大震荡的问题，可能由以下两个原因导致：batch_size 过大或学习率过大。

batch_size 的大小决定每次输入网络的样本数量。batch_size 过大，意味着一个epoch 内训练的次数会变少。例如，有 1024 个样本，如果 batch_size=1024 时，则一个 epoch 只会训练一个 batch_size，当该 batch_size 内存在大量噪声样本时，会影响整个 batch_size 的训练效果。我们在其他条件不变的情况下，设置 batch_size=256 进行训练，训练结果如图 3-16 所示。减小 batch_size 的完整代码可扫描二维码下载。

代码下载

从训练结果可以发现，减少 batch_size 可以明显改善后期的大幅度波动，整体震荡也略有改善。最佳测试集准确率为 0.86，训练效果不变。

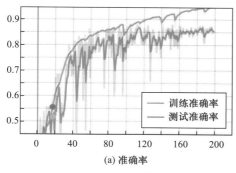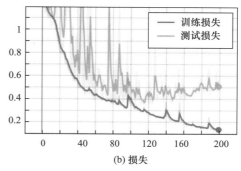

图 3-16　只改变 batch_size 训练结果

针对学习率过大问题，我们可以通过调整学习率参数进行改善。原始学习率参数为 0.01，衰减率为 0.9，间隔 epoch 为 40。现更改为学习率为 0.001，衰减率为 0.6，间隔 epoch 为 40。其他参数保持不变。更改学习率的完整代码可扫描二维码下载，训练结果如图 3-17 所示。

代码下载

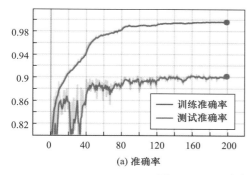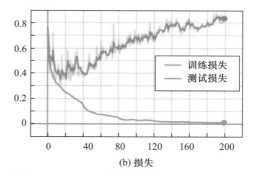

图 3-17　只改变学习率参数训练结果

从训练结果可以发现，整体震荡明显变小，波动问题得到显著改善，但是缩小学习率同时带来了过拟合问题。在准确率曲线中，训练集准确率大于测试集；损失曲线中，测试集在 20 个 epoch 后开始上升。总结以上训练结果可以发现：学习率太大，容易导致梯度爆炸，使输出曲线振幅较大，模型难以收敛；学习率太小，容易过拟合或陷入"局部最优"点。

针对初始训练结果存在的三个问题，我们提出了相应的解决方法，即 Droupout 可以解决过拟合问题，早停可以防止模型过度训练，适当减小 bach_size 可以减小曲线波动，合适的学习率优化方案可以在避免过拟合的前提下，减轻曲线震荡。

综合上述方法，我们设置如下训练参数：采用 Droupout、早停 patience=30、bach_size=256、学习率为 0.01、衰减率为 0.8、间隔 epoch 为 20 进行训练。综合优化的完整代码可扫描二维码下载，运行后可得到如

代码下载

图 3-18 所示的训练结果。

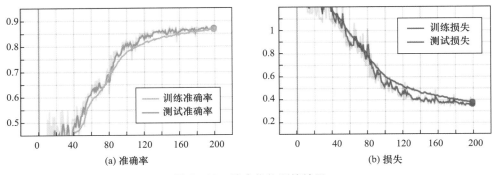

(a) 准确率　　　　　　　　　　(b) 损失

图 3-18　综合优化训练结果

从图 3-18 可以发现，在早期学习率较大时，波动较大，参数在搜索全局最优解，防止过拟合。随着 epoch 增加，学习率减小，模型逐步逼近全局最优解。patience 设置为 30 是为了防止数值过小时由局部最优解导致早停。上述的参数设置有效解决了初始训练中过拟合、整体曲线震荡幅度大和训练后期波动大的问题。

本节以初始训练结果为切入点，和读者一起学习了如何针对训练曲线特点，制定相应的优化方法，并通过训练结果验证优化方法的有效性。在这个过程中我们学会了如何结合实际项目背景、数据集情况、网络结构特点等多方面因素，综合进行调优的方法。

在今后的学习中，我们可能遇到各种问题，这时可以仿照上述方案：观察曲线→分析原因→寻找优化方法→训练验证→综合优化，来提高模型的检测精度。

对于神经网络来说，提高性能的方法还可以包括网络结构优化、图像预处理等。下面我们对这些方法做一个简单介绍，读者可以根据需要自行深入学习。

1. 网络结构优化

本次项目使用的是 ResNet18，而对于大批量复杂的数据集，简单的网络结构可能不能满足分类要求，此时就需要改进网络的结构。网络结构的改进可以从多方面进行，比如增加网络的深度，类似于 VGG，或改变网络的宽度、连接方式等。同时也可以根据图像特征，改变卷积核的大小并设计每层特征图的尺寸。对于全连接层，我们可以增减全连接的层数和每层的神经元数量，甚至还可以使用全卷积神经网络。

网络结构的变化是深度学习进化的主要趋势，针对不同任务、不同数据类型，我们可以根据需求设计网络，虽然神经网络要进行准确解释较困难，但是想要获得好的网络模型也需要根据理论和经验进行设计。前期，可以从基础入手，对现有的网络结构进行模仿设计，类似 ResNet，可以借助现有残差单元设计不同的层数，也可以模仿

VGG 设计符合要求的结构等，待到学成归来，我们便可以大胆尝试新的结构、新的方法，达到新的高度。

2. 图像预处理

图像预处理是在图像输入网络之前对其目标特征进行增强，以突出图像特征或变相增加图片数量，实现分类精度的提升。深度学习框架中通常集成了一些简单的处理方法，包括随机图像灰度化、随机仿射变换、图像属性（亮度、对比度、饱和度和色调）变换和反转等。这些都是现有可用的方法，我们可以直接载入使用。但这些方法对性能提升有限，因此可以采用更多的方法对图像进行处理，如图 3-19 所示。

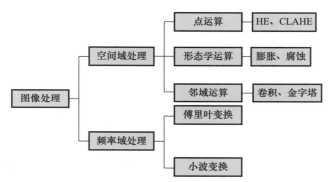

图 3-19　部分常见图像处理方法

图像增强有助于改善图像的视觉效果，可以将数据转换为更适合人或机器分析处理的形式，也可以突出对人或机器分析有意义的信息，抑制无用信息，提高图像的使用价值。具体方法包括：图像锐化、平滑、去噪、灰度调整（对比度增强）等。

此外，我们可以通过对图片进行如翻转、旋转、裁剪等图像增强操作生成图像变体，扩充数据集，从而解决在实践应用中学习样本偏少的问题。不同的增强方法适用场景不同，我们可以根据自己的数据形式合理有效地进行选择。

参考文献

［1］ JIANG Y, PANG D, LI C. A deep learning approach for fast detection and classification of concrete damage[J]. Automation in Construction, 2021, 128: 103785.

［2］ SILVA W R L, LUCENA D S. Concrete cracks detection based on deep learning image classification[C]//Proceedings. MDPI, 2018, 2(8): 489.

［3］ DENG J, SINGH A, ZHOU Y, et al. Review on computer vision-based crack detection and quantification methodologies for civil structures[J]. Construction and Building Materials, 2022, 356:

129238.

[4] SIMONYAN K, ZISSERMAN A. Very deep convolutional networks for large-scale image recognition[J]. arXiv preprint arXiv:1409.1556, 2014.

[5] SZEGEDY C, LIU W, JIA Y, et al. Going deeper with convolutions[C]//Proceedings of the IEEE conference on computer vision and pattern recognition. 2015: 1-9.

[6] HE K, ZHANG X, REN S, et al. Deep residual learning for image recognition[C]//Proceedings of the IEEE conference on computer vision and pattern recognition. 2016: 770-778.

[7] DENG J, DONG W, SOCHER R, et al. Imagenet: A large-scale hierarchical image database[C]//2009 IEEE conference on computer vision and pattern recognition. Ieee, 2009: 248-255.

[8] IOFFE S, SZEGEDY C. Batch normalization: Accelerating deep network training by reducing internal covariate shift[C]//International conference on machine learning. Pmlr, 2015: 448-456.

[9] Kaggle Official Website. Download - Datasets[EB/OL].(2022-1-10)[2023-01-30].https://www.kaggle.com/datasets/aniruddhsharma/structural-defects-network-concrete-crack-images,.

[10] SRIVASTAVA N, HINTON G, KRIZHEVSKY A, et al. Dropout: a simple way to prevent neural networks from overfitting[J]. The journal of machine learning research, 2014, 15(1): 1929-1958.

[11] PRECHELT L. Early stopping—but when?[J]. Neural networks: tricks of the trade: second edition, 2012: 53-67.

## 第4章

采用深度卷积生成对抗网络实现
建筑立面生成

　　建筑立面一般情况下指的是建筑的外部造型，主要是作为建筑垂直界面的建筑外墙。建筑立面是构成城市界面的重要组成部分，尤其是多个建筑立面构成的沿街立面是塑造城市风貌的核心要素。在方案设计阶段，建筑师根据平面构成、形体组合关系及采光等限制条件，形成了建筑立面的设计方案。但在设计过程中，受制于人员及时间的限制，难以产生多风格的立面对比方案，易造成建筑立面设计语言单一、缺乏创新等后果。

　　本书 2.3 节介绍的生成对抗网络具有生成以假乱真的数据的功能。在本章，我们将在已有知识的基础上，进一步采用在图像生成领域表现更加优异的深度卷积生成对抗网络（Deep Convolutional Generative Adversarial Network，DCGAN），生成多种全新的建筑立面方案，可作为建筑师设计时的参考项，以达到激发设计灵感、辅助设计、提升工作效率的效果。本章将对如何通过代码实现上述任务进行详细的讲解。

4.1　深度卷积生成对抗网络概述

　　深度卷积生成对抗网络（DCGAN）是 CNN 与 GAN 的结合[1]。DCGAN 利用 CNN 优秀的特征提取能力来提高 GAN 的生成效果。在第 2 章中我们学习了 CNN 网络和 GAN 网络及其基础知识，本节将对 DCGAN 的相关原理进行进一步的详细介绍。

　　DCGAN 仍然采样 GAN 的基本思想，但其使用卷积模块对生成器和判别器的内部结构进行了改进。DCGAN 在生成器中使用转置卷积，在判别器中则使用普通卷积，但取消了 CNN 中使用的池化层。此外，DCGAN 在生成器和判别器中每一层网络后都添加了 BN 层，用以解决参数初始化不良导致的训练不稳定问题和收敛问题。

　　从图 4-1 可以看出，DCGAN 的判别器使用普通卷积对数据进行运算，而生成器则使用转置卷积对数据进行运算。基于前面的基础知识，我们知道采用普通卷积模块

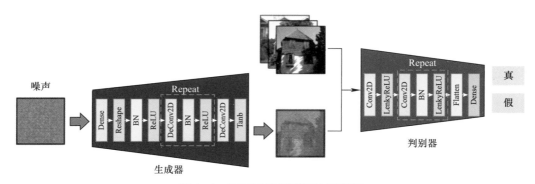

图 4-1 DCGAN 模型架构示意图

对输入图像进行特征提取后，图像的尺寸通常会变小，实现了一种从大尺寸到小尺寸的下采样过程。例如，当我们使用卷积网络对一张图像进行分类时，就可将整个网络视为一个连续的下采样过程。如果我们希望将这个过程反过来，通过神经网络从某个类别得到一张完整的图像，即完成从小尺寸到大尺寸的上采样过程，应该采用什么方法实现呢？下面将要介绍的转置卷积就可以实现这种映射。

首先让我们从另一种思路理解卷积计算过程。以单通道为例，当我们输入一张 4×4 的图像，设定步长为 1，经过 3×3 的卷积核运算后，将得到 2×2 的特征图 A，具体运算过程如图 4-2 所示[3]。

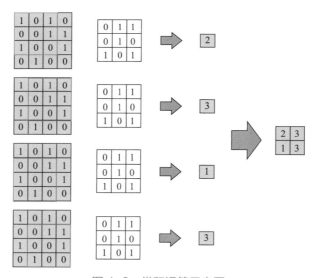

图 4-2 卷积运算示意图

现在，我们将 4×4 的二维图像按行排开，变换为长度为 16 的一维行向量 I。同时在卷积核的四周依次添加值为 0 的 padding 将其变成 4 个大小为 4×4 的矩阵，并将每个矩阵按行排开成长度为 16 的一维行向量后转置，合并为 16×4 的新卷积核矩阵 C，这时的卷积运算可表示为输入向量 I 与新卷积核矩阵 C 的矩阵乘法，计算结果为长度为 4 的一维行向量 O。将向量 O 进行整理得到的 $2×2$ 的矩阵与原 $2×2$ 的特征图 A 完全相同。图 4-3 展示了采用这种思路进行卷积运算的流程。

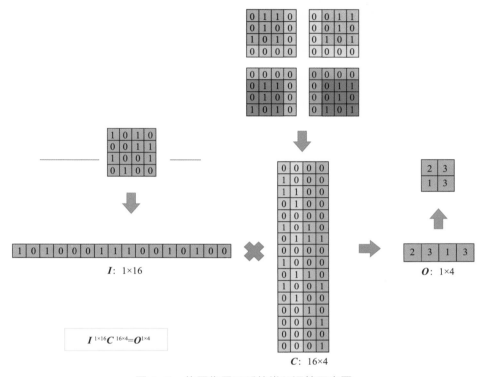

图 4-3　将图像展开后的卷积运算示意图

现在，如果已知一个 $2×2$ 的图像，想将其变换为 $4×4$ 的图像，我们尝试将上述卷积过程进行镜像，看是否可以实现图像的上采样。首先将 $2×2$ 的图像按行排开为长度为 4 的一维行向量 O。如果想得到 $4×4$ 的图像，也就是长度为 16 的一维向量 I，很明显我们需要乘上一个 $4×16$ 的矩阵。而上述卷积运算中的新卷积核矩阵 C 为 $16×4$，容易发现，我们现在所需的 $4×16$ 矩阵应为该 $16×4$ 的矩阵 C 的转置，该 $4×16$ 的矩阵可用符号 C^T 表示。将长度为 4 的一维行向量 I 与 C^T 相乘，可得长度为 16 的一维行向量 P。将向量 P 按行整理，可得到 $4×4$ 的图像。可以看到，通过这样的方式，我们将输入尺寸为 $2×2$ 的图像转换为尺寸为 $4×4$ 的输出图像，成功实现了图像的上采样，整个过程如图 4-4 所示，这个运算过程即为转置卷积。

经过上面的介绍，我们了解了转置卷积实际上就是卷积的逆过程，接下来从计算公式的角度来学习转置卷积的计算原理。在之前学习的神经网络卷积层中，通常会用到三个参数：卷积核尺寸 K、卷积滑动步幅 S、填充尺寸 P。卷积核尺寸的意义在于将

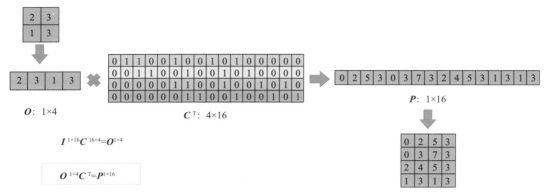

图 4-4　将图像展开后的转置卷积运算示意图

输入图像中尺寸为 K 的区域内的像素变为 1 个像素；步长的意义是卷积核每次在图像上滑动的步数；填充尺寸针对输入数据，在进行卷积运算前，在输入数据的四周填充 P 行或 P 列 0，再将填充完毕的数据进行运算。回顾第 2.2.2 小节，我们给出了卷积层对于输入数据尺寸 I 的输出数据尺寸 O 的计算公式：

$$O = \frac{(I - K + 2P)}{S} + 1 \qquad (4\text{-}1)$$

我们用一个例子加深对上述公式的理解。假设需要对 5×5 的输入数据进行卷积运算，即 $I = 5$，设定卷积运算的填充尺寸 P 为 1，卷积核尺寸 K 为 3，卷积滑动步幅 S 为 2，则 $O = \frac{(5 - 3 + 2)}{2} + 1 = 3$，我们将得到 3×3 的输出数据。

由于转置卷积是卷积运算的镜像过程，因此将式（4-1）中的输入 I 和输出 O 位置对调，即可得到转置卷积中的输入和输出数据尺寸的关系：

$$I = \frac{(O - K + 2P)}{S} + 1 \qquad (4\text{-}2)$$

进一步变换后，我们便得到输出数据尺寸的计算公式如下：

$$O = (I - 1) \times S + K - 2P \qquad (4\text{-}3)$$

在转置卷积中，K、S、P 这三个参数的具体意义又是什么呢？在卷积中，我们希望实现下采样，将多个像素的特征聚合到一个像素中。现在我们的目标是对每个像素进行上采样，因此现在 K 的意义就是把一个像素扩充为尺寸为 $K \times K$ 个像素的区域。同理，之前的 S 表示卷积核在输入图像上移动的步长，思考其镜像过程，则现在的 S 是将对每个像素上采样得到的尺寸为 $K \times K$ 的区域相互叠加的间隔。由式（4-3）可以看出，填充尺寸 P 在最后一步参与计算，将长宽维度的大小各减去 $2P$，从而得到最终的输出数据尺寸。这跟卷积运算中 P 的作用恰好相反，在卷积运算中我们会在开始卷积前把输入数据的长宽维度各加上 $2P$。

根据分析得到的计算公式中参数的意义，我们以 3×3 的输入数据为例，通过公式中参数计算对应的具体步骤，完成对其进行转置卷积的过程，加深对转置卷积运算过程的理解。

仍然使用之前的参数，即卷积核尺寸 K 为 3，卷积滑动步幅 S 为 2，填充尺寸 P 为 1，现在我们对一幅 3×3 的输入图像进行转置卷积计算，整个过程如图 4-5 所示，采用不同颜色区分输入图像中的每个像素。首先，将输入图像中的每个像素值乘以卷积核，得到 9 个 3×3 的像素矩阵。接下来根据 S=2，我们把这些上采样得到的矩阵每间隔 2 个像素相互叠加，得到一个 7×7 的像素矩阵。最后，根据 P=1，把像素矩阵的每个方向各去掉 1 行或 1 列像素，即长宽维度大小各减少 2P，得到的 5×5 特征图便是转置卷积最终的输出结果[4]。

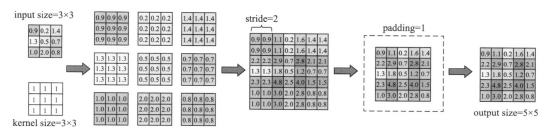

图 4-5　转置卷积运算示意图

在 PyTorch 中，转置卷积可通过 torch.nn.ConvTranspose2d 方法实现[5]，其输入输出格式和参数解释如下所示：

```
# 输入：(B,Cin,Hin,Win)
# 输出：(B,Cout,Hout,Wout)
torch.nn.ConvTranspose2d(
    in_channels,        # 输入通道数
    out_channels,       # 输出通道数
    kernel_size,        # 卷积核尺寸
    stride,             # 步幅
    padding,            # 输入填充
    output_padding,     # 输出填充
    groups,             # 输入通道到输出通道的阻塞连接数
    bias,               # 是否添加偏置
    dilation,           # 卷积核元素之间的距离
    padding_mode,       # 填充的数字
    device,             # 训练设备
    dtype               # 数据格式
)
```

4.2 基于 DCGAN 的建筑立面生成

前面的章节已经对 DCGAN 所有涉及的知识进行了说明，现在我们可以动手实践了。我们将基于 DCGAN 的网络架构，按照图 4-6 所示的步骤，一起实现建筑立面生成[2]。

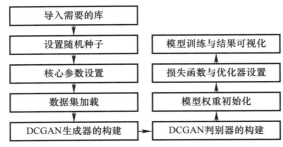

图 4-6　基于 DCGAN 的建筑立面生成流程

4.2.1　导入所需的库

首先，创建一个新的 Note 并导入所需的库。

```
# 0. 导入需要的库
from __future__ import print_function
import argparse
import os
import random
import torch
import torch.nn as nn
import torch.nn.parallel
import torch.backends.cudnn as cudnn
import torch.optim as optim
import torch.utils.data
import torchvision.datasets as dset
import torchvision.transforms as transforms
import torchvision.utils as vutils
import numpy as np
import matplotlib.pyplot as plt
import matplotlib.animation as animation
from IPython.display import HTML
```

4.2.2 设置随机种子

一般情况下，计算机产生的随机数并不真正是完全随机生成的数，而是以一个随机种子作为初始条件，然后以一定的算法不停迭代产生随机数，这样的随机数也被称为伪随机数。因此，我们在模型的开头设置一个确定的随机种子以得到初始固定的随机数，以便每次运行本章代码时都能得到同样的结果。

```
# 1. 设置随机种子
manualSeed = 999
random.seed(manualSeed)
torch.manual_seed(manualSeed)
```

4.2.3 模型参数设置

在这一小节中，我们对一些需要设置的核心参数进行详细说明。在加载数据时，需要设置 workers 参数，DataLoader 会创建 workers 参数数量的子进程用于数据加载。值大于 1 的 workers 可以加快数据读取速度，但会加重 CPU 负担。当内存有限时，设置过大的 workers 容易导致内存溢出。因此 workers 参数的设置与实验时的计算机硬件有较强相关性。简单起见，我们将 workers 参数设为 0，读者可按需设置。batch_size 参数用来设置每个批量中数据的多少，例如本例中我们共有 9636 张图片，如果 batch_size 设为 128，则每个批量中有 128 张图片，一共有 76 个批量。image_size 参数将图片调整为统一的长宽尺寸，例如我们输入的图像分辨率为 100×100，如果将 image_size 设为 64，则调整后的图像分辨率为 64×64。nc 参数是指输入图片的通道数，对于普通的彩色图片，输入的通道数为 3。nz 参数用来设置输入的噪声信号，即隐变量 z 的通道数，隐变量 z 通过 torch.randn(B, nz, 1, 1) 创建，它会输入到生成器，经过生成器内部模块处理，生成伪造图像。ngf 设置生成器中特征图的基本维度。ndf 设置判别器中特征图的基本维度。epochs 为训练的次数。lr 为优化器的学习率。

```
# 2. 核心参数设置
workers = 0
batch_size = 128
image_size = 64
nc = 3
nz = 100
ngf = 64
ndf = 64
```

```
epochs = 100
lr = 0.0002
beta = 0.5
device = torch.device("cuda:0" if torch.cuda.is_available() else "cpu")
```

4.2.4 数据集加载与可视化

我们使用的数据集是 Kaggle 中的 Architecture Styles 数据集[6, 11]。此数据集除了能用于建筑风格分类外，也可用于其他深度学习任务，本章我们将其用于不同风格的建筑立面生成。我们对原数据集进行了简单处理，删除了一些质量不高的图片，得到的数据集包含 24 种风格的建筑立面，共 9636 张图像。处理后的数据集可扫描二维码下载。

代码下载

现在我们已经有了所需的数据集，如何把这些数据进行加载，并处理成网络需要的格式呢？ PyTorch 中的 ImageFolder 类可以完成我们的需求。ImageFolder 类默认数据集已经按照类型分成了不同的文件夹，一种类型的文件夹下只存放一种类型的图片。ImageFolder 有两个主要参数：

（1）root：数据集的保存路径。

（2）transform：对数据进行转换操作，由一个 transforms.Compose 对象的实例表示。transforms.Compose 对象可以看作一个容器，它能够装入多种数据变换操作。在这里，我们对数据进行了四种变换：transforms.Resize 将输入图片按照我们设定的尺寸进行缩放；transforms.CenterCrop 以输入图片的中心点为参考点，剪裁出一张长宽为设定值的图片；transforms.ToTensor 将 PIL 图片格式转换为 Tensor 格式，以便 PyTorch 处理；transforms.Normalize 将图像的每个通道按照设定的均值和标准差进行标准化。

通过 ImageFolder，我们已将图片加载并处理为需要的数据格式，同时获得了所有数据的集合 dataset。在训练模型时，需要将数据样本载入内存，并在每次迭代中对内存中的所有样本进行计算。因此，出于内存空间的限制以及对训练时间的考虑，我们不能将所有数据一次性载入模型，需要将 dataset 划分为多个批量（batch）输入到模型进行训练。DataLoader 类可以完成这个任务。DataLoader 起到一个采样器的作用，按照设定的 batch_size 将 dataset 划分为多个批量，其中 shuffle 参数决定对数据进行采样时是否打乱顺序。实际代码如下所示。

```
# 3. 数据的加载
# 数据集文件夹的路径
data_path = "dataset/"
# 创建数据集 dataset
```

```
dataset = torchvision.datasets.ImageFolder(root=data_path,
                            transform=transforms.Compose([
                                transforms.Resize(image_size),
                                transforms.CenterCrop(image_size),
                                transforms.ToTensor(),
                                transforms.Normalize(
                                    (0.5, 0.5, 0.5), (0.5, 0.5, 0.5)),
                            ]))
# 创建 dataloader
dataloader = torch.utils.data.DataLoader(dataset, batch_size=batch_size,
                                    shuffle=True, num_workers=workers)
```

接下来，我们运行以下代码对一个批次的前 64 张图片进行可视化。首先，通过 iter 函数将 dataloader 转换为一个迭代器，以便用 next 函数取出其中的一个批次。同时，由于 dataset 和 dataloader 中的图片数据均是由 PIL 图像变换而成的，各个通道是按照 R、G、B 的顺序存储的，而 matplotlib 中显示的图片通道需要按照 G、B、R 的顺序存储，因此我们采用 numpy.transpose 函数将三个通道的位置重新排布。可视化的结果如图 4-7 所示。

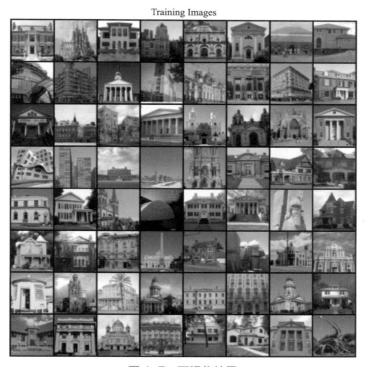

图 4-7　可视化结果

```
# 4. 数据集可视化
# 通过迭代器取出 dataloader 的一个 batch 进行可视化
real_batch = next(iter(dataloader))
plt.figure(figsize=(8, 8))
plt.axis("off")
plt.title("Training Images")
plt.imshow(np.transpose(vutils.make_grid(real_batch[0].to(device)[
            :64], padding=2, normalize=True).cpu(), (1, 2, 0)))
```

4.2.5　DCGAN 生成器的构建

DCGAN 的生成器主要通过转置卷积的上采样功能将输入的噪声数据逐步转换为图像数据。DCGAN 的生成器由 ConvTranspose2、BatchNorm2d、ReLU 和 Tanh 组成。生成器借助 ConvTranspose2d 的上采样功能，实现对输入的噪声信号，即隐变量 z 的逐级放大。隐变量 z 的尺寸为（nz, 1, 1），经过生成器内部模块逐步处理后，最终生成的图像格式为（nc, image_size, image_size）。用我们设定的参数来举例，即从（100, 1, 1）的尺寸到（3, 64, 64）的尺寸。

生成器模型的实际代码如下所示。隐变量 z 的维度为 100，此参数可按需设置，无其他特殊意义。与 transforms.Compose 类似，nn.Sequential 也是一个序列容器，可按照一定顺序将各种神经网络模块装入其中。nn.Sequential 把多个模块封装为一个模块，比逐层定义网络层更加方便。在 forward 方法接收到输入后，nn.Sequential 便按照装入模块的顺序，依次计算并输出结果。

```
# 5. DCGAN 生成器的构建
class Generator(nn.Module):
    def __init__(self):
        super(Generator, self).__init__()
        self.main = nn.Sequential(
            # 100 x 1 x 1
            nn.ConvTranspose2d(in_channels=nz, out_channels=ngf * 8,
                            kernel_size=4, stride=1, padding=0, bias=False),
            nn.BatchNorm2d(ngf * 8),
            nn.ReLU(True),
            # (ngf*8) x 4 x 4, 输入-输出计算过程: O=(I-1)*S+K-2P=(1-1)*1+4-2*0=4
            nn.ConvTranspose2d(in_channels=ngf * 8, out_channels=ngf * 4,
                            kernel_size=4, stride=2, padding=1, bias=False),
            nn.BatchNorm2d(ngf * 4),
```

```
            nn.ReLU(True),
            # (ngf*4) x 8 x 8, 输入-输出计算过程: O=(I-1)*S+K-2P=(4-1)*2+4-2*1=8
            nn.ConvTranspose2d(in_channels=ngf * 4, out_channels=ngf * 2,
                               kernel_size=4, stride=2, padding=1, bias=False),
            nn.BatchNorm2d(ngf * 2),
            nn.ReLU(True),
            # (ngf*2) x 16 x 16, 输入-输出计算过程: O=(I-1)*S+K-2P=(8-1)*2+4-
                2*1=16
            nn.ConvTranspose2d(in_channels=ngf * 2, out_channels=ngf,
                               kernel_size=4, stride=2, padding=1, bias=False),
            nn.BatchNorm2d(ngf),
            nn.ReLU(True),
            # (ngf) x 32 x 32, 输入-输出计算过程: O=(I-1)*S+K-2P=(16-1)*2+4-2*1=32
            nn.ConvTranspose2d(in_channels=ngf, out_channels=nc,
                               kernel_size=4, stride=2, padding=1, bias=False),
            nn.Tanh()
            # (nc) x 64 x 64, 输入-输出计算过程: O=(I-1)*S+K-2P=(32-1)*2+4-2*1=64
        )

    def forward(self, input):
        return self.main(input)
```

4.2.6　DCGAN 判别器的构建

　　DCGAN 的判别器对生成的图像和真实的图像进行判别。对于一张输入到判别器的图像，只有真和假，这是一个二分类问题，因此判别器相当于一个二分类网络。对于生成的图像，应将其分类为假，对于真实的图像，应将其分类为真。判别器的输入为一张图像，经过判别器的内部模块逐步处理后，输出为 1 或 0。与生成器相对的，判别器借助 Conv2d 的下采样功能，来实现对图像的逐级缩小，达到特征提取的目的。最后，我们使用 Sigmoid 函数将提取的特征映射到 0~1 之间，作为网络的输出。

```
# 6. DCGAN 判别器的构建
class Discriminator(nn.Module):
    def __init__(self):
        super(Discriminator, self).__init__()
        self.main = nn.Sequential(
            # (nc) x 64 x 64
            nn.Conv2d(in_channels=nc, out_channels=ndf,
```

```
                    kernel_size=4, stride=2, padding=1, bias=False),
            nn.LeakyReLU(0.2, inplace=True),
            # (ndf) x 32 x 32, 输入-输出计算过程: O=(I-K+2P)/S+1=(64-4+2*1)/2+1=32
            nn.Conv2d(in_channels=ndf, out_channels=ndf * 2,
                    kernel_size=4, stride=2, padding=1, bias=False),
            nn.BatchNorm2d(ndf * 2),
            nn.LeakyReLU(0.2, inplace=True),
            # (ndf*2) x 16 x 16, 输入-输出计算过程: O=(I-K+2P)/S+1=(32-4+2*1)/
              2+1=16
            nn.Conv2d(in_channels=ndf * 2, out_channels=ndf * 4,
                    kernel_size=4, stride=2, padding=1, bias=False),
            nn.BatchNorm2d(ndf * 4),
            nn.LeakyReLU(0.2, inplace=True),
            # (ndf*4) x 8 x 8, 输入-输出计算过程: O=(I-K+2P)/S+1=(16-4+2*1)/2+1=8
            nn.Conv2d(in_channels=ndf * 4, out_channels=ndf * 8,
                    kernel_size=4, stride=2, padding=1, bias=False),
            nn.BatchNorm2d(ndf * 8),
            nn.LeakyReLU(0.2, inplace=True),
            # (ndf*8) x 4 x 4, 输入-输出计算过程: O=(I-K+2P)/S+1=(8-4+2*1)/2+1=4
            nn.Conv2d(in_channels=ndf * 8, out_channels=1,
                    kernel_size=4, stride=1, padding=0, bias=False),
            nn.Sigmoid()
            # 1 x 1 x 1, 输入-输出计算过程: O=(I-K+2P)/S+1=(4-4+2*0)/2+1=1
        )

    def forward(self, input):
        return self.main(input)
```

4.2.7　模型权重初始化

模型权重初始化会对模型训练造成很大影响。初始权重在一定程度上决定了模型的收敛情况，合理的权重可以加快梯度下降收敛的速度。若权重过大，将造成梯度爆炸；而权重过小，则易造成信息丢失。我们使用 PyTorch 中的 nn.init.normal_ 方法和 nn.init.constant_ 方法，对生成器中的 ConvTranspose2d、BatchNorm2d 和判别器中的 Conv2d、BatchNorm2d 进行参数初始化。前者将所选参数按照设定值进行符合正态分布的权重初始化；后者将所选参数按照设定的常数进行初始化。如下示代码，对于卷积层，其权重按均值为 0，标准差为 0.02 的正态分布进行初始化；对于 BatchNorm 层，其权重被初始化为均值为 1.0，标准差为 0.02 的正态分布下的随机值，并设置偏置为常数 0。

生成器网络和判别器网络初始化后，需分配到设备 device 中去。device 是我们之前设置参数时得到的表示设备的变量，如果我们使用的计算机支持 CUDA，可以把神经网络模型和张量都通过 to(device) 方法放到 GPU 里训练，这将大大提高训练速度。

```python
# 7. 模型权重初始化
def weights_init(m):
    classname = m.__class__.__name__
    if classname.find('Conv') != -1:
        nn.init.normal_(m.weight.data, 0.0, 0.02)
    elif classname.find('BatchNorm') != -1:
        nn.init.normal_(m.weight.data, 1.0, 0.02)
        nn.init.constant_(m.bias.data, 0)


netG = Generator().to(device)
netD = Discriminator().to(device)
netG.apply(weights_init)
netD.apply(weights_init)
```

4.2.8　损失函数与优化器

在正式开始训练前，需定义损失函数。DCGAN 的损失函数 L_{GAN} 表示为以下形式：

$$\min_G \max_D L_{GAN}(D, G) = E_{x \sim p_{data}(x)}[\log D(x)] + E_{z \sim p_z(z)}[\log(1 - D(G(z)))] \qquad （4-4）$$

其中，D 表示判别器，G 表示生成器，x 表示训练数据，z 表示随机噪声，E 表示数学期望。上式等号左边包含了两个部分，即 min G 和 max D，因此我们可以将损失计算分为两步进行。

首先，对于判别器来说，有：

$$\max_D L_{GAN}(D) = E_{x \sim p_{data}(x)}[\log D(x)] + E_{z \sim p_z(z)}[\log(1 - D(G(z)))] \qquad （4-5）$$

我们希望判别器能够正确分辨生成图片和真实图片，相当于要使 $D(x)$ 接近 1、$D(G(z))$ 接近 0，即 $1-D(G(z))$ 也接近 1。由于 log 是一个单调递增的函数，因此，我们希望 $D(x)$ 接近 1、$1-D(G(z))$ 接近 1，可等价为希望判别器计算出的函数值最大化。

对于生成器来说，由于只与损失函数中的第二项有关，因此只需考虑损失函数中的第二项，即：

$$\min_G L_{GAN}(G) = E_{z \sim p_z(z)}[\log(1 - D(G(z)))] \qquad （4-6）$$

我们要通过训练，使生成器能够生成以假乱真的图片，这时，判别器对于生成样本 $G(z)$ 的判别值 $D(G(z))$ 应接近 1。又因为 $D(G(z))$ 的值接近 1 的过程，会让 $\log(1-D(G(z)))$ 的值逐渐减小，因此，我们希望生成器计算出的函数值最小化。

下面我们详细说明如何使用二进制交叉熵损失 BCELoss 表示 DCGAN 的损失函数。

在第 2 章中，我们给出了 BCELoss 的表达式如下所示，其中 y_i 是真实标签，$p(y_i)$ 是模型对该标签预测值：

$$\text{BCELoss} = -\frac{1}{n}\sum_{i}^{n}(y_i \cdot \log p(y_i) + (1-y_i) \cdot \log(1-p(y_i))) \tag{4-7}$$

DCGAN 先训练判别器，再训练生成器。训练判别器时，首先输入一批真实图像 $\boldsymbol{x}$，判别器的输出为 $D(\boldsymbol{x})$，又因为真实图像的标签都为 1，那么此时的损失 BCELoss_1 即为：

$$\text{BCELoss}_1 = -\frac{1}{n}\sum_{i}^{n}\log y_i = -\text{E}_{\boldsymbol{x} \sim p_{data}(\boldsymbol{x})}[\log D(\boldsymbol{x})] \tag{4-8}$$

然后输入一批生成的图像 $G(z)$，判别器的输出为 $D(G(z))$，生成图像的标签都为 0，那么此时的损失 BCELoss_2 可表示为：

$$\text{BCELoss}_2 = -\frac{1}{n}\sum_{i}^{n}\log(1-y_i) = -\text{E}_{\boldsymbol{x} \sim p_z(z)}[\log(1-D(G(z)))] \tag{4-9}$$

把上面两个损失值加起来，我们可以表示出判别器的二元交叉熵损失：

$$\text{BCELoss}_D = -\text{E}_{\boldsymbol{x} \sim p_{data}(\boldsymbol{x})}[\log D(\boldsymbol{x})] - \text{E}_{\boldsymbol{x} \sim p_z(z)}[\log(1-D(G(z)))] = -\text{L}_{\text{GAN}}(D) \tag{4-10}$$

容易发现，它和判别器损失函数的值恰好相反。这样，我们就可以通过最小化判别器的 BCELoss 实现判别器损失函数值最大化的目标了！

现在，让我们尝试将生成器的损失函数也转换为用 BCELoss 表示的形式。之前提到过，我们希望生成器最终生成的图片能够以假乱真，即判别器对生成图片 $G(z)$ 的判别结果 $D(G(z))$ 趋于 1，使得 $\log(1-D(G(z)))$ 最小化，这可以等价为对 $-\log(D(G(z)))$ 的最小化：

$$\min_{G}\text{L}_{\text{GAN}}(G) = \text{E}_{z \sim p_z(z)}[\log(1-D(G(z)))] \Leftrightarrow -\text{E}_{z \sim p_z(z)}[\log D(G(z))] \tag{4-11}$$

不难看出，如果我们将上式补全，即可用 BCELoss 表示生成器的损失，这样我们便可以同样地通过计算 BCELoss 来得到生成器损失值了。补全后的损失函数可表示如下：

$$\begin{aligned}\text{L}_{\text{GAN}}(G) &= -\text{E}_{z \sim p_z(z)}[\log D(G(z))] \\ &= -\frac{1}{n}\sum_{i}^{n}(1 \cdot \log D(G(z)) - (1-1) \cdot \log(1-D(G(z)))) = \text{BCELoss}_G\end{aligned} \tag{4-12}$$

我们已经成功用 BCELoss 表示出了 DCGAN 生成器和判别器的损失函数！在程序

中，可以通过定义 BCELoss 函数在训练时计算生成器和判别器的损失值。除此之外，我们还需要定义优化器。把生成器和判别器的优化器都设置为 Adam，如下示代码：

```
# 8. 损失函数与优化器
criterion = nn.BCELoss()
optimizerD = torch.optim.Adam(netD.parameters(), lr=lr, betas=(beta, 0.999))
optimizerG = torch.optim.Adam(netG.parameters(), lr=lr, betas=(beta, 0.999))
```

4.2.9 模型训练与可视化

训练过程的代码如下所示。和第 2 章 2.3 节中的过程类似，在对一个批次数据的训练中，我们依次对判别器网络 netD 和生成器网络 netG 进行训练。

在进入训练循环前，定义一个固定噪声变量 fixed_noise，其中包含 64 个随机噪声。在训练中每间隔一段时间，将这个固定噪声输入生成器网络，并对网络的输出进行可视化，以直观的形式体现生成器的训练效果。

```
# 固定噪声
fixed_noise = torch.randn(64, nz, 1, 1, device=device)
```

下面我们按照训练流程来说明代码中的一些细节问题。

在判别器的训练过程中，首先使用 zero_grad 方法将判别器 netD 模型参数的梯度设置为 0，这是因为我们是每个批量计算一次梯度，并进行一次模型参数更新，在计算下一个批量的梯度时，并不需要前一批量数据的梯度。因此，为了保证存储空间不被无关信息占用，使用 zero_grad 方法将每个批量的初始梯度设置为 0。然后，我们将从 dataloader 中取出的数据 data 放到训练网络使用的设备 device 中去，和神经网络所在的设备保持一致。为了计算判别器损失，需要创建一个真标签列表 label，此列表有这一批量所有数据的标签，数值为 1，表示为真，尺寸为（128,）。随后我们将这一批数据全部输入到判别器中，得到对应的预测结果，此时判别器输出张量的尺寸为（128,1,1,1）。可以发现，输出张量的尺寸与标签列表 label 的尺寸不同，我们使用 view 方法将输出张量的尺寸也展平为（128,），这样方便损失函数对判别器输出与标签列表进行运算。在真实数据的损失计算完毕后，使用 backward 方法将损失向输入侧进行反向传播，同时对所有需要梯度的变量计算获得梯度，并将其存储备用。

前面已完成判别器对真实数据的处理，接下来介绍判别器对生成数据的处理过程。首先，创建一个批量的噪声（128,100,1,1），并将该噪声输入到生成器 netG 生成 fake 图像。需要注意的是，在这里我们使用了生成器 netG，若直接使用 backward 方法进行反向传播，梯度会同时分配到生成器 netG 和判别器 netD 上。但此时我们只训练判别器，不训练生成器，所以不需要计算生成器 netG 的梯度，因此使用 detach 方法使生成 fake 图像不保留梯度信息。同样的，我们创建一个假标签列表，数值为 0 表示为假，尺寸为（128,）。随后将这一批生成数据全部输入到判别器中，得到判别结果。此时判别器输出张量的尺寸也为（128,1,1,1），然后使用 view 方法将输出张量的尺寸展平为一维（128,）。在生成数据的损失计算完毕后，使用 backward 方法将损失向输入侧进行反向传播，同时对所有需要梯度的变量计算获得梯度，并将其存储备用。这时，我们将真实数据的损失和生成数据的损失加起来就可得到判别器的损失。最后，使用判别器的优化器 step 方法对判别器参数进行更新。

类似的，在生成器的训练过程中，首先使用 zero_grad 方法将生成器 netG 模型参数的梯度设置为 0。然后创建一个真标签列表 label，此列表有这一批量所有数据的标签，数值为 1，表示为真，尺寸为（128,）。将生成 fake 图像输入到判别器得到判别结果，并使用 view 方法将输出张量的尺寸展平为一维（128,）。随后计算生成器的损失，并使用 backward 方法将损失向输入侧进行反向传播，同时对所有需要梯度的变量计算获得梯度，并将其存储备用。最后，使用生成器的优化器 step 方法对生成器参数进行更新。需注意的是，生成器依据判别器的判断更新参数，此时输入到判别器 netD 的生成 fake 图像便需要梯度，所以此处不使用 detach 方法。基于 DCGAN 的建筑立面生成的完整代码可扫描二维码下载。

代码下载

```
# 9. 模型训练

real_label = 1. # 真标签
fake_label = 0. # 假标签


img_list = [] # 用于存储显示训练过程中生成的图像
G_losses = [] # 用于绘制生成器损失曲线
D_losses = [] # 用于绘制判别器损失曲线

print("开始训练")
for epoch in range(epochs):
    for i, data in enumerate(dataloader, 0):

        # 用真实数据、real_label 训练判别器
        netD.zero_grad()
        real_cpu = data[0].to(device)          # 取出的数据，维度为 (128,3,64,64)
        b_size = real_cpu.size(0)
        label = torch.full((b_size,), real_label, dtype=torch.float, device=
```

```
device)                                          # 真标签，维度为 (128,)
        output = netD(real_cpu).view(-1)         # 判别器输出，维度为 (128,)
        errD_real = criterion(output, label)     # 基于真实数据，计算判别器损失
        errD_real.backward()
        D_x = output.mean().item()


        # 用噪声生成的数据、fake_label 训练判别器
        noise = torch.randn(b_size, nz, 1, 1, device=device)
                                                 # 生成一个批次的噪声，维度为
                                                 #   (128,100,1,1)

        fake = netG(noise)                       # 噪声输入生成器，得到假图片，
                                                 #   维度为 (128,3,64,64)

        label.fill_(fake_label)                  # 假标签，维度为 (128,)
        output = netD(fake.detach()).view(-1)    # 判别器输出，维度为 (128,)
        errD_fake = criterion(output, label)     # 基于生成数据，计算判别器损失
        errD_fake.backward()
        D_G_z1 = output.mean().item()
        errD = errD_real + errD_fake             # 总的判别器损失
        optimizerD.step()


        # 训练生成器
        netG.zero_grad()
        label.fill_(real_label)
        output = netD(fake).view(-1)
        errG = criterion(output, label)          # 计算生成器损失
        errG.backward()
        D_G_z2 = output.mean().item()
        optimizerG.step()


        # 显示训练过程中的模型损失和判别值
        if i % 10 == 0:
print('[%d/%d][%d/%d]\tLoss_D: %.4f\tLoss_G: %.4f\tD(x): %.4f\tD(G(z)): %.4f
/ %.4f'
                % (epoch + 1, epochs, i, len(dataloader),
                    errD.item(), errG.item(), D_x, D_G_z1, D_G_z2))


        G_losses.append(errG.item())
        D_losses.append(errD.item())
        # 保存生成器在训练过程中生成的图像
```

```
if ((epoch + 1) % 10 == 0 or epoch == 0) and i == len(dataloader) - 1:
    with torch.no_grad():
        fake = netG(fixed_noise).detach().cpu()
    img_list.append(vutils.make_grid(fake, nrow=6, padding=3,
normalize=True))

# 保存生成器和判别器的参数
if (epoch + 1) % 100 == 0:
    torch.save(netG.state_dict(),
'./weights/netG_epoch_{}.pth'.format(epoch + 1))
    torch.save(netD.state_dict(),
'./weights/netD_epoch_{}.pth'.format(epoch + 1))
```

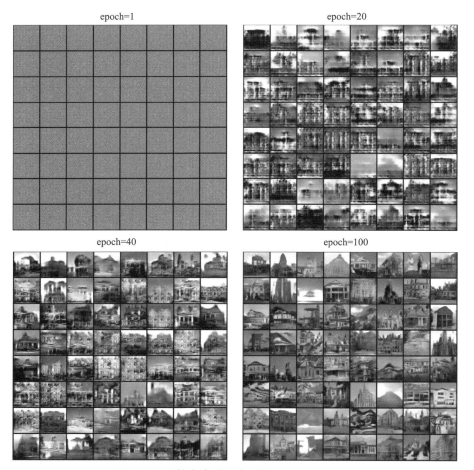

图 4-8　训练中生成器生成的图片可视化效果

图 4-8 为训练过程中生成器利用固定噪声生成的图片的可视化效果。在第 1 轮训练中，生成器对于如何生成我们想得到的图片一无所知，输出的图片只有噪声。随着训练轮次的增加，生成器的输出逐渐变得清晰可辨起来，当训练到第 100 轮时，对于我们输入的 64 个噪声数据，生成器已经能够将它们中的大多数转换为能够以假乱真的图片了，我们成功地完成了基于 DCGAN 的建筑立面生成！

4.3　GAN 训练的改进方法

本节将介绍四种提升 GAN 训练效果的改进方法。

4.3.1　判别器标签平滑

标签平滑方法能够在一定程度上优化 DCGAN 的训练效果[7]。在训练判别器时，我们鼓励判别器对输入样本的判别值接近设定的标签值，比如生成样本的判别值应接近 0，真实样本的判别值应接近 1。在二分类问题中，二元交叉熵损失函数的表达式为：

$$\text{BCELoss} = -[y\log\hat{y} + (1-y)\log(1-\hat{y})] \qquad （4-13）$$

其中，y 为真实标签，$\hat{y}$ 为预测值。

判别器最后一层使用的是 Sigmoid 激活函数，其表达式为：

$$S(x) = \frac{1}{1+e^{-x}} \qquad （4-14）$$

其中 x 为经过判别器特征提取层提取的输入到 Sigmoid 激活函数的特征。

在对真实样本进行判别时，随着模型的迭代，判别值和标签值的交叉熵损失逐渐趋于最小值，判别器对于真实样本的判别值越来越接近 1。因为要使判别值接近 1，Sigmoid 激活函数的输入 x 必须趋近于正无穷。模型逐渐向着这个使 x 趋近于正无穷的方向学习。这时，一些判别值较小的样本便会受到影响。因为模型参数已经向趋近于正无穷的方向更新，原本判别值较小的样本在新模型参数的影响下，判别值就会变得更大并向 1 接近。随着参数的更新，判别器对于自己的预测过于"自信"，而忽略样本之间细节的差别，仅仅对样本进行简单直接的判别。所以 0 或 1 这类硬标签可能会导致模型过拟合，并削弱模型的学习能力。标签平滑后，可避免模型对硬标签的偏好，使得判别器重视一些判别值与硬标签值差距较小的样本，模型因此有更多学习的空间。同时，标签平滑可以减少标签在计算损失时的权重，起到抑制模型过拟合的作用。因此，我们尝试使用标签平滑方法改进 DCGAN 的训练。

代码下载

标签平滑的实现较为简单，仅需将对应的 0 或 1 标签替换为设定的浮点数标签。例如训练判别器时，将真样本的标签 1 替换为（0.9,1）之间的值，将假样本的标签 0 替换为（0,0.1）之间的值。标签平滑只对判别器使用，生成器不使用。示例代码如下。完整代码可扫描二维码下载。

```
# 判别器标签平滑
D_real_label = 0.95          # 判别器真标签
D_fake_label = 0.05          # 判别器假标签
G_real_label = 1.            # 生成器真标签
```

使用判别器标签平滑后的模型训练时间约为 200 分钟，训练结果为图 4-9（b），图 4-9（a）为未使用改进方法的训练结果。可以看到经过标签平滑后，部分生成结果的真实度有所提高。

(a)　　　　　　　　　　　　　　　(b)

图 4-9　改进方法前后的建筑立面效果对比

4.3.2　使用不同学习率

学习率是训练神经网络最重要的超参数之一。学习率决定了每次更新模型参数时，模型参数的变化程度。学习率越大，更新后的模型参数变化程度越大，模型的学习速度越快。学习率越小，更新后的模型参数变化程度越小，模型的学习速度越慢。如果学习率太大，参数更新程度大，可能会直接越过最优参数点，模型难以收敛。如果学习率太小，参数更新程度小，可能需要很长时间才能到达最优参数点。在训练 DCGAN 的生成器和判别器时，我们对这两个网络使用相同的学习率。但一些研究发现，判别器和生成器训练的难易程度不同，若训练时对两者使用相同的学习率，可能会导致两个网络收敛速度不同，难以使两个网络性能达到比较均衡的状态。

我们尝试对判别器和生成器使用不同的学习率，即采用 TTUR（Two Timescale Update Rule）方法[8]，看看能否使 DCGAN 生成的建筑立面效果更好。在优化生成器时，我们通常假设判别器对生成样本和真实样本的判别结果是正确的，因为这样才能指导生成器更新参数。基于这个假设，我们为判别器设置一个较大的学习率，让判别器更快收敛，以便判别器指导生成器向更好的方向更新参数。具体的代码如下。完整代码可扫描二维码下载。

代码下载

```
# 使用不同学习率
lr_D = 0.0003                        # 判别器的学习率
lr_G = 0.0001                        # 生成器的学习率
optimizerD = optim.Adam(netD.parameters(), lr= lr_D, betas=(beta, 0.999))
optimizerG = optim.Adam(netG.parameters(), lr= lr_G, betas=(beta, 0.999))
```

对判别器与生成器采用不同学习率的训练时间约为 191 分钟，训练结果为图 4-10（b），图 4-10（a）为未使用改进方法的训练结果。尝试改进方法后，一些样本效果较好，但仍有小部分生成样本质量不高。读者可以尝试对生成器使用较大的学习率，对判别器使用较小的学习率，以此验证更多训练的可能性。

图 4-10　改进方法前后的建筑立面效果对比

4.3.3　特征匹配损失

训练 DCGAN 时，判别器输出一个 0 到 1 的值表示输入样本是真实样本的概率，生成器的目标是使该判别值最大。可见，我们只是依据判别值指导生成器更新参数，对于生成器来说可参考的信息太少。为了让生成器参考更多的信息，我们尝试使用特征匹配损失。

特征匹配损失可使生成样本与真实样本在判别器中间层输出的特征互相匹配[9]，来改善对抗训练的不稳定性。从判别器的结构来看，整个网络由特征提取层和分类层组成。特征提取层提取输入样本的抽象特征，分类层则将抽象特征映射为一个判别值，完成对输入样本的分类。前面的训练方法只是参考了分类层的输出，而使用特征匹配损失可参考特征提取层的输出。分别截取生成样本与真实样本在判别器某一特征提取层的输出特征，并度量这两个抽象特征之间的差距，通过这个差距来指导生成器学习更多信息，使得生成的样本更加真实可靠。

特征匹配损失表示为生成样本在判别器中间层上特征的期望值与真实样本在判别器中间层上特征的期望值的均方误差。具体实现方面，因为特征匹配损失是为了更新生成器的参数，所以仅用于生成器，判别器仍使用原来的二分类交叉熵损失。

特征匹配损失的表达式如下：

$$\| E_{x \sim p_{data}} f(x) - E_{z \sim p_z(z)} f(G(z)) \|_2^2 \qquad (4-15)$$

其中 $f( )$ 表示判别器中间层的映射，E 表示求取期望。

基于 PyTorch 实现的代码如下：

```python
# 特征匹配损失
class Discriminator(nn.Module):
    def __init__(self):
        super(Discriminator, self).__init__()
        self.layer1 = nn.Sequential(
            nn.Conv2d(in_channels=nc, out_channels=ndf,
                    kernel_size=4, stride=2, padding=1, bias=False),
            nn.LeakyReLU(0.2, inplace=True),)
        self.layer2 = nn.Sequential(
            nn.Conv2d(in_channels=ndf, out_channels=ndf * 2,
                    kernel_size=4, stride=2, padding=1, bias=False),
            nn.BatchNorm2d(ndf * 2),
            nn.LeakyReLU(0.2, inplace=True),)
        self.layer3 = nn.Sequential(
            nn.Conv2d(in_channels=ndf * 2, out_channels=ndf * 4,
                    kernel_size=4, stride=2, padding=1, bias=False),
            nn.BatchNorm2d(ndf * 4),
            nn.LeakyReLU(0.2, inplace=True),)
        self.layer4 = nn.Sequential(
```

```
                nn.Conv2d(in_channels=ndf * 4, out_channels=ndf * 8,
                        kernel_size=4, stride=2, padding=1, bias=False),
                nn.BatchNorm2d(ndf * 8),
                nn.LeakyReLU(0.2, inplace=True),)
        self.layer5 = nn.Sequential(
                nn.Conv2d(ndf * 8, 1, 4, 1, 0, bias=False),
                nn.Sigmoid())

    def forward(self, input):
        out1 = self.layer1(input)  # 获取第一层输出的特征
        out2 = self.layer2(out1)   # 获取第二层输出的特征
        out3 = self.layer3(out2)   # 获取第三层输出的特征
        out4 = self.layer4(out3)   # 获取第四层输出的特征
        out5 = self.layer5(out4)   # 获取模型输出
        return out5, [out1, out2, out3, out4]
```

使用单独的层来表示判别器的网络结构，方便取出每一层的输出，进行特征匹配损失的计算。因为更改了判别器的输出，在对判别器进行训练时，只需要 out5，所以我们使用 NULLD 表示判别器用不到的输出。对生成器进行训练时，先使用 netD(real_cpu.detach()) 获得真实样本的中间特征，再使用 netD(fake) 获得生成样本的中间特征。这里我们分别取真实样本与生成样本在判别器 self.layer4 层的输出特征 out4，然后对这两个特征求取对应的期望，并计算获得特征匹配损失。最后，利用特征匹配损失更新模型。

基于 PyTorch 实现的代码如下，完整代码可扫描二维码下载。

代码下载

```
# 特征匹配损失
criterion = nn.BCELoss()
criterionG = nn.MSELoss()


for epoch in range(epochs):
    for i, data in enumerate(dataloader, 0):
        # 用真实数据、real_label 训练判别器
        netD.zero_grad()
        real_cpu = data[0].to(device)
        b_size = real_cpu.size(0)
        label = torch.full((b_size,), D_real_label, dtype=torch.float, de-
vice=device)                                    # 真标签
```

```
output, NULLD = netD(real_cpu)        # 使用 NULLD 变量表示不使用的输出
output = output.view(-1)
errD_real = criterion(output, label)  # 计算判别器对真实数据的损失
errD_real.backward()
D_x = output.mean().item()

# 用噪声生成的数据、fake_label 训练判别器
noise = torch.randn(b_size, nz, 1, 1, device=device)
                                      # 生成一个批次的噪声
fake = netG(noise)                    # 噪声输入生成器，得到生成图片
label.fill_(D_fake_label)             # 假标签
output, NULLD = netD(fake.detach())   # 使用 NULLD 变量表示不使用的输出
output = output.view(-1)
errD_fake = criterion(output, label)  # 计算判别器对生成数据的损失
errD_fake.backward()
D_G_z1 = output.mean().item()
errD = errD_real + errD_fake          # 计算判别器的损失
optimizerD.step()

# 训练生成器
netG.zero_grad()
_, feature_real = netD(real_cpu.detach()) # 基于真实数据，获取判别器特征
output, feature_fake = netD(fake)     # 基于生成数据，获取判别器特征
feature_real_last = torch.mean(feature_real[-1],0)
                                      # 计算真实数据在判别器最后一层特征
                                      # 的期望
feature_fake_last = torch.mean(feature_fake[-1],0)
                                      # 计算生成数据在判别器最后一层特征
                                      # 的期望
errG = criterionG(feature_fake_last, feature_real_last.detach())
                                      # 使用均方误差计算真实样本与生成样
                                      # 本的特征的损失
errG.backward()
D_G_z2 = output.mean().item()
optimizerG.step()
```

　　采用特征匹配损失的训练时间约为 189 分钟，训练结果为图 4-11（b），图 4-11
（a）为未使用改进方法的训练结果。使用特征匹配损失后，部分生成样本有所改进，
但一部分样本存在模式崩溃的现象。

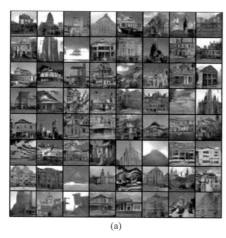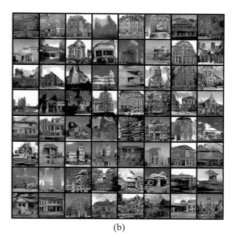

(a)　　　　　　　　　　　　　　　　　　(b)

图 4-11　改进方法前后的建筑立面效果对比

4.3.4　最小二乘损失

DCGAN 主要是对生成器和判别器的架构进行改进，利用一些先进模块的优越性能提升模型性能。但在生成对抗网络的学习过程中，需要着重关注对生成器与判别器性能的平衡，不能一强一弱。而平衡生成器与判别器强弱的关键部分就是损失函数。

DCGAN 使用的交叉熵损失函数会使被判别器判别为真但仍远离真实数据的生成样本停止迭代，因为这些生成样本已经成功欺骗了判别器，更新生成器时便会出现梯度消失的问题。换句话说，因为判别器已经对样本进行了正确的分类，此时的损失已经很小，判别器产生的梯度也非常小，故在后续的训练过程中，几乎不会再对这部分样本的模型参数进行更好的更新。

最小二乘损失函数能够惩罚距离决策边界太远的生成样本[10]。因为要使最小二乘损失更小，需将距离决策边界太远的生成样本拉向决策边界。随着模型的不断训练，生成样本便会更趋近于真实样本。因此我们尝试将 DCGAN 的交叉熵损失函数替换为最小二乘损失函数，看看是否有改进效果。两种损失函数的决策行为如图 4-12 所示。

图 4-12 中蓝色线为交叉熵损失函数的决策边界，红色线为最小二乘损失函数的决策边界。决策边界是一种划分空间的分割界面，决策边界同侧的所有数据点同属于同一类别。判别器就起到划分样本数据所属类别的决策作用。可以看到，图 4-12（a）中有许多距离真实样本较远的离群点，这部分样本很难再向决策边界靠近。若使用最小二乘损失函数进行训练，随着模型的迭代，距离决策边界较远的生成样本会被逐步拉向真实样本，使这些生成样本更加接近真实样本。

最小二乘损失函数的表达式如下：

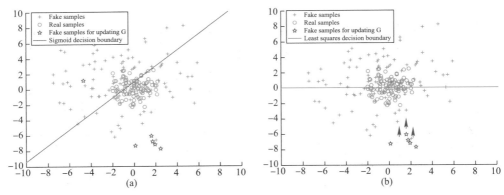

图 4-12　两种损失函数的决策行为示意图

$$\min_{D} V_{\text{LSGAN}}(D) = \frac{1}{2}E_{x \sim p_{data}(x)}[(D(x)-1)^2] + \frac{1}{2}E_{z \sim p_z(z)}[(D(G(z)))^2] \qquad (4-16)$$

$$\min_{G} V_{\text{LSGAN}}(G) = \frac{1}{2}E_{z \sim p_z(z)}[(D(G(z))-1)^2] \qquad (4-17)$$

采用最小二乘损失的训练时间约为 187 分钟，训练结果为图 4-13（b），图 4-13（a）为未使用改进方法的训练结果。可以看到采用最小二乘损失后，生成样本的质量有一定提升。

基于 PyTorch 实现的代码如下，完整代码可扫描二维码下载。

代码下载

(a)　　　　　　　　　　　　　　　　(b)

图 4-13　改进方法前后的建筑立面效果对比

```
# 最小二乘损失
class Discriminator(nn.Module):
```

```python
def __init__(self, ngpu):
    super(Discriminator, self).__init__()
    self.main = nn.Sequential(
        nn.Conv2d(in_channels=nc, out_channels=ndf,
                kernel_size=4, stride=2, padding=1, bias=False),
        nn.LeakyReLU(0.2, inplace=True),
        nn.Conv2d(in_channels=ndf, out_channels=ndf * 2,
                kernel_size=4, stride=2, padding=1, bias=False),
        nn.BatchNorm2d(ndf * 2),
        nn.LeakyReLU(0.2, inplace=True),
        nn.Conv2d(in_channels=ndf * 2, out_channels=ndf * 4,
                kernel_size=4, stride=2, padding=1, bias=False),
        nn.BatchNorm2d(ndf * 4),
        nn.LeakyReLU(0.2, inplace=True),
        nn.Conv2d(in_channels=ndf * 4, out_channels=ndf * 8,
                kernel_size=4, stride=2, padding=1, bias=False),
        nn.BatchNorm2d(ndf * 8),
        nn.LeakyReLU(0.2, inplace=True),
        nn.Flatten(),
        nn.Linear(8192,1),      # 全连接层
    )


def forward(self, input):
    return self.main(input)
```

首先我们需要将判别器最后一层替换为全连接层，不再使用 Sigmoid 激活函数。训练判别器时，先获得对真实样本的判别值 D_real，然后使用 torch.mean 计算判别器对真实样本的最小二乘损失。随后，获得对生成样本的判别值 D_fake，然后使用 torch.mean 计算判别器对生成样本的最小二乘损失。对两者求和，可得判别器的损失值 errD。训练生成器时，获得判别器对生成样本的判别值 DG_fake，然后使用 torch.mean 计算获得生成器的损失值 errG。最后，利用该损失值更新模型。

```python
# 最小二乘损失
for epoch in range(epochs):
    for i, (data, _) in enumerate(dataloader):
        b_size = data.shape[0]
        data = data.to(device)
        a = torch.ones(b_size,1).to(device)        # 判别器使用的真实数据标签
```

```
b = torch.zeros(b_size,1).to(device)        # 判别器使用的生成数据标签
c = torch.ones(b_size,1).to(device)         # 生成器使用的生成数据标签

# 用真实数据、real_label 训练判别器
netD.zero_grad()
D_real = netD(data)
loss_D_real = 0.5*torch.mean((D_real-a)**2)
                                            # 基于真实数据，计算判别器
                                            # 最小二乘损失

loss_D_real.backward()
D_x = D_real.mean().item()

# 用噪声生成的数据、fake_label 训练判别器
noise = torch.randn(b_size, nz, 1, 1, device=device)
fake_data = netG(noise)
D_fake = netD(fake_data.detach())
loss_D_fake = 0.5*torch.mean((D_fake-b)**2)  # 基于生成数据，计算判别器
                                             # 最小二乘损失

loss_D_fake.backward()
D_G_z1 = D_fake.mean().item()
errD = loss_D_real + loss_D_fake             # 判别器损失
optimizerD.step()

# 训练生成器
netG.zero_grad()
DG_fake = netD(fake_data)
errG = 0.5*torch.mean((DG_fake-c)**2)        # 计算生成器最小二乘损失
errG.backward()
optimizerG.step()
D_G_z2 = DG_fake.mean().item()
```

参考文献

[1] RADFORD A, METZ L, CHINTALA S. Unsupervised representation learning with deep convolutional generative adversarial networks[J]. arXiv preprint arXiv:1511.06434, 2015.

[2] PyTorch Official Website. DCGAN Tutorial – PyTorch Tutorial documentation [EB/OL]. (2022−05−07)[2023−01−30]. https://pytorch.org/tutorials/beginner/dcgan_faces_tutorial.html.

[3] DUMOULIN V, VISIN F. A guide to convolution arithmetic for deep learning[J]. arXiv preprint

arXiv:1603.07285, 2016.

［4］ ZHANG A, LIPTON Z C, LI M, et al. Dive into deep learning[J]. arXiv preprint arXiv:2106.11342, 2021.

［5］ PASZKE A, GROSS S, MASSA F, et al. Pytorch: An imperative style, high−performance deep learning library[J]. Advances in neural information processing systems, 2019, 32.

［6］ XU Z, TAO D, ZHANG Y, et al. Architectural style classification using multinomial latent logistic regression[C]//Computer Vision−ECCV 2014: 13th European Conference, Zurich, Switzerland, September 6−12, 2014, Proceedings, Part I 13. Springer International Publishing, 2014: 600−615.

［7］ MÜLLER R, KORNBLITH S, HINTON G E. When does label smoothing help?[J]. Advances in neural information processing systems, 2019, 32.

［8］ HEUSEL M, RAMSAUER H, UNTERTHINER T, et al. Gans trained by a two time−scale update rule converge to a local nash equilibrium[J]. Advances in neural information processing systems, 2017, 30.

［9］ SALIMANS T, GOODFELLOW I, ZAREMBA W, et al. Improved techniques for training gans[J]. Advances in neural information processing systems, 2016, 29.

［10］ MAO X, LI Q, XIE H, et al. Least squares generative adversarial networks[C]//Proceedings of the IEEE international conference on computer vision. 2017: 2794−2802.

［11］ Kaggle. architectural−styles−dataset[EB/OL]. (2023−02−01)[2023−02−09].https://www.kaggle.com/datasets/dumitrux/architectural−styles−dataset.

第 **5** 章

基于强化学习的钢筋排布避障设计

当前我国正在大力推广装配式建筑，与传统建造方式相比，采用模块化设计、工厂化生产与标准化装配相结合的装配式建筑，可极大提高施工效率、降低施工成本、减少污染并改善现场作业环境。装配式建筑的设计质量与工程的整体质量息息相关。然而，目前钢筋的设计大多停留在设计人员基于相关规范（GB 50010—2010[1]，GB 50011—2010[2]）提供配筋方案，工程师依据配筋结果、考虑施工便利性等多重影响因素，手动完成配筋工作，存在计算量大、耗时且易出错的问题。在节点等钢筋排布密集的区域，极易发生钢筋硬碰撞（如钢筋之间或不同专业之间的物理碰撞）、钢筋软碰撞（如钢筋间距过小或间距不满足施工性要求）等问题。一旦现场出现钢筋不可施工的问题，将造成项目工期延长、成本增加、施工质量下降等后果。因此，急需一种高效高质的钢筋智能设计方法来代替传统的手动设计模式。

目前，装配式建筑普遍采用 Autodesk Robot Structural Analysis Professional、CSI ETABS、PKPM、盈建科 YJK 等设计软件进行设计，但此类软件一般只能计算钢筋面积，得到钢筋的基本信息。而 Solibri Model Checker、Fuzor 和 Autodesk Navisworks Manage 等软件，虽可实现碰撞构件检测和可视化显示（如图 5-1 所示），但仍无法实现无碰撞的钢筋网自动排布。

强化学习算法在复杂自适应系统和复杂序列决策领域中已取得了许多重大进展，

(a) Navisworks中钢筋碰撞检测

(b) BIM360 Glue中钢筋碰撞检测

图 5-1　钢筋碰撞检测和可视化显示

已用于移动机器人的路径规划等问题。近年来，随着深度学习的发展，结合深度学习和强化学习的深度强化学习逐渐兴起，为强化学习解决复杂真实世界中的决策问题提供了可能。

设计人员进行钢筋设计时，通常从构件的一端到另一端进行钢筋排布，需要同时对多根钢筋进行协调，以避免碰撞。而在对多智能体进行路径规划时，需要智能体从定义的起点行走至定义的终点过程中避免智能体之间的碰撞。可以看出，二者具有极大的相似性。因此，本章我们将和大家一起，基于多智能体强化学习（Multi-agent Reinforcement Learning, MARL）方法实现钢筋混凝土梁柱节点的无碰撞钢筋智能设计。

5.1　梁柱节点钢筋避障排布问题描述——多智能体路径规划

多智能体强化学习（MARL）是求解路径规划问题的有效方法。对于实际工程中复杂的钢筋混凝土结构，通过将每根钢筋抽象为强化学习的智能体，并将设计规则转化为对应的奖励和惩罚，可将无碰撞的钢筋设计问题转化为多智能体路径规划问题。即多智能体在钢筋混凝土构件中，从起点安全地到达已定义的目标点的路径规划问题，而智能体走过的路径即是生成的钢筋排布路径。

在此任务中，若在二维平面中，智能体可以选择以下三个动作之一：向前、向左和向右。若在三维空间中，智能体可以选择以下五个动作之一：向上、向下、向前、向左和向右，如图 5-2 所示。智能体的任务是在规定的时间内成功地通过节点并到达指定目标点，途中不遇到任何障碍。基于上述多智能体强化学习方法，通过收集智能体的轨迹，可得到无冲突钢筋设计的三维坐标。

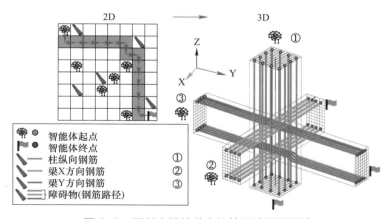

图 5-2　混凝土梁柱节点钢筋设计问题描述

具体来说，在钢筋混凝土梁柱节点中，钢筋设计的多智能体强化学习过程可分为以下三个阶段，如图 5-2 所示：在第一阶段中，柱中的纵向钢筋被视为一组智能体，路径环境是无任何障碍的三维梁柱节点；在第二阶段，将 X 方向，梁的纵向钢筋视为一组智能体，将柱内纵筋和箍筋视为障碍物；在第三阶段，将 Y 方向，梁的纵筋视为一组智能体，将柱内纵筋、箍筋和 X 方向的梁筋视为障碍物。

5.2 钢筋排布路径规划的多智能体强化学习

本节将介绍如何通过智能体求解钢筋混凝土构件的钢筋排布避障问题。我们将每根钢筋视为一个强化学习的智能体，同时考虑设计规范和实际施工约束，设计强化学习中适用于钢筋排布设计的状态、动作和奖惩的形式以及特定的规则，得到适用于求解钢筋混凝土构件中钢筋排布避障问题的多智能体强化学习方法。

5.2.1 强化学习智能体设计

1. 强化学习智能体组成

每个智能体由三个模块组成：①状态（State）：对环境的感知，用于保存和表示当前智能体的状态；②动作（Action）：用于表示该状态下可选择的行为；③奖励（Reward）：用于表示来自环境的反馈。在智能体执行动作、从环境收到反馈后，智能体会根据反馈进行策略调整。在获得奖励（积极反馈）的情况下，智能体将学习到在某个状态下执行某动作可达到良好的结果。因此，经过训练，智能体将学会状态向量 S、动作向量 A 和奖励向量 R 之间的映射关系。

2. 智能体状态模块

多智能体强化学习是指多个智能体从梁或柱的一端（起点）导航到另一端（终点）。每个智能体配备感知环境的传感器，这些传感器可以探测周边环境的情况。同时，传感器检测的状态信息包括障碍（已排布的钢筋，即其他智能体的路径）检测、其他智能体位置检测以及目标点在当前位置下的方位检测。

例如，在图 5-3 中，状态信息表示在智能体的正前方检测到了障碍物（钢筋），编码为（0,0,1,0,0）；另一个智能体位于智能体的左前方，编码为（0,1,0,0,0）；目标（红旗）位于智能体的右前方，编码为（0,1,0,0,0,0,0,0）。对于每一个方向的传感器反馈回来的状态信息，可由 $S_i = 1/d_i$ 进行计算。公式中的 d_i 表示在该方向上智能体与障碍物、其他智能体、目标点或构件边界的距离。如果在该方向上未发现任何障碍物、其他智能体、目标点或构件边界，则 S_i 被定义为 0。在没有先验知识（障碍物和目标的三维坐标信息）的情况下，每个智能体都配备了它所在环境的局部视野。

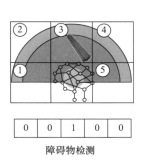
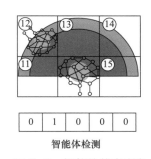
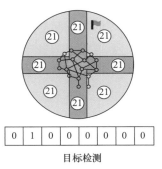

图 5-3　智能体状态定义

3. 智能体动作模块

如图 5-4 所示，在多智能体强化学习系统中，在每个离散步长中，智能体可以选择五个可能的动作之一，即向左、向前、向右、向上和向下移动。

4. 智能体奖惩模块

在多智能体强化学习算法中，基于钢筋的设计规范和构造约束要求，设计了奖励、惩罚和一些特定策略，如图 5-5 和表 5-1 所示。在实验中，智能体无需在执行每个动作之后都从环境得到相关的奖励。这是因为在现实世界中，智能体的目标可能被隐藏或在现有的状态下不可见。表 5-1 详细说明了奖惩策略：

（1）当智能体到达目标且不与障碍物发生碰撞，同时不超过规定的训练时间时，奖励为：+1。

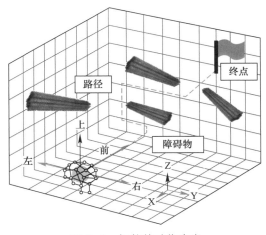

图 5-4　智能体动作定义

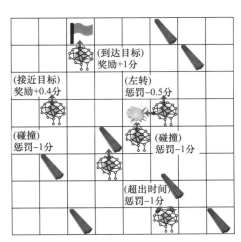

图 5-5　智能体奖励惩罚策略

（2）当智能体选择的行为使智能体靠近目标点，为了鼓励智能体继续向目标点前进，奖励为：+0.4。

（3）当智能体与障碍物（钢筋）发生碰撞，或与其他智能体及其路径发生碰撞，或超过设定的训练时间时，惩罚为：−1。

（4）当智能体与其他智能体或其他智能体的路径之间的距离小于设定范围（1.5倍钢筋直径），惩罚为：−1，以确保钢筋之间的间距满足要求。

（5）当智能体选择的动作（左，右，上，下）导致路径发生弯曲，惩罚为：−0.5，以保证智能体的路径尽可能为直线，因为钢筋除在发生碰撞需要弯起时均应为直线。

智能体奖惩策略　　　　　　　　　　　　　　表5-1

智能体动作	奖惩策略
智能体无碰撞且抵达目标	+1.0
智能体与目标点的距离减小	+0.4
智能体与其他智能体路径发生碰撞	−1.0
智能体与其他智能体发生碰撞	−1.0
智能体与其他智能体的距离小于设定范围	−1.0
智能体超过设定的训练时间	−1.0
智能体选择转弯动作（左，右，上，下）	−0.5

5.2.2　Q-learning 算法

在 2.4.4 小节中，我们已经介绍了 Q-learning 算法和贪心策略的基本原理，在此我们通过图表和举例进一步解释该算法。在 Q-learning 中，智能体通过与环境的交互和学习，调整智能体本身的行为以适应环境。$Q(s, a)$ 是在某个状态 s 下，选择动作 a 能够获得的奖励期望，环境会根据智能体的动作反馈相应的奖励 r。Q-table 则是 $Q(s, a)$ 奖励期望的集合表格，如图 5-6 所示。在 Q-table 中，表格的列为可选择的动作 a，表格的行为不同的状态 s。Q-learning 算法的主要思想就是将状态 s 与动作 a 构建成一张 Q-table 来存储 $Q(s, a)$，通过与环境的交互对 $Q(s, a)$ 进行更新，从而根据存储的 $Q(s, a)$ 来选取能够获得最大的奖励的动作。

其中 Q-learning 算法的伪代码如下所示：

```
#输入：学习率 α∈[0,1]、学习次数 episode、折扣因子 γ∈[0,1]
#输出：Q*
1: 对所有 s∈S、a∈A，初始化所有状态动作对下的表项 Q(s,a), Q(terminal)=0
2: for i < 1 to episode do
3:        初始化 S
```

```
4:        while S != terminal
5:            根据现有的 Q(s,)、当前状态 (s) 和对应的策略，选择一个动作 (a)
6:            执行动作 (a) 并观测产生的状态 (s') 和奖励 (r')
7:            更新 Q(s,a): Q(s,a) ← Q(s,a)+α[r_{t+1}+γmaxQ'(s',a')-Q(s,a)]
8:            令 s=s'
9:        end while
10: end for
```

在强化学习算法 Q-learning 中，智能体的目标是最大化累计折扣期望：

$$R = \sum_{i=1}^{\infty} \gamma^t r_t \tag{5-1}$$

其中，r_t 是在 t 时刻下采用动作 a_t 得到的奖励；γ 为折扣因子，用以衡量未来奖励对当前的影响，$\gamma \in [0,1]$。

1. Q 函数

Q 函数[3-4] 是以当前智能体的状态 s 和动作 a 作为索引，在 Q-table 中找到对应的奖励期望。在智能体进行环境探索之前，Q-table 通常随机进行赋值，也可均赋值为 0。随着智能体对环境的探索，通过使用贝尔曼方程（Bellman Equation）[式（2-63）]和时序差分学习方法 [式（2-70）]，迭代更新 $Q(s, a)$，Q-table 逐步收敛，从而较为准确地评估智能体所处的环境，如：

$$\begin{aligned}Q^{\pi}(s_t, a_t) &= E(r_{t+1} + \gamma r_{t+2} + \gamma^2 r_{t+3} + \cdots | s_t, a_t) \\ &= E[r_{t+1} + \gamma \max_{a_t+1} Q^{\pi}(s_{t+1}, a_{t+1}) | s_t, a_t]\end{aligned} \tag{5-2}$$

其中，$Q^{\pi}(s_t, a_t)$ 是在状态 s_t 下选择动作 a_t 返回的奖励期望 Q 值；$E(r_{t+1}+\gamma r_{t+2}+\gamma^2 r_{t+3}+\cdots)$ 是考虑未来折扣因子 γ 的奖励期望总和；s_t 和 a_t 分别是当前的状态和动作。

2. 初始化 Q 值

Q-table 通常被定义为一个 m 列（$m=$ 可选择的动作数）、n 行（$n=$ 状态数）的表格。假设智能体所在的环境可划分为 64 个网格，对应智能体的 64 种状态（$n=64$）；同时，智能体有 4 种可选择的动作（$m=4$），那么此时 Q-table 为 64 行、4 列的表格，如图 5-6 所示。

3. 选择并执行动作

智能体会根据 Q-table 中的奖励期望和当前的状态 s 选择动作 a。智能体的训练过程可看作是一个如何平衡探索策略（Exploration）与利用策略（Exploitation）的问题[5]。

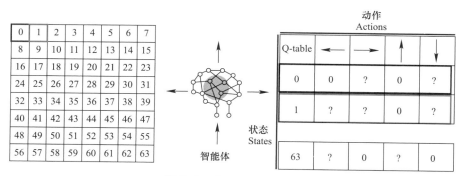

图 5-6　Q-table 可视化

为了增加对当前环境的了解，智能体会尝试之前没有执行过的动作，目的是希望发现优于当前最优行为所获得的奖励的动作，即探索策略。利用策略是智能体倾向采取根据历史经验学习到的获得最大奖励的动作。智能体的目标是最大化累计折扣期望，但如果智能体只采用利用策略，由于更好的动作策略可能未被智能体发现，则很可能陷入局部最优解。

因此，在 Q-learning 算法中，可采用 Epsilon 贪心策略，其中 $\varepsilon \in (0,1)$，如图 5-7 所示。该策略的本质是：智能体每次有（$1-\varepsilon$）的概率进行探索，即随机选择当前可用的所有动作，有 ε 的概率利用已学习的经验，即选择贪心动作 $a = \arg\max_{a \in A} Q(s,a)$。在任务的一开始，$\varepsilon$ 的数值通常设定为较高的数值，因为在一开始智能体对环境一无所知，智能体只能随机选择动作以探索环境。随着迭代训练的进行，ε 会逐步降低，Q-table 逐渐收敛，即智能体对环境的了解越来越准确，逐渐倾向于利用已获得的经验进行动作的选择。

如图 5-8 所示，在训练过程的初期，智能体有较高的 ε 贪心率数值，倾向于采取随机动作。此时智能体选择向右的动作，与障碍物发生了碰撞，并根据 5.3.1 章节中智能体的奖惩模块得到惩罚 -1 分，紧接着我们将根据得到的惩罚对 Q-table 进行更新。

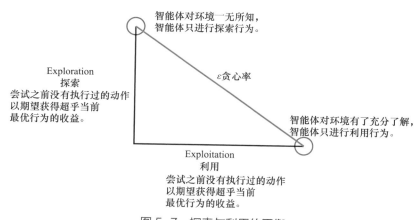

图 5-7　探索与利用的平衡

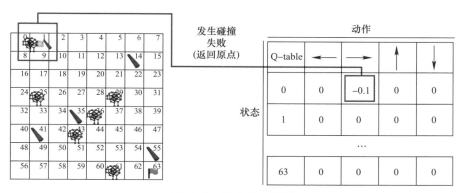

图 5-8　Q-table 更新

Q-table 的更新方法将在下一小节进行详细介绍。

4. 评估奖励并更新 Q-table

智能体在选择并执行动作 a 之后，会通过与环境的交互得到相应的奖励 r，并通过贝尔曼方程（Bellman Equation）和时序差分学习（Temporal-Difference Learning）算法更新 $Q(s, a)$：

$$Q_{t+1}(s_t, a_t) = Q_t(s_t, a_t) + \alpha[r_{t+1} + \gamma \max_{a_{t+1}} Q_t(s_{t+1}, a_{t+1}) - Q_t(s_t, a_t)] \qquad (5-3)$$

其中，$Q_{t+1}(s_t, a_t)$ 是在状态 s_t 下选择动作 a_t 更新的奖励期望 Q 值；$Q_t(s_t, a_t)$ 是在状态 s_t 下选择动作 a_t 的原奖励期望 Q 值；α 是学习率，$\alpha \in [0,1]$；r_{t+1} 是在状态 s_t 下选择并执行动作 a_t 返回的奖励；γ 是折扣因子，用以衡量未来奖励对当前的影响，$\gamma \in [0,1]$；$\max_{a_{t+1}} Q_t(s_{t+1}, a_{t+1})$ 是在新的状态 s_{t+1} 下所有可选择的动作 a_{t+1} 的最大奖励期望 Q 值。

假设此时的学习率为 0.1，折扣因子 γ 为 0.9，如图 5-8 所示，智能体选择向右的动作，与障碍物发生了碰撞，得到惩罚 -1 分，让我们根据式（5-3）更新 $Q(s, a)$。

ΔQ（状态 $(s):0$, 动作 (a)：向右）

  $= R$（状态 $(s):0$, 动作 (a)：向右）$+ \gamma \max Q$（状态 $(s):1$, 动作 (a)）$- Q$（状态 $(s):0$, 动作 (a)：向右）

  $= -1 + 0.9 \times \max(Q$（状态 $(s):1$, 动作 (a)：向左），Q（状态 $(s):1$, 动作 (a)：向右），Q（状态 $(s):1$, 动作 (a)：向下））$- Q$（状态 $(s):0$, 动作 (a)：向右）

  $= -1 + 0.9 \times 0 - 0$

  $= -1$

New Q（状态 $(s):0$, 动作 (a)：向右）

  $= Q$（状态 $(s):0$, 动作 (a)：向右）$+ \alpha [\Delta Q$（状态 $(s):0$, 动作 (a)：向右）$]$

  $= 0 + 0.1 \times (-1)$

  $= -0.1$

在多智能体强化学习算法中，智能体的起点和终点是根据梁柱内的钢筋决定的，障碍物的位置是由上一个训练步骤中其他智能体的路径所决定的。也就是说，在一次训练任务中，起点和终点的位置始终保持不变，但环境内的障碍物却会逐渐增多。由于在每次任务中，障碍物的位置可能不一致，因此智能体需要学习策略以应对未知的情况以顺利达到终点，如图 5-9 所示。

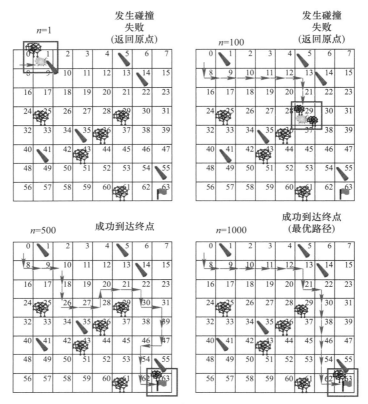

图 5-9　智能体学习过程

5.3　采用强化学习实现二维钢筋自动排布

我们在 2.4 节和 5.2 节已经学习了多智能体强化学习的相关理论。至此，我们已经具备了将强化学习带入项目实例，实现钢筋排布路径规划的全部基础知识，下面让我们一起动手实践。

5.3.1　强化学习算法参数设定

多智能体强化学习 MARL 的参数设置如表 5-2 所示。为确保每次仿真验证的独立性，Q-table 中存储的知识经验在每次仿真中均被清零。并且，多个智能体的起点和终点、障碍物的位置在每次仿真中也均被重置。当一个智能体成功到达目标点，途中未与障碍物发生碰撞且未超过规定的运行时间时，则定义为一次成功。因此，多智能体系统的成功率（Success Rate）指在总训练代数中，成功到达目标点，且未与障碍物发生碰撞、未超过规定运行时间的智能体比例，可以由式（5-4）计算所得：

$$S_r = \frac{1}{N_m} \times \sum_{i=1}^{N_m} \frac{N_s^i}{N_s} \times 100\% \qquad (5\text{-}4)$$

其中，N_m 为总的训练代数，N_s 是一次任务中总智能体个数，N_s^i 是任务 i 中成功到达终点且未发生碰撞的智能体个数。S_r 指标被用来评估强化学习 MARL 的训练效果。

MARL 参数设置　　　　　　　　　　　　　　　　表 5-2

MARL 参数		值
时序差分学习率 α		0.01
衰减系数 γ		0.7
Q-table 初始值		0
贪心系数设置	ε 初始值	0.8
	ε 结束值	0

5.3.2　创建强化学习环境

要想使用强化学习，我们需要定义强化学习的另一个重要模块：环境。强化学习的环境可以是一个网格，其中每个状态对应于二维网格上的一个图块，智能体可以采取的唯一动作是在网格向上、向下、向左或向右移动。智能体的目标是找到以最直接的方式通往目标方块的方法。

假设有一个 10×10 的网格，钢筋起始位置在左方，钢筋目标位置在右方，如图 5-10 所示。我们可以采用以下代码实现上述步骤。

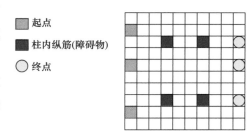

图 5-10　多智能体强化学习环境

首先让我们导入需要的库：

```python
# 导入需要的库
import numpy as np
import time
import sys
import pandas as pd
```

以下代码定义了一个名为迷宫（Maze）的类，其继承了 tkinter 库中的 tk 类，并重写了其中的一些方法。在类的初始化函数 __init__ 方法中，初始化了一些基本设置，如窗口大小、标题等，包括每个格子的像素数（UNIT）、迷宫的高度（MAZE_H）和宽度（MAZE_W）。_build_maze 方法用来创建迷宫的布局，并在其中创建了迷宫的网格，包括智能体的起点（create_rectangle）、终点（create_oval）和障碍物（create_rectangle），然后使用 pack 方法将其全部打包在一起。

```python
# 定义每个方格的像素点
UNIT = 20
# 定义迷宫高度
MAZE_H = 10
# 定义迷宫宽度
MAZE_W = 10

# 继承 tkinter 库中的 tk 类，创建迷宫类
class Maze(tk.Tk, object):
    def __init__(self):
        super(Maze, self).__init__()
        # 定义智能体动作：上、下、右
        self.action_space = ['u', 'd', 'r']
        self.n_actions = len(self.action_space)
        self.title('Rebar')
        # 定义环境的尺寸
        self.geometry('{0}x{1}'.format(MAZE_W * UNIT, MAZE_H * UNIT))
        self._build_maze()

    def _build_maze(self):
        # 定义环境的高度和宽度
        self.canvas = tk.Canvas(self, bg='white',
                        height=MAZE_H * UNIT,
                        width=MAZE_W * UNIT)

        # 创建环境网格
        for c in range(0, MAZE_W * UNIT, UNIT):
            x0, y0, x1, y1 = c, 0, c, MAZE_H * UNIT
            self.canvas.create_line(x0, y0, x1, y1)
        for r in range(0, MAZE_H * UNIT, UNIT):
            x0, y0, x1, y1 = 0, r, MAZE_W * UNIT, r
            self.canvas.create_line(x0, y0, x1, y1)
```

```python
# 创建环境起点
origin = np.array([0, 0])

# 创建环境中的障碍物 1
hell1_center = np.array([60, 140]) + 10
self.hell1 = self.canvas.create_rectangle(
    hell1_center[0] - 10, hell1_center[1] - 10,
    hell1_center[0] + 10, hell1_center[1] + 10,
    fill = 'black')
# 创建环境中的障碍物 2
hell2_center = np.array([60, 40]) + 10
self.hell2 = self.canvas.create_rectangle(
    hell2_center[0] - 10, hell2_center[1] - 10,
    hell2_center[0] + 10, hell2_center[1] + 10,
    fill = 'black')
# 创建环境中的障碍物 3
hell3_center = np.array([120, 40]) + 10
self.hell3 = self.canvas.create_rectangle(
    hell3_center[0] - 10, hell3_center[1] - 10,
    hell3_center[0] + 10, hell3_center[1] + 10,
    fill = 'black')

# 创建环境中的目标点 1
oval_center1 =np.array([180, 40]) + 10
self.oval1 = self.canvas.create_oval(
    oval_center1[0] - 10, oval_center1[1] - 10,
    oval_center1[0] + 10, oval_center1[1] + 10,
    fill = 'yellow')
# 创建环境中的目标点 2
oval_center2 = np.array([180, 40]) + 10
self.oval2 = self.canvas.create_oval(
    oval_center2[0] - 10, oval_center2[1] - 10 + 40,
    oval_center2[0] + 10, oval_center2[1] + 10 + 40,
    fill = 'yellow')
# 创建环境中的目标点 3
oval_center3 = np.array([180, 120]) + 10
self.oval3 = self.canvas.create_oval(
    oval_center3[0] - 10, oval_center3[1] - 10 + 20,
```

```
            oval_center3[0] + 10, oval_center3[1] + 10 + 20,
            fill = 'yellow')

    # 创建环境中智能体的起点 1
    self.rect1 = self.canvas.create_rectangle(
        origin[0] + 10 - 10, origin[1] + 30 - 10,
        origin[0] + 10 + 10, origin[1] + 30 + 10,
        fill = 'red')
    # 创建环境中智能体的起点 2
    self.rect2 = self.canvas.create_rectangle(
        origin[0] + 10 - 10, origin[1] + 90 - 10,
        origin[0] + 10 + 10, origin[1] + 90 + 10,
        fill = 'red')
    # 创建环境中智能体的起点 3
    self.rect3 = self.canvas.create_rectangle(
        origin[0] + 10 - 10, origin[1] + 170 - 10,
        origin[0] + 10 + 10, origin[1] + 170 + 10,
        fill = 'red')

    # pack() 函数在水平和垂直框中排列所创建的网格和构件
    self.canvas.pack()

    # 创建智能体轨迹记录器
    self.track1 = np.array([])
    self.sumtrack1 = pd.DataFrame([])
    self.track2 = np.array([])
    self.sumtrack2 = pd.DataFrame([])
    self.track3 = np.array([])
    self.sumtrack3 = pd.DataFrame([])

# 创建智能体 1 在环境中的重置函数
def reset1(self, episode, n):
    self.update()
    time.sleep(0)
    # 使用 "self.canvas.delete(self.rect1)" 方法删除之前创建的矩形；
    #     使用 "create_rectangle" 方法创建一个新矩形，并将其填充为红色
    self.canvas.delete(self.rect1)
    origin = np.array([0, 0])
    self.rect1 = self.canvas.create_rectangle(
```

```
            origin[0] + 10 - 10, origin[1] + 30 - 10,
            origin[0] + 10 + 10, origin[1] + 30 + 10,
            fill = 'red')
```

检查 episode 编号是否大于或等于 n-10，self.track1 的大小不等于零。如果两个条件都成立，代码进入 for 循环，在 self.track1 数组的每 4 个元素处创建填充白色的矩形。

```
if episode>=(n-10):
    if self.track1.size!=0:
        for i in range(self.track1.size):
            if i % 4 == 0:
                self.trackrec1 = self.canvas.create_rectangle(
                    self.track1[i] - 10 + 10,self.track1[i+1] - 10 + 10,
                    self.track1[i] + 10 + 10,self.track1[i+1] + 10 + 10,
                    fill = 'white')
```

使用 self.track1 数组创建一个 DataFrame，将智能体的轨迹存入 Dataframe 中，并保存在 "out1.csv" 的 CSV 文件中，并重置 self.track1 数组

```
track1=pd.DataFrame(self.track1)
self.sumtrack1 = pd.concat([track1, self.sumtrack1], axis=1,
ignore_index=True)
self.sumtrack1.to_csv('out1.csv')
self.track1 = np.array([])
# return observation
return self.canvas.coords(self.rect1)
```

创建智能体 2 的重置函数，与智能体 1 的重置函数类似，这里不赘述

```
def reset2(self, episode, n):
    .
    .
    .
    return self.canvas.coords(self.rect2)
```

创建智能体 3 的重置函数，与智能体 1 的重置函数类似，这里不赘述

```
def reset3(self, episode, n):
    .
    .
    .
    return self.canvas.coords(self.rect3)
```

```python
# 创建智能体 1 动作函数
def step1(self, action, episode, n):
# 定义了三个变量 s1，s2，s3 分别存储三个智能体的坐标
    s1 = self.canvas.coords(self.rect1)
    s2 = self.canvas.coords(self.rect2)
    s3 = self.canvas.coords(self.rect3)
    base_action1 = np.array([0, 0])
    if s1 == self.canvas.coords(self.oval1):
        s1_ = 'terminal'
        reward1=0
        done1=True
        return s1_, reward1, done1
    else:

        # 智能体向上移动
        if action == 0:
            if s1[1] > UNIT:
                base_action1[1] -= UNIT
                if episode>=n - 10:
                print(s1)
                    self.track1 = np.append(self.track1, s1)
        # 智能体向下移动
        elif action == 1:
            if s1[1] < (MAZE_H - 1) * UNIT:
                base_action1[1] += UNIT
                if episode >= n - 10:
                    self.track1=np.append(self.track1, s1)
        # 智能体向右移动
        elif action == 2:
            if s1[0] < (MAZE_W - 1) * UNIT:
                base_action1[0] += UNIT
                if episode >= n - 10:
                    self.track1 = np.append(self.track1, s1)

        if episode>=n - 10:
            self.trackrec1 = self.canvas.create_rectangle(
                s1[0] - 10 + 10, s1[1] - 10 + 10,
                s1[0] + 10 + 10, s1[1] + 10 + 10,
                fill = 'green')
```

```
        self.canvas.move(self.rect1, base_action1[0], base_action1[1])
        # 移动智能体
        s1_ = self.canvas.coords(self.rect1)
        # 如果移动后智能体到达终点，那么给予 reward1=1, done1=True, s1_=
'terminal'
        if s1_ == self.canvas.coords(self.oval1):
            reward1 = 1
            done1 = True
            s1_ = 'terminal'
        # 如果移动后智能体碰到障碍物，
            那么给予 reward1=-1, done1=True, s1_='terminal'
        elif s1_ in [self.canvas.coords(self.hell1),
self.canvas.coords(self.hell2), self.canvas.coords(self.hell3)),
self.canvas.coords(self.oval2), self.canvas.coords(self.oval3),
self.canvas.coords(self.rect2), self.canvas.coords(self.rect3)]:
            reward1= -1
            done1 = True
            s1_ = 'terminal'
        # 如果移动后智能体之间距离小于 30，
            那么给予 reward1=-1, done1=True, s1_='terminal'
        elif abs(s1_[1] - s2[1]) <= 30 or abs(s1_[1] - s3[1]) <= 30:
            print(s1_[1])
            print(s2[1])
            reward1 = -1
            done1 = True
            s1_ = 'terminal'
        # 如果移动后智能体采取弯折的动作，那么给予 reward1=-0.3, done1=False
        elif   action == 0:
            reward1 = -0.3
            done1 = False
        elif   action == 1:
            reward1 = -0.3
            done1 = False
        else:
            reward1 = 0
            done1 = False
        # 最后返回智能体的下一个状态 s1_, reward1, done1。
        return s1_, reward1, done1
```

```
# 创建智能体 2 动作函数，与智能体 1 动作函数类似，这里不赘述
def step2(self, action, episode, n):
        .
        .
        .
    return s2_, reward2, done2

# 创建智能体 3 动作函数，与智能体 1 动作函数类似，这里不赘述
def step3(self, action, episode, n):
        .
        .
        .
    return s3_, reward3, done3


# 创建环境渲染函数
def render(self):
    time.sleep(0.1)
    self.update()

# 创建环境更新函数
def update():
    for t in range(10):
        s1 = env.reset1()
        s2 = env.reset2()
        s3 = env.reset3()
        while True:
            env.render()
            a = 1
            s1, r1, done1 = env.step1(a)
            s2, r2, done2 = env.step2(a)
            s3, r3, done3 = env.step3(a)
            if done1 and done2 and done3:
                break
```

5.3.3 Q-learning 算法

我们可以通过下示代码实现 Q-learning 算法，首先定义以下参数：

➢ actions：可能的动作列表

> ➤ learning_rate：学习率
> ➤ reward_decay：奖励折减系数
> ➤ e_greedy：贪心系数

然后创建一个 DataFrame 作为 Q-table，其中包含所有可能的状态和动作，并在类中定义以下函数：

> ➤ choose_action：根据当前状态和贪婪度选择动作
> ➤ learn：根据当前状态、动作、奖励和下一个状态更新 Q-table
> ➤ check_state_exist：检查当前状态是否在 Q-table 中存在

```python
import numpy as np
import pandas as pd
import warnings
warnings.simplefilter(action='ignore', category=FutureWarning)


class QLearningTable:
    def __init__(self, actions, learning_rate=0.01, reward_decay=0.7, e_greedy=0.99):

        # 定义智能体动作
        self.actions = actions
        # 定义学习率
        self.lr = learning_rate
        # 定义奖励折减系数
        self.gamma = reward_decay
        # 定义贪心系数
        self.epsilon = e_greedy
        # 初始 Q-table
        self.q_table = pd.DataFrame(columns=self.actions, dtype=np.float64)

    def choose_action(self, observation, episode, n):
        self.epsilon = 0.8 - episode / (0.8 * n)

        # 检测状态是否在 Q-table 里
        self.check_state_exist(observation)
        # 动作选择
        if np.random.uniform() > self.epsilon:
            # 以概率 (1-epsilon) 选择最大值动作
```

```python
            state_action = self.q_table.loc[observation, :]
            state_action = state_action.reindex(np.random.permutation(state_
action.index))
            # 一些状态有相同的 Q 值，取索引最大
            action = state_action.idxmax()
        else:
            # 以 epsilon 概率随机选择动作
            action = np.random.choice(self.actions)
        return action

    def learn(self, s, a, r, s_):
        # 检测状态是否在 Q-table 里
        self.check_state_exist(s_)
        # 根据 Q-table 获得预测的 Q 值
        q_predict = self.q_table.loc[s, a]
        # 如果智能体没有发生碰撞，即下一个状态不是终止状态
        if s_ != 'terminal':
        # 计算时序差分
            q_target = r + self.gamma * self.q_table.loc[s_, :].max()
        else:
        # 如果智能体发生碰撞，下一个状态为终止状态
            q_target = r
        # 更新 Q 值
        self.q_table.loc[s, a] += self.lr * (q_target - q_predict)
        # 保存 Q-table
        self.q_table.to_csv("q_table.csv")

    def check_state_exist(self, state):
        # 如果当前状态不在 Q-table 的索引当中
        if state not in self.q_table.index:
            # 将当前状态添加到 Q-table 的索引中
            self.q_table = self.q_table.append(
                pd.Series(
                    [0]*len(self.actions),
                    index=self.q_table.columns,
                    name=state,
                )
            )
```

5.3.4　创建训练函数

训练函数定义了多智能体训练的总体框架。在每轮次的训练中，智能体从迷宫中的指定位置开始，试图到达目标，同时避免障碍物。智能体使用 Q-learning 算法根据其在每轮次中获得的奖励和惩罚来更新策略。同时记录并绘制每轮训练的总奖励、总步数和成功率。

```python
from maze_env import Maze
from RL_brain import QLearningTable
import matplotlib.pyplot as plt


jList = []
rList = []
success_rate = []
rAll = 0
def update():
    n = 400
    for episode in range(n):
        print('episode=', episode)
        # 初始化智能体的观测状态值
        observation1 = env.reset1(episode, n)
        observation2 = env.reset2(episode, n)
        observation3 = env.reset3(episode, n)

        # 初始化奖励和成功记录
        rAll = 0
        j = 0
        success_count = 0
        flag1 = 0
        flag2 = 0
        flag3 = 0
        while True:
            if episode >= n - 10:
             env.render()

            # 智能体根据状态观测值选择动作
            j += 1
```

```python
action1 = RL.choose_action(str(observation1), episode, n)
action2 = RL.choose_action(str(observation2), episode, n)
action3 = RL.choose_action(str(observation3), episode, n)

# 智能体采取行动，获得来自环境的观察和奖励
observation_1, reward1, done1 = env.step1(action1, episode, n)
observation_2, reward2, done2 = env.step2(action2, episode, n)
observation_3, reward3, done3 = env.step3(action3, episode, n)

# 智能体进行学习
RL.learn(str(observation1), action1, reward1, str(observation_1))
RL.learn(str(observation2), action2, reward2, str(observation_2))
RL.learn(str(observation3), action3, reward3, str(observation_3))
if reward1 == -1:
    flag1 = 1
if reward2 == -1:
    flag2 = 1
if reward3 == -1:
    flag3 = 1

# 更新智能体的观测
observation1 = observation_1
observation2 = observation_2
observation3 = observation_3
rAll += reward1 + reward2 + reward3

# 定义训练循环结束的条件
if done1 == True and reward1 == 1 and flag1 == 0:
    success_count += 1
    flag1 = 1
if done2 == True and reward2 == 1 and flag2 == 0:
    success_count += 1
    flag2 = 1
if done3 == True and reward3 == 1 and flag3 == 0:
    flag3 = 1
    success_count += 1


if done1 and done2 and done3:
    break
```

```
        rList.append(rAll)
        print('total reward=', rAll)
        jList.append(j)
        print('total step=', j)
        success_rate.append(success_count/3)
    # 训练结束，关闭环境
    print('game over')
    env.destroy()


if __name__ == "__main__":
    # 初始化环境和 Q-learning
    env = Maze()
    RL = QLearningTable(actions=list(range(env.n_actions)))
    # 开始训练
    env.after(100, update)
    env.mainloop()

    # 可视化训练结果
    plt.figure()
    plt.plot(rList, label='Total Reward')
    plt.plot(jList, label='Total Steps')
    plt.xlabel('Episode')
    plt.legend()
    plt.figure()
    average_reward=[]
    for i in range(len(rList)):
        average_reward.append(rList[i]/jList[i])

    plt.plot(average_reward, label='Average Reward')
    plt.legend()
    plt.figure()
    plt.plot(success_rate, label='Success Rate')
    plt.legend()
    plt.show()
```

在经过 400 轮次训练之后，我们记录并可视化了环境中多个智能体的平均成功率和平均奖励，如图 5-11 所示。可以发现，随着训练的进行，智能体的平均成功率和平均奖励逐步上升，并趋于稳定。在训练开始时，曲线波动较大，这是由于我们设置了

代码下载

较大的贪心率,以鼓励智能体多采用随机动作进行探索。随着训练的进行,贪心率逐步下降,智能体逐渐倾向于选择 Q-table 中数值最大的动作,训练曲线也逐渐趋于稳定,平均成功率达到 100%,平均奖励接近 0.4。采用强化学习实现二维钢筋自动排布的完整代码可扫描二维码下载。

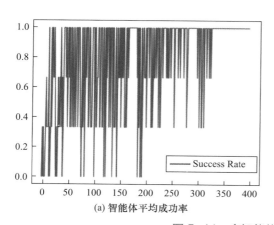

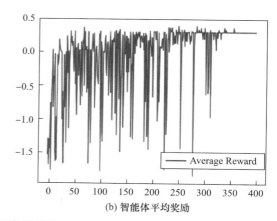

图 5-11　多智能体强化训练结果可视化

5.4　采用强化学习实现三维钢筋自动排布

代码下载

在钢筋混凝土结构梁柱节点核心区,由于梁柱钢筋纵横交错且紧密布置,因此很容易引发钢筋碰撞问题。但三维钢筋排布的具体算法较为复杂,受篇幅限制,本章大致介绍多智能体强化学习用于解决空间梁柱节点钢筋碰撞问题的可行性。读者可以在此基础上,进一步探索多智能体强化学习在土木工程领域更多场景中的应用。其完整代码可扫描二维码下载。

5.4.1　钢筋混凝土梁柱节点三维钢筋排布实例

在本节中,我们将对图 5-12 所示的三个典型钢筋混凝土梁柱节点的钢筋自动排布进行实验验证。图中柱高均为 3500mm,柱截面尺寸为 500mm×500mm,柱内角部纵筋为 4 根直径 20mm 的钢筋,其余 16 根为直径为 18mm 的钢筋。梁的截面尺寸为 500mm×300mm,在梁的顶部和底部有 12 根直径为 18mm 的纵向钢筋。

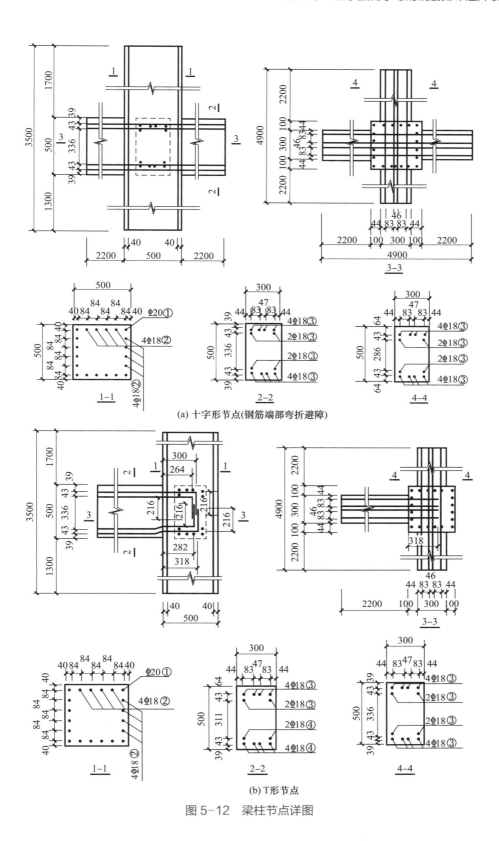

(a) 十字形节点(钢筋端部弯折避障)

(b) T形节点

图 5-12　梁柱节点详图

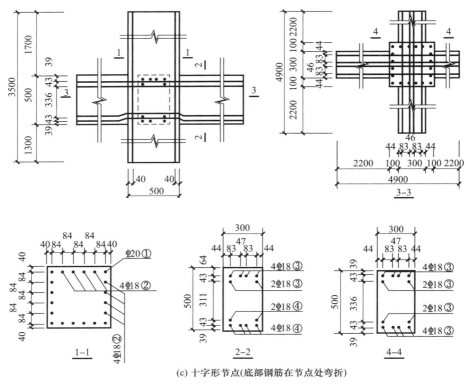

(c) 十字形节点(底部钢筋在节点处弯折)

图 5-12　梁柱节点详图（续）

5.4.2　三维钢筋排布多智能体强化学习训练过程

图 5-13 展示了多智能体强化学习在梁柱十字形节点中进行路径规划的训练过程。灰色竖线表示柱内的纵向钢筋，在此任务中定义为障碍物。智能体的起点和终点分别由红色圆点和红色三角形表示。在此任务中，一组智能体的任务是无碰撞地穿过钢筋混凝土梁柱节点区域，从起点（红色圆点）向定义的终点（红色三角形）前进，同时采取合适的弯折动作进行避障。

在图 5-13（a）～（c）所示的多智能体强化学习训练任务的初始阶段，智能体有较高的贪心率。此时，智能体的路径看起来非常混乱。但在训练任务后期，如图 5-13（d）所示，具有较低贪心率的智能体对整体环境有了较为准确的了解和评估，Q-Table 逐渐收敛达到全局最优，智能体找到了钢筋排布的最佳路径。由此可见，随着训练任务的进行，智能体的路径从混乱逐渐发展为无碰撞、有规则的路径，最终将选择全局最优的路径作为无碰撞钢筋排布避障设计方案。

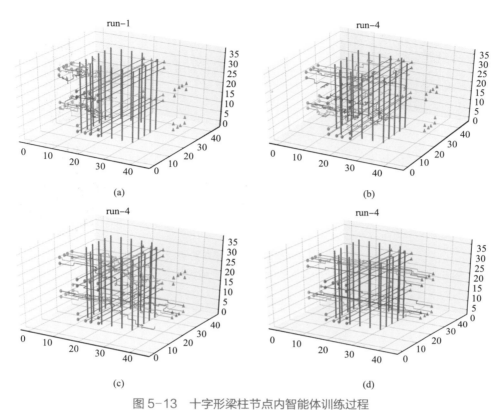

图 5-13　十字形梁柱节点内智能体训练过程

5.4.3　案例结果分析与讨论

由多智能体强化学习 MARL 生成的三维梁柱节点钢筋路径和据此自动生成的无碰撞 BIM 钢筋模型如图 5-14 所示，生成的梁柱节点钢筋排布符合相关国家规范（GB 50010—2010[1]，GB 50011—2010[2]）。仿真验证（每次验证包括 1000 次训练代数）的成功率如图 5-15 所示，由图 5-15 可知，随着训练的进行，多智能体逐渐找到了合理的钢筋路径，能够无碰撞到达终点，成功率最终收敛至 100%。

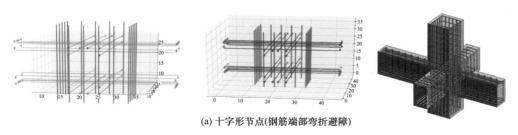

(a) 十字形节点(钢筋端部弯折避障)

图 5-14　由多智能体强化学习 MARL 生成的三维梁柱节点钢筋路径和模型

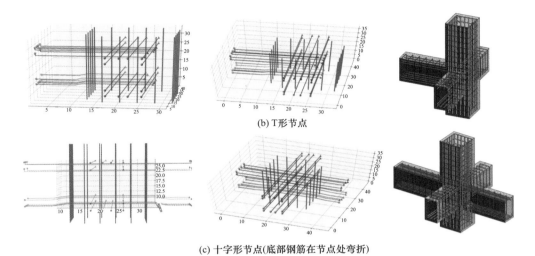

(b) T形节点

(c) 十字形节点(底部钢筋在节点处弯折)

图 5-14　由多智能体强化学习 MARL 生成的三维梁柱节点钢筋路径和模型（续）

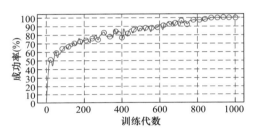

图 5-15　多智能体强化学习训练过程成功率

　　从实验结果我们可以看出，采用多智能体强化学习可以成功实现梁柱节点的无碰撞钢筋排布避障设计。

参考文献

［1］　中华人民共和国住房和城乡建设部. 混凝土结构设计规范：GB 50010—2010［S］. 2015 年版. 北京：中国建筑工业出版社，2016.

［2］　中华人民共和国住房和城乡建设部. 建筑抗震设计规范：GB 50011—2010［S］. 2016 年版. 北京：中国建筑工业出版社，2016.

［3］　WATKINS C J, DAYAN P. Q-learning [J]. Machine learning, 1992, 8(3-4): 279-292.

［4］　喻杉. 基于深度环境理解和行为模仿的强化学习智能体设计［D］. 杭州：浙江大学，2019.

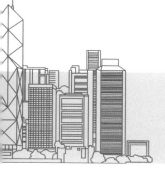

第 2 章代码

附录 1 2.1.3 节代码——采用前馈神经网络对手写数字进行分类

```python
import numpy as np
from scipy import special
import matplotlib.pyplot as plt


class NeuralNetwork:
    def __init__(self, input_nodes, hidden_nodes, output_nodes,
                 learning_rate):
        self.input_nodes = input_nodes
        self.hidden_nodes = hidden_nodes
        self.output_nodes = output_nodes
        wih_size = (self.hidden_nodes, self.input_nodes)
        self.wih = np.random.normal(scale=pow(self.input_nodes, -0.5),
                        size=wih_size)
        who_size = (self.output_nodes, self.hidden_nodes)
        self.who = np.random.normal(scale=pow(self.hidden_nodes, -0.5),
                        size=who_size)
        self.lr = learning_rate
        self.activation_function = special.expit

    def train(self, inputs_list, targets_list):
        inputs = np.array(inputs_list, ndmin=2).T
        targets = np.array(targets_list, ndmin=2).T

        hidden_inputs = np.dot(self.wih, inputs)
```

```python
        hidden_outputs = self.activation_function(hidden_inputs)

        final_inputs = np.dot(self.who, hidden_outputs)
        final_outputs = self.activation_function(final_inputs)

        output_errors = targets - final_outputs
        hidden_errors = np.dot(self.who.T, output_errors)

        self.who += self.lr * np.dot(
            (output_errors * final_outputs * (1.0 - final_outputs)),
            np.transpose(hidden_outputs)
        )
        self.wih += self.lr * np.dot(
            (hidden_errors * hidden_outputs * (1.0 - hidden_outputs)),
            np.transpose(inputs)
        )

    def query(self, inputs_list):
        inputs = np.array(inputs_list, ndmin=2).T
        hidden_inputs = np.dot(self.wih, inputs)
        hidden_outputs = self.activation_function(hidden_inputs)
        final_inputs = np.dot(self.who, hidden_outputs)
        final_outputs = self.activation_function(final_inputs)
        return final_outputs


def start():
    with open("mnist_train.csv", "r", encoding="utf-8") as train_f:
        training_data_list = train_f.readlines()
    print(len(training_data_list))

    all_values = training_data_list[0].split(',')
    images_array = np.asfarray(all_values[1:]).reshape(28, 28)
    plt.imshow(images_array, cmap='Greys', interpolation='None')
    plt.show()

    out_nodes = 10
    targets = np.zeros(out_nodes) + 0.01
    targets[int(all_values[0])] = 0.99
```

```python
input_nodes = 784
hidden_nodes = 100
output_nodes = 10
learning_rate = 0.3

neural_network = NeuralNetwork(input_nodes, hidden_nodes,
                              output_nodes, learning_rate)

i = 0
for record in training_data_list:
    all_values = record.split(',')
    inputs = (np.asfarray(all_values[1:]) / 255.0 * 0.99) + 0.01
    targets = np.zeros(output_nodes) + 0.01
    targets[int(all_values[0])] = 0.99

    neural_network.train(inputs, targets)
    print('processed data no.', i + 1)
    i += 1

with open("mnist_test.csv", "r", encoding="utf-8") as test_f:
    test_data_list = test_f.readlines()

all_values = test_data_list[0].split(',')
image_array = np.asfarray(all_values[1:]).reshape((28, 28))
plt.imshow(image_array, cmap='Greys', interpolation='None')
img_in_test = (np.asfarray(all_values[1:]) / 255.0 * 0.99) + 0.01
predict = neural_network.query(img_in_test)
print(np.argmax(predict))

scorecard = []
for record in test_data_list:
    all_values = record.split(',')
    correct_label = int(all_values[0])
    inputs = (np.asfarray(all_values[1:]) / 255.0 * 0.99) + 0.01
    outputs = neural_network.query(inputs)
    label = np.argmax(outputs)
    if label == correct_label:
        scorecard.append(1)
```

```
        else:
            scorecard.append(0)

    print(f'Accuracy:{sum(scorecard) / len(test_data_list)} ')


if __name__ == '__main__':
    start()
```

附录 2　2.2.4 节代码——采用 CNN 对手写数字进行分类

```python
import pandas
import numpy as np
import matplotlib.pyplot as plt
import torch
from torch import nn
from torch.utils.data import Dataset, DataLoader


class MnistDataset(Dataset):
    def __init__(self, csv_file):
        self.data_df = pandas.read_csv(csv_file, header=None)

    def __len__(self):
        return len(self.data_df)

    def __getitem__(self, index):
        label = self.data_df.iloc[index, 0]
        target = torch.zeros(10)
        target[label] = 1.0
        image_values = torch.FloatTensor(
            self.data_df.iloc[index, 1:].values) / 255.0
        return label, image_values, target


class Classifier(nn.Module):
    def __init__(self):
        super().__init__()
```

```python
        self.model = nn.Sequential(
            nn.Conv2d(1, 16, kernel_size=5, padding=2),
            nn.ReLU(),
            nn.MaxPool2d(kernel_size=2),
            nn.Conv2d(16, 32, kernel_size=5, padding=2),
            nn.ReLU(),
            nn.MaxPool2d(kernel_size=2),
            nn.Flatten(),
            nn.Linear(32 * 7 * 7, 10),
            nn.Sigmoid()
        )


    def forward(self, inputs):
        return self.model(inputs)



def plot_progress(data, interval):
    plt.figure(figsize=(9, 4))
    plt.plot(np.arange(1, len(data) + 1), data, label='loss')

    plt.xticks(np.arange(0, len(data) + 1, len(data) / 5),
               np.arange(0, len(data) + 1, len(data) / 5,
                         dtype=int) * interval)
    plt.legend()
    plt.show()



def start():
    train_dataset = MnistDataset('mnist_train.csv')
    test_dataset = MnistDataset('mnist_test.csv')
    train_loader = DataLoader(train_dataset, batch_size=16)

    device = torch.device("cpu")
    if torch.cuda.is_available():
        device = torch.device("cuda:0")

    classifier_network = Classifier().to(device)
    loss_function = nn.MSELoss()
    optimizer = torch.optim.SGD(classifier_network.parameters(), lr=0.01)
```

```python
    counter = 0
    progress = []
    loss_tmp = 0

    for i in range(20):
        for label, image_data_tensor, target in train_loader:
            reshaped_inputs = image_data_tensor.view(-1, 1, 28, 28)
            output = classifier_network(reshaped_inputs.to(device))

            loss = loss_function(output, target.to(device))
            loss_tmp += loss.mean().item()

            counter += 1
            if counter % 500 == 0:
                progress.append(loss_tmp / 500)
                loss_tmp = 0

            optimizer.zero_grad()
            loss.backward()
            optimizer.step()

        print(f'epoch = {i + 1}, counter = {counter}')

    plot_progress(progress, 500)

    scores = 0
    for label, image_data_tensor, target in test_dataset:
        reshaped_inputs = image_data_tensor.view(1, 1, 28, 28)
        answer = classifier_network(reshaped_inputs.to(device)).detach()[0]
        if answer.argmax() == label:
            scores += 1

    print(scores / len(test_dataset))


if __name__ == '__main__':
    start()
```

附录 3　2.3.2 节代码——采用 GAN 生成手写数字

```python
import pandas
import numpy as np
import torch
from torch import nn
from torch.utils.data import Dataset
import matplotlib.pyplot as plt


class MnistDataset(Dataset):
    def __init__(self, csv_file):
        self.data_df = pandas.read_csv(csv_file, header=None)


    def __len__(self):
        return len(self.data_df)


    def __getitem__(self, index):
        label = self.data_df.iloc[index, 0]
        target = torch.zeros(10)
        target[label] = 1.0
        img_value = self.data_df.iloc[index, 1:].values
        tensor_img = torch.FloatTensor(img_value) / 255.0
        return label, tensor_img, target


    def plot_image(self, index):
        img = self.data_df.iloc[index, 1:].values.reshape(28, 28)
        plt.title("label = " + str(self.data_df.iloc[index, 0]))
        plt.imshow(img, interpolation='none', cmap='Blues')


class Discriminator(nn.Module):
    def __init__(self):
        super().__init__()
        self.model = nn.Sequential(
            nn.Linear(784, 200),
            nn.Sigmoid(),
            nn.Linear(200, 1),
```

```python
            nn.Sigmoid()
        )

    def forward(self, inputs):
        return self.model(inputs)


def generate_random(size):
    random_data = torch.rand(size)
    return random_data


def plot_progress(data, interval):
    plt.figure(figsize=(9, 4))
    plt.plot(np.arange(1, len(data) + 1), data, label='loss')
    plt.xticks(np.arange(0, len(data) + 1, len(data) / 6),
               np.arange(0, len(data) + 1,
                         len(data) / 6,
                         dtype=int) * interval)
    plt.legend()
    plt.show()


class Generator(nn.Module):
    def __init__(self):
        super().__init__()
        self.model = nn.Sequential(
            nn.Linear(1, 200),
            nn.Sigmoid(),
            nn.Linear(200, 784),
            nn.Sigmoid()
        )

    def forward(self, inputs):
        return self.model(inputs)


def plot_image(gen_net: Generator):
    f, ax_arr = plt.subplots(2, 3, figsize=(16, 8))
```

```python
    for i in range(2):
        for j in range(3):
            outputs = gen_net(generate_random(1))
            img = outputs.detach().numpy().reshape(28, 28)
            ax_arr[i, j].imshow(img, interpolation='None', cmap='Blues')
    plt.show()


def start():
    train_dataset = MnistDataset('./mnist_train.csv')

    # demo 1
    discriminator_net = Discriminator()
    loss_function = nn.MSELoss()
    optimizer = torch.optim.SGD(discriminator_net.parameters(), lr=0.01)

    counter = 0
    progress = []
    for label, image_data_tensor, target in train_dataset:
        output = discriminator_net(image_data_tensor)
        real_loss = loss_function(output, torch.FloatTensor([1.0]))

        output = discriminator_net(generate_random(784))
        fake_loss = loss_function(output, torch.FloatTensor([0.0]))

        loss = real_loss + fake_loss
        optimizer.zero_grad()
        loss.backward()
        optimizer.step()

        counter += 1
        if counter % 1000 == 0:
            progress.append(real_loss.item() + fake_loss.item())
        if counter % 10000 == 0:
            print('counter = ', counter)

    plot_progress(progress, 1000)

    # demo 2
```

```python
generator_net = Generator()
plot_image(generator_net)

# demo 3
discriminator_net = Discriminator()
generator_net = Generator()
loss_function = torch.nn.BCELoss()
optimizer_d = torch.optim.Adam(discriminator_net.parameters())
optimizer_g = torch.optim.Adam(generator_net.parameters())
progress_d = []
progress_g = []
epochs = 10

for i in range(epochs):
    counter = 0
    for label, real_data, target in train_dataset:
        output = discriminator_net(real_data)
        loss_d_real = loss_function(output, torch.FloatTensor([1.0]))
        optimizer_d.zero_grad()
        loss_d_real.backward()
        optimizer_d.step()

        gen_img = generator_net(generate_random(1))
        output = discriminator_net(gen_img.detach())
        loss_d_fake = loss_function(output, torch.FloatTensor([0.0]))
        optimizer_d.zero_grad()
        loss_d_fake.backward()
        optimizer_d.step()

        output = discriminator_net(generator_net(generate_random(1)))
        loss_g = loss_function(output, torch.FloatTensor([1.0]))
        optimizer_g.zero_grad()
        loss_g.backward()
        optimizer_g.step()

        counter += 1
        if counter % 500 == 0:
            progress_d.append(loss_d_fake.item() + loss_d_real.item())
            progress_g.append(loss_g.item())
```

```
            if counter % 10000 == 0:
                print(f'epoch = {i + 1}, counter = {counter}')


    plot_image(generator_net)


if __name__ == '__main__':
    start()
```

附录 4　2.3.2 节代码——采用改良 GAN 生成手写数字

```python
import pandas
import torch
from torch import nn
from torch.utils.data import Dataset
import matplotlib.pyplot as plt


DEVICE = torch.device('cuda:0' if torch.cuda.is_available() else 'cpu')


class MnistDataset(Dataset):
    def __init__(self, csv_file):
        self.data_df = pandas.read_csv(csv_file, header=None)

    def __len__(self):
        return len(self.data_df)

    def __getitem__(self, index):
        label = self.data_df.iloc[index, 0]
        target = torch.zeros(10)
        target[label] = 1.0
        img_value = self.data_df.iloc[index, 1:].values
        image_values = torch.FloatTensor(img_value) / 255.0
        return label, image_values, target


class Discriminator(nn.Module):
    def __init__(self):
```

```python
        super().__init__()
        self.model = nn.Sequential(
            nn.Linear(784, 200),
            nn.LayerNorm(200),
            nn.LeakyReLU(0.02),
            nn.Linear(200, 1),
            nn.Sigmoid()
        )

    def forward(self, inputs):
        return self.model(inputs)


class Generator(nn.Module):
    def __init__(self):
        super().__init__()
        self.model = nn.Sequential(
            nn.Linear(100, 200),
            nn.LayerNorm(200),
            nn.LeakyReLU(0.02),
            nn.Linear(200, 784),
            nn.Sigmoid()
        )

    def forward(self, inputs):
        return self.model(inputs)


def generate_random(size):
    random_data = torch.randn(size)
    return random_data


def plot_image(gen_net: Generator):
    f, ax_arr = plt.subplots(2, 3, figsize=(16, 8))
    for i in range(2):
        for j in range(3):
            outputs = gen_net(generate_random(100).to(DEVICE))
            img = outputs.detach().cpu().numpy().reshape(28, 28)
```

```python
            ax_arr[i, j].imshow(img, interpolation='None', cmap='Blues')
    plt.show()


def start():
    train_dataset = MnistDataset('mnist_train.csv')

    # demo 3 modified
    discriminator_net = Discriminator().to(DEVICE)
    generator_net = Generator().to(DEVICE)
    loss_function = torch.nn.BCELoss()

    optimizer_d = torch.optim.Adam(discriminator_net.parameters())
    optimizer_g = torch.optim.Adam(generator_net.parameters())
    progress_d_real = []
    progress_d_fake = []
    progress_g = []
    counter = 0

    real_label = torch.FloatTensor([1.0]).to(DEVICE)
    fake_label = torch.FloatTensor([0.0]).to(DEVICE)

    for i in range(10):
        for label, real_data, target in train_dataset:
            discriminator_net.zero_grad()

            output = discriminator_net(real_data.to(DEVICE))
            loss_d_real = loss_function(output, real_label)

            gen_img = generator_net(generate_random(100).to(DEVICE))
            output = discriminator_net(gen_img.detach())
            loss_d_fake = loss_function(output, fake_label)
            loss_d = loss_d_real + loss_d_fake
            optimizer_d.zero_grad()
            loss_d.backward()
            optimizer_d.step()

            generator_net.zero_grad()
            img_gen = generator_net(generate_random(100).to(DEVICE))
```

```
                output = discriminator_net(img_gen)
                loss_g = loss_function(output, real_label)
                optimizer_g.zero_grad()
                loss_g.backward()
                optimizer_g.step()

                counter += 1
                if counter % 500 == 0:
                    progress_d_real.append(loss_d_real.item())
                    progress_d_fake.append(loss_d_fake.item())
                    progress_g.append(loss_g.item())
                if counter % 10000 == 0:
                    print(f'epoch = {i + 1}, counter = {counter}')
                    print(loss_d.item(), loss_g.item())

        plot_image(generator_net)


if __name__ == '__main__':
    start()
```

附录 5　2.3.3 节代码——采用卷积 GAN 生成手写数字

```
import pandas
import matplotlib.pyplot as plt
import torch
import torch.nn as nn
from torch.utils.data import Dataset


DEVICE = torch.device('cuda:0' if torch.cuda.is_available() else 'cpu')


class MnistDataset(Dataset):
    def __init__(self, csv_file):
        self.data_df = pandas.read_csv(csv_file, header=None)

    def __len__(self):
        return len(self.data_df)
```

```python
    def __getitem__(self, index):
        label = self.data_df.iloc[index, 0]
        target = torch.zeros(10)
        target[label] = 1.0
        image_values = torch.FloatTensor(
            self.data_df.iloc[index, 1:].values) / 255.0


        return label, image_values, target



class Discriminator(nn.Module):
    def __init__(self):
        super().__init__()
        self.model = nn.Sequential(
            nn.Conv2d(1, 16, kernel_size=5, padding=2),
            nn.LeakyReLU(0.02),
            nn.BatchNorm2d(16),
            nn.MaxPool2d(kernel_size=2),
            nn.Conv2d(16, 32, kernel_size=5, padding=2),
            nn.LeakyReLU(0.02),
            nn.BatchNorm2d(32),
            nn.MaxPool2d(kernel_size=2),
            nn.Flatten(),
            nn.Linear(32 * 7 * 7, 1),
            nn.Sigmoid()
        )


    def forward(self, inputs):
        return self.model(inputs)



class View(nn.Module):
    def __init__(self, shape):
        super().__init__()
        self.shape = (shape,)


    def forward(self, x):
        return x.view(*self.shape)
```

```python
class Generator(nn.Module):
    def __init__(self):
        super().__init__()
        self.model = nn.Sequential(
            nn.Linear(100, 32 * 5 * 5),
            nn.LeakyReLU(0.2),
            View((1, 32, 5, 5)),

            nn.ConvTranspose2d(32, 10, kernel_size=3, stride=2),
            nn.BatchNorm2d(10),
            nn.LeakyReLU(0.2),

            nn.ConvTranspose2d(10, 10, kernel_size=5, stride=2,
                               output_padding=1),
            nn.BatchNorm2d(10),
            nn.LeakyReLU(0.2),

            nn.ConvTranspose2d(10, 1, kernel_size=5, padding=1),
            nn.Sigmoid()
        )

    def forward(self, inputs):
        return self.model(inputs)


def generate_random(size):
    random_data = torch.randn(size)
    return random_data


def plot_image():
    f, ax_arr = plt.subplots(2, 3, figsize=(16, 8))
    for i in range(2):
        for j in range(3):
            outputs = generator_net(generate_random(100).to(DEVICE))
            img = outputs.detach().cpu().numpy().reshape(28, 28)
            ax_arr[i, j].imshow(img, interpolation='None', cmap='Blues')
```

```python
    plt.show()


train_dataset = MnistDataset('mnist_train.csv')

discriminator_net = Discriminator().to(DEVICE)
generator_net = Generator().to(DEVICE)
loss_function = torch.nn.BCELoss()

optimizer_d = torch.optim.Adam(discriminator_net.parameters())
optimizer_g = torch.optim.Adam(generator_net.parameters())
progress_d_real = []
progress_d_fake = []
progress_g = []
counter = 0

for i in range(5):
    for label, real_data, target in train_dataset:
        discriminator_net.zero_grad()
        real_label = torch.FloatTensor([1.0]).to(DEVICE)
        fake_label = torch.FloatTensor([0.0]).to(DEVICE)
        img_inputs = real_data.view(1, 1, 28, 28)
        output = discriminator_net(img_inputs.to(DEVICE))[0]
        loss_d_real = loss_function(output, real_label)
        gen_img = generator_net(generate_random(100).to(DEVICE))
        output = discriminator_net(gen_img.detach())[0]
        loss_d_fake = loss_function(output, fake_label)
        loss_d = loss_d_real + loss_d_fake
        optimizer_d.zero_grad()
        loss_d.backward()
        optimizer_d.step()

        generator_net.zero_grad()
        gen_img = generator_net(generate_random(100).to(DEVICE))
        output = discriminator_net(gen_img)[0]
        loss_g = loss_function(output, real_label)
        optimizer_g.zero_grad()
        loss_g.backward()
        optimizer_g.step()
```

```
        counter += 1
        if counter % 500 == 0:
            progress_d_real.append(loss_d_real.item())
            progress_d_fake.append(loss_d_fake.item())
            progress_g.append(loss_g.item())
        if counter % 10000 == 0:
            print(f'epoch = {i + 1}, counter = {counter}')
            print(loss_d.item(), loss_g.item())


    plot_image()
```

附录 6   2.3.4 节代码——采用条件 GAN 生成手写数字

```
import pandas
import numpy as np
import torch
from torch import nn
from torch.utils.data import Dataset
from matplotlib import pyplot as plt


DEVICE = torch.device('cuda:0' if torch.cuda.is_available() else 'cpu')


class MnistDataset(Dataset):
    def __init__(self, csv_file):
        self.data_df = pandas.read_csv(csv_file, header=None)

    def __len__(self):
        return len(self.data_df)

    def __getitem__(self, index):
        label = self.data_df.iloc[index, 0]
        target = torch.zeros(10)
        target[label] = 1.0
        img_df = self.data_df.iloc[index, 1:].values
        image_values = torch.FloatTensor(img_df) / 255.0
        return label, image_values, target
```

```python
class Discriminator(nn.Module):
    def __init__(self):
        super().__init__()

        self.model = nn.Sequential(
            nn.Linear(784 + 10, 200),
            nn.LayerNorm(200),
            nn.LeakyReLU(0.02),
            nn.Linear(200, 1),
            nn.Sigmoid()
        )

    def forward(self, seed_tensor, label_tensor):
        inputs = torch.cat((seed_tensor, label_tensor))
        return self.model(inputs)


class Generator(nn.Module):
    def __init__(self):
        super().__init__()
        self.model = nn.Sequential(
            nn.Linear(100 + 10, 200),
            nn.LayerNorm(200),
            nn.LeakyReLU(0.02),
            nn.Linear(200, 784),
            nn.Sigmoid()
        )

    def forward(self, seed_tensor, label_tensor):
        inputs = torch.cat((seed_tensor, label_tensor))
        return self.model(inputs)


def generate_random_one_hot(size):
    label_tensor = torch.zeros(size)
    random_idx = np.random.randint(0, size)
    label_tensor[random_idx] = 1
```

```python
        return label_tensor


def generate_random(size):
    random_data = torch.randn(size)
    return random_data


def plot_conditional_images(label):
    label_tensor = torch.zeros(10)
    label_tensor[label] = 1.0
    f, ax_arr = plt.subplots(2, 3, figsize=(16, 8))
    for i in range(2):
        for j in range(3):
            output = generator_net(generate_random(100).to(DEVICE),
                                   label_tensor.to(DEVICE))
            img = output.detach().cpu().numpy().reshape(28, 28)
            ax_arr[i, j].imshow(img, interpolation='None', cmap='Blues')
    plt.show()


train_dataset = MnistDataset('mnist_train.csv')

discriminator_net = Discriminator().to(DEVICE)
generator_net = Generator().to(DEVICE)
loss_function = torch.nn.BCELoss()

optimizer_d = torch.optim.Adam(discriminator_net.parameters())
optimizer_g = torch.optim.Adam(generator_net.parameters())

progress_d_real = []
progress_d_fake = []
progress_g = []
counter = 0
real_label = torch.FloatTensor([1.0]).to(DEVICE)
fake_label = torch.FloatTensor([0.0]).to(DEVICE)

for i in range(10):
    for label, real_data, target in train_dataset:
```

```
        discriminator_net.zero_grad()
        output = discriminator_net(real_data.to(DEVICE), target.to(DEVICE))
        loss_d_real = loss_function(output, real_label)
        random_label = generate_random_one_hot(10).to(DEVICE)
        gen_img = generator_net(generate_random(100).to(DEVICE),
                                random_label)
        output = discriminator_net(gen_img.detach(), random_label)
        loss_d_fake = loss_function(output, fake_label)
        loss_d = loss_d_real + loss_d_fake
        optimizer_d.zero_grad()
        loss_d.backward()
        optimizer_d.step()

        generator_net.zero_grad()
        gen_img = generator_net(generate_random(100).to(DEVICE),
                                random_label)
        output = discriminator_net(gen_img,
                                   random_label)
        loss_g = loss_function(output, real_label)
        optimizer_g.zero_grad()
        loss_g.backward()
        optimizer_g.step()

        counter += 1
        if counter % 500 == 0:
            progress_d_real.append(loss_d_real.item())
            progress_d_fake.append(loss_d_fake.item())
            progress_g.append(loss_g.item())
        if counter % 10000 == 0:
            print(f'epoch = {i + 1}, counter = {counter}')

    plot_conditional_images(9)
```

附录 7　2.4 节代码——强化学习 Q-learning

```
import numpy as np
import matplotlib
from matplotlib import pyplot as plt
```

```python
from scipy.signal import convolve as conv

matplotlib.rcParams['font.sans-serif'] = ['SimHei']
matplotlib.rcParams['font.family'] = 'sans-serif'
matplotlib.rcParams['axes.unicode_minus'] = False


class CliffWorld:
    def __init__(self):
        self.name = "cliff_world"
        self.n_states = 40
        self.n_actions = 4
        self.dim_x = 10
        self.dim_y = 4
        self.init_state = 0

    def get_outcome(self, state, action):
        if state == 9:
            reward = 0
            next_state = None
            return next_state, reward

        reward = -1
        if action == 0:
            next_state = state + 1
            if state % 10 == 9:
                next_state = state
            elif state == 0:
                next_state = None
                reward = -100
        elif action == 1:
            next_state = state + 10
            if state >= 30:
                next_state = state
        elif action == 2:
            next_state = state - 1
            if state % 10 == 0:
                next_state = state
        elif action == 3:
```

```
            next_state = state - 10
            if 11 <= state <= 18:
                next_state = None
                reward = -100
            elif state <= 9:
                next_state = state
        else:
            print("Action must be between 0 and 3.")
            next_state = None
            reward = None
        return int(next_state) if next_state is not None else None, reward


    def get_all_outcomes(self):
        outcomes = {}
        for state in range(self.n_states):
            for action in range(self.n_actions):
                next_state, reward = self.get_outcome(state, action)
                outcomes[state, action] = [(1, next_state, reward)]
        return outcomes



def epsilon_greedy(q, epsilon):
    if np.random.random() > epsilon:
        action = np.argmax(q)
    else:
        action = np.random.choice(len(q))

    return action



def learn_environment(env, learning_rule, params,
                      max_steps, n_episodes):
    value = np.ones((env.n_states, env.n_actions))

    reward_sums = np.zeros(n_episodes)

    for episode in range(n_episodes):
        state = env.init_state
        reward_sum = 0
```

```
        for t in range(max_steps):
            action = epsilon_greedy(value[state], params['epsilon'])

            next_state, reward = env.get_outcome(state, action)

            value = learning_rule(state, action, reward, next_state,
                                    value, params)

            reward_sum += reward

            if next_state is None:
                break
            state = next_state

        reward_sums[episode] = reward_sum

    return value, reward_sums


def q_learning(state, action, reward, next_state, value, params):
    q = value[state, action]

    if next_state is None:
        max_next_q = 0
    else:
        max_next_q = np.max(value[next_state])

    td_error = reward + params['gamma'] * max_next_q - q
    value[state, action] = q + params['alpha'] * td_error

    return value


def plot_state_action_values(env, value, ax=None):
    if ax is None:
        fig, ax = plt.subplots()

    for a in range(env.n_actions):
```

```python
        ax.plot(range(env.n_states), value[:, a],
                marker='o', linestyle='--')
    ax.set(xlabel='States', ylabel='Values')

    ax.legend(['R', 'U', 'L', 'D'], loc='lower right')


def plot_quiver_max_action(env, value, ax=None):
    if ax is None:
        fig, ax = plt.subplots()

    big_x = np.tile(np.arange(env.dim_x), [env.dim_y, 1]) + 0.5
    big_y = np.tile(np.arange(env.dim_y)[::-1][:, np.newaxis],
                    [1, env.dim_x]) + 0.5
    which_max = np.reshape(value.argmax(axis=1), (env.dim_y, env.dim_x))
    which_max = which_max[::-1, :]
    big_u = np.zeros(big_x.shape)
    big_v = np.zeros(big_x.shape)
    big_u[which_max == 0] = 1
    big_v[which_max == 1] = 1
    big_u[which_max == 2] = -1
    big_v[which_max == 3] = -1

    ax.quiver(big_x, big_y, big_u, big_v)
    ax.set(
        title='Maximum value/probability actions',
        xlim=[-0.5, env.dim_x + 0.5],
        ylim=[-0.5, env.dim_y + 0.5],
    )
    ax.set_xticks(np.linspace(0.5, env.dim_x - 0.5, num=env.dim_x))
    ax.set_xticklabels(["%d" % x for x in np.arange(env.dim_x)])
    ax.set_xticks(np.arange(env.dim_x + 1), minor=True)
    ax.set_yticks(np.linspace(0.5, env.dim_y - 0.5, num=env.dim_y))
    # code too long in a line
    y_tick_labels = np.arange(0, env.dim_y * env.dim_x, env.dim_x)
    ax.set_yticklabels(list(map(lambda x: str(int(x)), y_tick_labels)))
    ax.set_yticks(np.arange(env.dim_y + 1), minor=True)
    ax.grid(which='minor', linestyle='-')
```

```python
def plot_heatmap_max_val(env, value, ax=None):
    if ax is None:
        fig, ax = plt.subplots()

    if value.ndim == 1:
        value_max = np.reshape(value, (env.dim_y, env.dim_x))
    else:
        value_max = np.reshape(value.max(axis=1), (env.dim_y, env.dim_x))
    value_max = value_max[::-1, :]

    im = ax.imshow(value_max,
                   aspect='auto',
                   interpolation='none',
                   cmap='afmhot')
    ax.set(title='Maximum value per state')
    ax.set_xticks(np.linspace(0, env.dim_x - 1, num=env.dim_x))
    ax.set_xticklabels(["%d" % x for x in np.arange(env.dim_x)])
    ax.set_yticks(np.linspace(0, env.dim_y - 1, num=env.dim_y))
    if env.name != 'windy_cliff_grid':
        y_tick_labels = np.arange(0, env.dim_y * env.dim_x, env.dim_x)
        ticks_after_handle = list(map(lambda x: str(int(x)), y_tick_labels))
        ax.set_yticklabels(ticks_after_handle[::-1])
    return im


def plot_rewards(n_episodes, rewards, average_range=10, ax=None):
    if ax is None:
        fig, ax = plt.subplots()

    smoothed_rewards = (conv(rewards, np.ones(average_range), mode='same')
                        / average_range)

    ax.plot(range(0, n_episodes, average_range),
            smoothed_rewards[0:n_episodes:average_range],
            marker='o',
            linestyle='--')
    ax.set(xlabel='Episodes', ylabel='Total reward')
```

```python
def plot_performance(env, value, reward_sums):
    fig, axes = plt.subplots(nrows=2, ncols=2, figsize=(16, 12))
    plot_state_action_values(env, value, ax=axes[0, 0])
    plot_quiver_max_action(env, value, ax=axes[0, 1])
    plot_rewards(n_episodes, reward_sums, ax=axes[1, 0])
    im = plot_heatmap_max_val(env, value, ax=axes[1, 1])
    fig.colorbar(im)

    fig.savefig('results_figure.png', dpi=300)


np.random.seed(1)

params = {
    'epsilon': 0.1,
    'alpha': 0.1,
    'gamma': 1.0,
}


n_episodes = 500
max_steps = 1000


env = CliffWorld()

results = learn_environment(env, q_learning, params, max_steps, n_episodes)
value_qlearning, reward_sums_qlearning = results

plot_performance(env, value_qlearning, reward_sums_qlearning)
```